W0255200

ufstieg zum Natula

ERNST SCHÄFER

ÜBER DEN HIMALAJA INS LAND DER GÖTTER

AUF FORSCHERFAHRT
VON INDIEN NACH TIBET

DEUTSCHE HAUSBÜCHEREI
HAMBURG – BERLIN

ISBN 978-3-663-03139-0 ISBN 978-3-663-04328-7 (eBook)
DOI 10.1007/978-3-663-04328-7

Softcover reprint of the hardcover 1st edition 1950
Abbildungen nach Aufnahmen der Schäfer-Expedition 1938/39
Einband: Werner Rebhuhn, Hamburg
Golddruck-Gravuren: Hagedorn & Dänicke, Hamburg
Gesamtherstellung: Hanseatische Druckanstalt GmbH, Hamburg-Wandsbek

SVEN HEDIN

IN DANKBARKEIT UND VEREHRUNG

EINLEITUNG

Seit Tagen und Nächten prasselt der Tropenregen aufs Dach, und die Berge rundum qualmen im Ansturm des großen Regens. Aber es ist nicht der Monsun. Ich habe den Himalaja mit den Kordilleren getauscht, und ich mußte es tun, denn die Tore Asiens sind verschlossen. Schweren Herzens verließ ich die Heimat, entschloß mich im neuen Kontinent zu neuer Forschung.

Meine Gedanken eilen von den wildverhangenen Bergen der venezuelanischen Küstenkordillere über den Atlantik hinweg nach Deutschland und von da weiter nach Osten in mein altes Traumland, mitten in das Herz Hochtibets hinein.

Das Buch dürfte heute aktueller denn je sein, da sich auch im Schneeland vieles geändert hat und ich mit meinen Expeditionsmitgliedern Karl Wienert, Bruno Beger, Ernst Krause und Edmund Geer vielleicht als letzter das Glück hatte, das alte, das klassische Tibet zu erleben.

Im Juni 1950

ERNST SCHÄFER

Estacion Biologica „Rancho Grande"

Venezuela

INHALTSVERZEICHNIS

VON KALKUTTA NACH SIKKIM

Fünftausend Kilometer Indien liegen nun schon hinter mir. Glutheiße Fahrten, schweißtriefende Nächte, Verhandlungen, Besuche bei Gouverneuren, Zollgewaltigen und Maharadschas. Schließlich die große, die entscheidende Audienz beim Vizekönig.

Aber kein Dschungel, keine Schlangen und Tiger, kein Märchenland der Kinderbücher . . ., nur trockene Dornensteppen, graue schmachtende Wüsten, kahlköpfige Geier und hin und wieder ein Pfau mit langer, funkelnder Schleppe, der vom Bahndamm weg in die dürre, dornige Ödnis läuft. Und Staub, Staub, Staub . . ., fingerdicker Staub: in den Abteilen, den Bungalows, den Quartieren und, als ständige Begleiterin, die große Sorge: Sind die Schwierigkeiten zu überwinden? Werden die vielen Mißverständnisse aus der Welt zu schaffen sein? Wirst du's schaffen?

Es ist ein Rennen mit der Zeit, ein Wettlauf mit dem Monsun, dem südlichen Winde, dem großen Regen, auf den vierhundert Millionen angsterfüllte Inder sehnsuchtsvoll warten, während wir ihm nordwärts zu entfliehen suchen. Dieses Zauberwort Monsun ist jetzt in aller Munde.

Wann bricht er herein?

Wann wird die „heiße Zeit" vorüber sein?

Wann schiebt sich die erste dunkeldräuende Welle tiefhängender Wolkenrosse an den Westghats empor?

Wann überfliegt sie den Dekhan, um sich an den Hochgebirgen zu brechen, in Sturzfluten niederzubrausen und dem Lande Fruchtbarkeit, den Menschen Labsal und Hoffnung auf einen gefüllten Magen zu bringen?

Noch regiert der Feuerodem, noch seufzt das Land unterm Gluthauch der dörrenden, tötenden Sonne. Aber schon meldet Colombo den ersten Regen; Bombay und Kalkutta werden bald folgen. In fieberhafter Eile treffen wir in der großen, aufregenden, wie das Gefieder eines Königsgeiers schillernden Tropenstadt die letzten Vorbereitungen zum bevorstehenden Abmarsch. Es sind magische, hatzbunte, dramatische Tage, wo wir kaum Schlaf finden vor quälender Glut, bis der grausam dämmerungslose Wechsel von stickheißer Nacht zu lautem, grellem Tag wieder die Arbeit bringt, den Schweiß, die undefinierbaren Gerüche, den Gestank und den Staub.

Dazwischen Einladungen bei indischen Freunden, Schlürfen eisgekühlter Mangos, und whiskyschwere Klubabende unter den heißen Wellen im Mondschein glänzender Palmen, violetter Bougainvillien und dem Schaum hängender Laburnumblüten. Dazu das vertrauliche Glöckchenspiel koboldhaft huschender Geckos, der grelle Schrei des Nachtkuckucks – von den Briten so sinnvoll „brain fever bird" genannt — und das geheimnisvolle Gaukelspiel der fliegenden Hunde, die tagsüber, in ihre Flughäute gehüllt, zu Tausenden schlummersatt, fruchtschwer und leblos in den hohen Bäumen hängen. Erst wenn die Sonne im wabernden Dunst brandrot hinter den fernen Sundarbans hinweggetaucht ist und die Schakale in den Außenbezirken der Stadt schauerliche Nachtgesänge anstimmen, lassen sich die großen tropischen Fledermäuse leise fallen, breiten ihre mächtigen Flughäute aus, beginnen schrill wie Sägen zu zwitschern und wuchteln, genauen Kurs haltend, in der gleichen Richtung davon. Erst einzeln, dann zu mehreren und schließlich in ganzen Schwärmen flattern die düsteren Schatten mit weit gespannten Schwingen wie gespensterhafte Nachtvögel vorüber, um an ihren Nahrungsplätzen Früchte zu schmausen und den nachtsüßen Palmensaft zu schlürfen.

Manchmal auch, wenn mir des Hetzens und Hastens zu viel wird, die Probleme zu fremd, zu unzugänglich und verworren, wenn es schwerfällt, einen Schluß zu ziehen vor lauter gefaßten, revidierten, neuaufkommenden und wiederverworfenen Meinungen, greife ich kurzentschlossen zur Flinte und flüchte aus den Brutstätten der Menschen und Miasmen in die Natur. Fernab der großen, asphaltierten Betonstraßen geht die Fahrt zwischen aus Blechkanistern und alten Kisten erbauten Häusern durch Vorstädte und Elendsviertel. An Bergen von Unrat, Herden grauer, schmutziger Geier und kohlschwarzstinkenden blasigen Teichkloaken vorbei. Hinaus aus dem brodelnden Großstadtmorast zu den palmbeschatteten Bambushütten, wo ich, von nackten braunen Kindern mit dicken Rundbäuchlein und großen blanken Augen scheu umschwärmt, endlich wieder frei atmen und mich meinen eigenen Gedanken hingeben kann.

Eines Tages, noch ehe ich die endgültige Aufbruchsgenehmigung der Zentralregierung in den Händen habe, bricht der Monsun mit unvorstellbarer Heftigkeit über Kalkutta herein. Während noch der Tag wie jeder andere zuvor mit brütenden Dunstschleiern über dem Maidan heraufstieg und die weiße Glut alles Leben zu ersticken schien, verlischt nach Monaten glühheißen Brandes gegen Mittag die Sonne. Erstickender Brodem steigt auf. Der Himmel nimmt tiefe schwarzblaue Färbung an – – – dann gellt der Sturm. Die Kokospalmen biegen sich wie dünnes Rohr. Im wilden Wetterbraus krachen und ächzen die wildschlagenden Stämme. Markisen flattern, Fensterläden schlagen, Menschen rennen in den Straßen, und selbst die heiligen Buckelstiere trotten schutzsuchend auf den Bürgersteigen entlang oder schieben sich zwischen geducktem Menschenhauf despotisch in Verkaufsstände und dunkelnde Läden. Finsternis hüllt die Stadt ein. Der Himmel birst. Rasende Sturzfluten donnern nieder, verwandeln die glatten Straßen in Springfluten hochabprallender Wasserfontänen, die die Gehsteige überspülen und in die Keller dringen. Die Fahrbahnen sind zu reißenden Bächen geworden und die Autos rasen achsentief durch Dünste, Dampf und Wolken.

Das ist die Zeit, wo selbst die Schlangen schutzsuchend in die Häuser dringen, da die Schuhe über Nacht vor den Hotelzimmern verschimmeln und draußen auf dem Land für Mensch und Tier das amphibische Leben beginnt. Aus Wegen sind Sümpfe und aus Feldern Seen geworden. Sanfte heilige Kühe und sanftere Hindufamilien suchen Schutz unter gleichem tropischem Wellblechdach, auf das der Regen niederprasselt wie von tausend Drommeten. Der Regen, der große, der fruchtbringende, der segenspendende Regen.

In taumelndem Wechsel von Tag und Nacht, von Traum und Wirklichkeit, verschwimmen alle Grenzen und, wenn die Sonne minutenlang strahlende Blitze durchs Wettergewölk schießt und die Palmenheere funkeln und rauchen, dann ist Indien wirklich das Zauberland unserer Kinderträume geworden.

Endlich kommen die Papiere und der Tag, da wir unser mehrere Tonnen schweres Expeditionsgepäck verladen, während draußen dampfheiß und hageldick die Wolkenbrüche niedergehen. Warm und lockend, penetrant und abstoßend schlägt uns eine Welle seltsamster Gerüche entgegen von drängendem Menschenhauf, von Kuhdung, Öl und Maschinen. Hier treffen sich Ost und West, Schicksalsergebenheit und Fortschrittsglaube in einem eigenartigen Gemisch von eilender Hatz und stoischer Ruhe. In milder Resignation, samtäugig, vage, indifferent und doch so zart und hingebungsvoll, als ob das ganze Leben eine einzige sanfte Negation wäre, mit dem für die Hindus so typischen seitlichen Nicken des Kopfes helfen uns die dunkeläugigen Menschen, bis alle Kisten und Koffer verfrachtet und verlastet sind.

Dann, auf dem menschenwimmelnden Bahnsteig Kalkuttas, nehmen wir Abschied vom indischen Glutofen, von der schillernden Tropenzivilisation, von Freunden und Helfern, besteigen den Nachtzug und brausen durch fruchtbares Schlamm- und Schwemmland, durch Seih- und Sinkstoff, durch die fieberverseuchten Reissümpfe der großen bengalischen Tiefebene nach Norden, dem Himalaja und Tibet, unserem Traumlande, entgegen!

Lange kann ich vor wühlender Aufregung, vor Freude, Hoffnung und neuaufkeimenden Sorgen keinen Schlaf finden. Doch als ich mich gerade in seligem Traum wiege, graut schon wieder zaghaft der Morgen. Der Boy bringt den Tee und gebutterten Toast, und dann lasse ich mir den heißen Fahrtwind durch die Haare sausen, sauge die Landschaft ein, atme das Reisland und den süßen, blütenschweren, berauschenden Duft.

Abgeworfen hat Mutter Indien die Fratze des Hungers, denn der Monsun ist rechtzeitig gekommen in diesem Jahr. Aus Regengüssen und sengender Sonne hat sich Allmutter Natur in wuchernder, wilder Fülle neu verjüngt, eingetaucht in ein unendliches Meer zarter magischer Farben und wechselnder Wolkengestalten. Fruchtland, Reisland, Palmenland, strahlend und leuchtend in wunderbar frischem glänzendem Grün!

Allgegenwärtig im dunklen Laub ihrer Kugelkronen die strotzenden Mangos. Dort ein Banyang, Wald eines einzigen Baumes mit hundert Stämmen, Stützen und Luftwurzeln, aus dem weiten Dach der Lederblätter wie eine lebende Säulenhalle dem Boden zustrebend ...

Und an jeder Ortschaft, jedem kokosüberschatteten Weiler, der brettwurzelhochschießende, silberstämmige Pipalbaum, die heilige indische Feige, unter deren schattigem moderschwülem Gezweig Buddha dereinst die Erleuchtung empfing.

In Indien, Füllhorn der Religionen, wo der Glaube das Leben der Menschen in glühenden Farben ganz umhüllt und umhegt, ist Baumdienst noch Götterdienst. Viele dieser turmhohen, riesenwulstig verknorrten Baumgiganten gelten mehr noch, denn als blumenumkränzte, altargeschmückte Heiligtümer. Genius der Mystik sind sie, Wahrzeichen der tropischen Fruchtbarkeit und des Geschlechtersegens. Manch Mägdelein wurde ihnen im zarten Alter vermählt, den Bäumen, den Tröstern, den Wächtern und Seelenbetreuern ganzer Generationen und Dorfgemeinschaften.

Malerische, fiederbeschwingte Bambuswäldchen wechseln mit Hagen und Hainen, mit zartgrünsprießenden Reisfeldern und dörflichen Weihern, in denen sich das bis zu Hörnern und Nüstern versunkene Volk der zahmen Wasserbüffel suhlt. Mütter, die ihre Kinder auf mageren Hüften und Wasserkrüge auf den Köpfen tragen, gehen, sich wiegend, ohne des donnernden Zuges zu achten, vorüber. Männer steigen die glatten Stämme der Toddypalmen empor, um den nächtlich geronnenen Seim aus hängenden Tonkrügen zu sammeln... Und aus allen den niederen palmbedeckten Lehmhütten kräuselt sich blaugrau der Rauch. Es ist ein paradiesisches Land, das wir durchfahren, ein strotzendes Kulturland mit seinen immergrün verborgenen Ortschaften, den tausend dunkelgrünen Reflexen und zauberhaften Stimmungen. Und die braunen, halbnackten Menschen, die heiteren Kinderscharen vollenden das Märchen vom glücklichen Tropenland.

Grellglitzernde Eisvögel, türkisfarbene Blauracken, gabelschwänzige Drongos und ein Heer von buntschimmernden, langschnäbeligen Bienenfressern sitzen auf den Telegrafendrähten. Große, rotschwarze, langschwänzige Tropenkuckucke turnen durchs Gezweig, mächtige marabuähnliche Störche mit gandhiähnlichen Gesichtern und schimmernde Schwärme blendend weißer Reiher rasten auf traumverlorenen Reislandinseln. Wie leuchtende Diademe heben sich die lichten Tagesvögel gegen das tiefdunkle Grün des Dschungels ab. Leben überall, verschwenderisch hingegossen in stetiger Wandlung und Abwechslung der rasenden, rollenden Fahrt.

Plötzlich vor uns, dicht an der wiegenden Schlange der Wagen vorbei, genau im Norden, über jäh empor wuchtenden Dschungelmauern und dräuend hingelagerten Wolkenungetümen, viel höher, viel reiner, viel klarer, als ich je zu ahnen oder zu träumen vermochte, eine wunderbare, eine wildzackige Linie aus reinstem Rosarot und scharlachüberhauchtem Weiß: Die Hauptkette des Himalajas, die höchsten Berge der Welt!

Jubel, unbeschreiblicher Jubel bricht aus, und immer wieder saugen sich meine Blicke an den schneeig leuchtenden Kristallpalästen fest, bis wir eintauchen in die düsteren Schatten der Vorberge und die Fahrt in Siliguri am Nordrande der großen Ebene endet. Endlich der Himalaja! Zauberklang und Wirklichkeit stimmen zueinander wie die kernigfrischen Mongolengesichter am Bahnhof von Siliguri zu dem ragenden Tiefdunkel der hoch aufstrebenden Berge.

Von hier geht's auf schmalspuriger Dschungelbahn durch sommergrüne Monsunwälder, durch Teak- und Salbaumbestände, über deren domhohen Dächern weitklafternde Nashornvögel wie riesige bunte Schmetterlinge dahingleiten und schillernde Königsfischer wie Irrlichter aufblitzen und verschwinden.

Dann tut sich ein enger Talschrund auf. Wie durch ein dunkles Loch bricht die Tista in strudelndem Schwall aus den Wäldern und Bergen hervor. Braunrot und schmelzfarben ergießt der mächtige Bergfluß seine ölglänzenden Fluten über Schotter- und Grundschlammbänke hinweg in die große fruchtbare Tieflandebene.

Das ist der Abschied von Indien. Es folgt eine ratternde, fauchende Fahrt zwischen tunnelartigen Mauern ewig wachsender, ewig wuchernder Urwaldvegetation. Sie ist so mächtig und der Wald drängt so dicht an den Bahnkörper heran, daß man zwischen heißdunstigen Nebelschwaden nirgends einen Durchblick gewahrt. Dickichte schlanker Fächerpalmen, Rotangwirrnisse, sparrige Bambuswälder, kletternde Lianen, federhollige Pandanus, hochaufschießende Stauden wilder großblättriger Bananen, alles strotzt und windet sich mit metallgrünen Leibern, gleißendem Laubwerk, glänzenden Schnüren und sonnenfunkelnden Girlanden. Sie reichen bis über das puffende Bähnlein, auf dessen schnaubender Lokomotive wir stehen, herab. Also bereiten uns die Götter des Himalaja einen besonders festlichen Empfang.

Aber schon ist alle Illusion grausam zerstört. Rumpelnd hält der Zug. In letzter Nacht ist ein mächtiger Bergrutsch zu Tal gegangen. Bahndamm und Gleise sind in gurgelnde Tiefen gestürzt. Während das Gepäck in den von der Kopfstation heranpuffenden Hilfszug verladen wird, turne ich über turmhohes, wildverflochtenes Wurzelgewirr. Schweißgebadet tauche ich im dämmernden farndurchwucherten Wald unter. Ich atme den schweren betäubenden Moderduft, stolpere über stachelbewehrte Lianen, sehe die Staubfädenfiligrane traubenstrotzender Blüten, an denen farbensatte Falter hängen, und stehe vor den ersten großen, seidenblassen Aronstäben, die im Halbdunkel wie fleischliche Wesen wirken. Trotz des Überschwangs geht eine feierliche Friedhofsstimmung von diesem tropischen Urwald aus. Eine schleierrieselnde Stille umfängt mich – dann klingt von fern her das Pfeifen des Zügleins, und ich muß Abschied nehmen vom drängenden Pflanzensegen der tiefsten Urwaldlagen, denn die hohen Berge locken. Wenige Stunden darauf erreichen wir Gelli Kola, die Endstation der Kleinbahn.

Während unser schweres Gepäck mit Ochsenfuhrwerken bergabwärts transportiert wird, benutzen wir Automobile, um Gangtok, die Hauptstadt Sikkims, jenes kleinen halbunabhängigen Eingeborenenstaates, den ich als Ausgangspunkt unserer Expedition gewählt habe, auf schnellstem Wege zu erreichen. Zwischen dem Darjeelingdistrikt, „Britisch-Sikkim“, im Westen und Kalimpong,

Kiang-Lager in Nord-Sikkim

Die Hauptachse des Himalaja

„Britisch-Bhutan", im Osten führt die seit Ausbruch des Monsuns von Muren und Schlammströmen stark gefährdete und an vielen Stellen durch Bergschutt unterbrochene Autostraße im Talgrund dahin.

Brodelnd und schäumend wälzt die Tista ihre wilden Wasser geraden Weges nach Süden, während der von Westen rechtwinklig einmündende, in zahlreichen Krümmungen verlaufende Rungit, der zweitgrößte Fluß des sikkimesischen Berglandes, seine tiefbraunen Wasser über den tosenden Gischt des Hauptflusses legt. Erst weit unterhalb vermengen sich die verschiedenfarbigen Fluten.

Zwischen Regenwäldern und dunstverhangenen Lichtungen winden wir uns durch die kochendheiße Tallandschaft. Hier und da gewinnen wir einen grandiosen Ausblick auf die wolkenverhangenen Berge oder schauen hinab auf die gurgelnden Schnellen. Die Tista, deren Wasserkapazität zur Monsunzeit um ein Vielfaches größer ist als während der Trockenperiode, hat das anthropogeographische Bild des wildzerrissenen Landes geprägt. Die Lage der in diesem düsteren Berglande ohnehin nicht allzu häufigen Siedlungen wird also ganz und gar durch die Erosionstätigkeit der Tista und ihrer Nebenflüsse bestimmt. Obwohl das südliche tiefeingefurchte Tistatal wegen seines ungesunden Klimas für Europäer nicht bewohnbar ist, so gibt es hier doch einige malariaverseuchte Dörfer, die in der Hauptsache von Hindus und Nepalis bewohnt werden, während die alteingesessene sikkimesische Bevölkerung die höheren Lagen zwischen 1500 und 3000 Meter bevorzugt.

Wo die Tista eine jähe U-förmige Schleife beschreibt, liegt mitten im tropischen Urwald Rangpu, „der gebogene Hang", als erste größere Siedlung des unabhängigen Sikkimstaates. Städte im eigentlichen Sinne gibt es in diesem glücklichen Lande nicht. Dagegen findet man überall an den weniger steilen, für die menschliche Anbauwirtschaft geeigneten Hängen bambusgedeckte Einzelhöfe oder auch Weiler, die wie Adlerhorste über den Tälern schweben.

Oberhalb Rangpus verläuft die Tista in einer für den menschlichen Verkehr nicht mehr geeigneten Steilschlucht. Also kurven wir, den Seitentälern folgend, in östlicher Richtung empor, um in Gangtok, der 1700 Meter hoch gelegenen Hauptstadt, dem „hohen Hügel" und Regierungssitz des Maharadschas, Quartier und Arbeitsbasis zu beziehen. Von hier aus werden wir unserer Fühler weit nach Norden ausstrecken, über die Eisbarrieren des hohen Himalajas hinweg nach Tibet hinein, willens, die Verbindung mit den hohen Machthabern des geheimnisvollen Lamalandes aufzunehmen.

Obwohl der winzig kleine, zwischen Nepal im Westen und Bhutan im Osten gelegene Sikkimstaat dem alpinen Touristenverkehr seit Jahrzehnten freigegeben ist und sich schon zahlreiche Bergsteigerexpeditionen am himmelragenden Kangchendzönga und seinen firnglitzernden Trabanten gemessen haben, so ist Sikkim doch in vielerlei Beziehung noch völliges Neuland geblieben. Wild und zerrissen, von tosenden Bergströmen durchrauscht, von undurchdringlichen Steildschungeln bedeckt und von gewaltigen Gipfelriesen überschattet, bietet uns das kleine, an Naturschönheiten unübertroffene Ländchen ein ideales Ausgangsgebiet und die beste Gelegenheit, uns für größere Aufgaben im hohen Tibet vorzubereiten.

Der Sikkimhimalaja zählt zu den jüngsten Gebirgsfaltungen der Erdoberfläche. Erst nach Abschluß des Erdmittelalters entstieg die sikkimesische Bergwelt den Trögen des Kreidemeeres und wuchs während des ganzen Tertiärzeitalters an den Widerständen des südlichen Urkontinentes in mächtigen Überwurffalten empor. Aber auch zur Eiszeit hielt die Hebung noch an. Erdbeben und andere plutonische Kräfte, die sich am Südrande des Himalajas immer wieder bemerkbar machen, deuten mit zahlreichen Befunden der heutigen Gebirgsgestaltung darauf hin, daß die Faltungsvorgänge wohl erst in jüngster geologischer Vergangenheit zum Abschluß kamen oder daß die Berge gar noch immer im langsamen Heben begriffen sind.

Der Tatsache ungeachtet, daß der Zug des gesamten himalajanischen Hochgebirgssystems im wesentlichen ostwestlich gerichtet ist, verlaufen die Sikkim begrenzenden Hauptketten, eine eigene biogeographische Einheit in sich schließend, doch in nordsüdlicher Richtung. Auf solche Weise entstand ein gigantisches, nach Süden offenstehendes Hufeisen, das von der schäumenden Tista, der Hauptentwässerungsader Sikkims, in tiefer Erosionsschlucht durchbrochen wird. Dieses natürliche Amphitheater wird nördlich der kristallinen Hauptachse auf einer Breite von rund 60 Kilometer vom öden hochtibetischen Steppenlande begrenzt, während sich im Osten das politisch ebenfalls zu Tibet gehörende Tschumbi-Territorium als weit nach Süden ausgreifender Keil tibetischen Landschaftscharakters in einem tiefen Engtal anschließt.

Klimatologisch gehört Sikkim, als Teil des östlichen Himalajas, zu den regenreichsten Gebieten der Erdoberfläche. Gleichzeitig stellt die gletscherbewehrte Hauptachse des Himalajas eine Wetterscheide ohnegleichen dar, die das regenfeuchte Sikkim vom ariden tibetischen Hochlande in einer messerscharfen biogeographischen Grenze trennt. Ganz Sikkim steht unter dem heftigsten Einfluß der Monsunwinde, deren jahreszeitliche Intensität jedoch beträchtlichen Schwankungen unterworfen ist. In den Monaten Juni bis September fluten unabsehbar gewaltige Schübe feuchtigkeitsgeladener Luftmassen vom Indischen Ozean her in den Kontinent ein, um sich an den Hochgebirgsmassen zu zerschlagen, während im Winter umgekehrt die kalten Luftschübe des Gegenmonsuns von den Landmassen her meerwärts strömen. Der mächtige Anprall des Monsuns gegen die Felsbastionen des östlichen Himalajas verursacht 15- bis 18mal heftigere Niederschläge als in Mitteleuropa, wodurch die Schneegrenze auf der Südseite des Gebirges in seltsamer Paradoxie um 300 bis 400 Meter tiefer herabgedrückt wird als auf der arideren Nordseite.

Die Klima und Leben heherrschenden Wechselbeziehungen zwischen Monsunwinden und Hochgebirgen spielen in der indischen Mythologie schon seit alters her eine bedeutende Rolle: Der Weltenschöpfer, so sagten die alten Inder, ließ geflügelte Berge entstehen, die den Äther durchzogen und Sterne vom Himmel rissen, daß die Erde unterm Anprall der Himmelskörper schrecklich schwankte. Indra brach ihnen die Flügel. Die Berge sausten dröhnend nieder und der Himalaja entstand. Die Flügel aber ballten sich als himmlische Spielzeuge der Götter zu riesigen Wolken, die den Bergen folgten und ihre firnglitzernden Gipfel belagern ... bis zum heutigen Tag.

Die gleichen Klimazonen und Vegetationsgürtel, die in Afrika-Europa vom Kongo bis Spitzbergen in *horizontaler* Richtung hintereinander gestaffelt sind, türmen sich in Sikkim auf kleinstem Raum übereinander.

Was wäre auch Sikkim ohne das Märchenwunder seiner Pflanzen, Bäume und Blüten? In einem einzigen wild wuchernden Rausch von Formen und Farben reichen die Lebenszonen von den Fiebersümpfen des Terai, von den tropischen Vorhügeln und treibhausschwülen Regenwäldern der tiefen Dschungellagen in Stufen und Gürteln über feuchte immergrüne Nebelwaldungen, subtropische Bambusdschungel, temperierte Mischwälder, paläoarktisch geprägte Koniferenbestände, undurchdringliche Rhododendrondickungen bis zu den höchsten Alpenmatten empor, wo im Schatten eisgepanzerter Gipfelriesen und blaufunkelnder Gletscher die schönsten aller Bergblumen stehen. Ganz droben im kalten Fels dann gedeihen nur noch kümmerlich Polsterpflänzlein,

Flechten und Moose. Sie sind die letzten Lebenspioniere gegen die Bastionen des ewigen Schnees.

Auch die überaus artenreiche, aus indo-orientalischen, endemisch-himalajanischen, westchinesischen und paläoarktischen Elementen sich zusammensetzende Tierwelt des sikkimesischen Himalajas ist in hervorragender Weise geeignet, die unerhörten Gegensätze aufzuzeigen, die in diesem kleinen Lande vereinigt sind. Weit im Süden lauert der gewaltige Tiger in undurchdringlichen, lianenverwobenen Urwäldern auf das langborstige Wildschwein oder den stolzen Sambarhirsch. In den mittleren Dschungellagen pirschen Nebelparder und Marmelkatze auf Dschungelfasan und brandrot leuchtendes Satyrhuhn; durch die düsteren Bergwälder gnistern Kragenbär und Sawau; in den zentralen Gebirgsstöcken schleichen Rotwolf und seidenglänzender Schneeleopard auf Moschushirsch und Blauschaf, und ganz droben über der Fünftausendmetergrenze in den kahlen Mondhügeln jagen die großen tibetischen Grauhunde das königliche Riesenschaf oder den stolzen rotweiß leuchtenden Kiang. Inmitten des unzugänglichsten Hochgebirges aber, wo der kühne Steinadler über grausigen Spründen auf den edelsteinfunkelnden Königsfasan jagt, harrt noch ein großes Säugetier der Entdeckung. Später werden wir noch mehr von ihm hören.

Noch unterhalb der scharfgezogenen Nebellinie liegt Gangtok ganz in Grün gebettet auf einem ziemlich steilen Bergkamm. Zu beiden Seiten fallen die Hänge viele hundert Meter in die Tiefe. Unversehens taucht man ins glasige Halbdunkel des Dschungels wie in ein grünes Meer. Die Schäfte der hohen Bäume sind rundum vom dunklen Smaragd riesiger zerfranster Phyllodendronblätter fächerartig umschlungen, und hoch darüber erheben sich die wolkenumwallten subtropischen Nebelwaldungen mit zarten, feingliedrigen Baumfarnen, immergrünen Lorbeergewächsen, gewaltigen Eichen, herrlichen Magnolien, einem Heer von Bärlappgewächsen und ungezählten Orchideen. Die wohlgepflegte, blütenüberschattete Kammpromenade mit gestutzten Bäumen, wundervollen Feuerlilien und riesenhaften weißen Trompetenblüten führt vom dschungelumwobenen Palast des Maharadschas und dem weithin leuchtenden, goldbedachten Privattempel zu den Regierungsgebäuden, der „Festhalle“ und zum Sitz des „politischen Offiziers“.

Bald schon verbindet uns ein freundschaftliches, ja geradezu herzliches Verhältnis mit Tashi Namgyal, dem Maharadscha von Sikkim, dem wir unsere Pläne unterbreiten und dessen wohlwollendem Verständnis wir einen Gutteil unserer späteren Erfolge zu verdanken haben. Schon bei der ersten Audienz, die mir Seine Hoheit kurz nach unserer Ankunft gewährt, entbindet mich der wohlwollende Sikkimfürst von zahlreichen Verpflichtungen, die einzugehen bisher immer die unerläßliche Voraussetzung der Einreiseerlaubnis für Europäer bedeutet hatte. Dieses unerwartete Entgegenkommen bietet uns in der Folgezeit Gewähr, unsere wissenschaftlichen Forschungen völlig frei und ungehindert durchführen zu können.

Am Eingangsportal des Maharadscha-Palastes steht eine Miniaturkanone, die von den britischen Beschützern stammt und wohl die einzige Artillerie des Sikkimstaates darstellt.

Tashi Namgyal selbst ist gläubiger Buddhist und gilt bei seinen Untertanen nicht nur als Wetterprophet und großer Zauberer, sondern auch als Wiedergeburt des wilden zähnefletschenden tibetischen Gottes Dschagdor, der, im Gegensatz zum sanften und friedliebenden Wesen des Maharadschas, als furchtbare, tigerfellumschürzte und donnerkeilschwingende, von lodernden Flammen umgebene Gottheit dargestellt wird.

Bei allen Unterhaltungen und Besprechungen mit dem Maharadscha werden die Formen der sikkimesischen Etikette genauestens innegehalten. Selbst höchsten Würdenträgern ist die Pflicht auferlegt, vor ihrem Staatsoberhaupt zu kotauen, ehe sie mit gekreuzten Beinen in orientalischer Weise Platz nehmen dürfen.

Die Leibdiener Seiner Hoheit tragen alle ein sanftes, ehrerbietiges Wesen zur Schau, das gut zu ihren malerischen Leptschauniformen paßt. Sie gehen auf nackten Sohlen, haben die Beine in Wickelgamaschen gehüllt und tragen über rockähnlichen, bis zu den Knien reichenden Streifenkleidern leuchtendrote, samtschwarz abgesetzte Uniformjacken. Ihre randlosen, fein geflochtenen Strohhüte gleichen gekappten Kegeln. Sie sind mit Büscheln herrlicher Pfauenfedern geschmückt. Einen merkwürdigen Gegensatz zu dieser farbenfreudigen Kostümierung bildet das Dschungelgewaff, das in Bambusscheiden steckende breite Haumesser, wie es von den „wilden" Leptschas auch heute noch in den Wäldern getragen wird.

Dankbar erinnere ich mich der zahlreichen Einladungen und Gastmähler, die uns der Maharadscha im Kreise seiner höchsten Würdenträger gibt. Auf solche Weise wird uns auch Gelegenheit, den hohen künstlerischen Geschmack und die gediegene Wohnkultur in seinen Privaträumen kennenzulernen. Europäische Behaglichkeit ist hier mit orientalischem Prunk in seltener Harmonie vereinigt. Die teppichbelegten Repräsentationsräume sind mit ganz wunderbaren tibetischen Thankas, jenen buntbemalten Buddhabildern, ausgeschmückt, während die bequemen Sofas und Sessel vom Maharadscha selbst entworfen und nach eigenen Angaben ausgeführt wurden. Mein besonderes Interesse gilt einem kleinen, herrlichen Tischchen, das von geschnitzten Menschenskeletten getragen wird. Die in eine Reihe von konzentrischen Ringen unterteilte Tischplatte stellt die im indoarischen Kulturkreis immer wieder auftauchende dreigeteilte Rosette dar, während im nächsten Kreise neben den acht glückhaften Zeichen des buddhistischen Pantheons das Rad als Symbol der königlichen Würde zur Darstellung gebracht ist. Es handelt sich dabei um ganz ähnliche Embleme, wie sie in der vorgeschichtlichen Symbolik Europas als achtgeteiltes Sonnenrad und als Symbol des Weltalls immer wiederkehren.

Als nächstes gehen wir in Gangtok daran, eine eingeborene Mannschaft zusammenzustellen. Zwar sind die guten Vorsätze, mit denen uns die Eingeborenen begegnen, aller Achtung wert, doch werden die kommenden Taten allein entscheidend sein. So muß mit viel Takt und Umsicht gesiebt und gesichtet werden, denn wir sind Gäste im Lande und haben kein Recht, den Menschen Dinge abzufordern, die ihrer Natur zuwider sind. Wenn wir als Europäer uns anmaßen, die Einheit des Menschen zu zergliedern, so steht es uns nicht an, den eigenen Partikelkult auf Eingeborene zu übertragen. Um Problematisches in Positives zu verwandeln, müssen wir sie ganz auf ihre Art behandeln, und wir werden alles erreichen, was uns und ihnen gut und nützlich ist.

Also heißt des Rätsels Lösung: nachgeben, ohne sich aufzugeben. Es kommt darauf an, sich in die Seele des anderen hineinzuversetzen, ohne sich durch dieses Teilnehmen an einer fremden Welt zu verlieren. Immer heißt es, die Klüfte mit wohlwollendem Verständnis zu überbrücken. Dann fügt sich vieles ganz von selbst; die Achtung wird eine gegenseitige und der Glaube wächst. Hierin liegt die große Verantwortlichkeit des Expeditionsleiters seinen Getreuen gegenüber: Vertrauen ausströmen, Vertrauen bewahren und die Fähigkeit besitzen, das einmal gewonnene Vertrauen nicht zu enttäuschen, ist das Geheimnis. Nicht recht haben um jeden Preis, sondern einschwingen, so wie uns der Rhythmus der Melodie ergreift. Nur wer versteht, sein unterbewußtes Sein mit dem des Eingeborenen zu identifizieren, erlebt das wahre Glück. Allenthalben neigt der Forscher dazu, über Menschen und Schicksale hinweg eigenwillig zu disponieren. Um einer ungewissen Zukunft willen verschleudert er die Gegenwart, die doch die einzige

Trumpfkarte ist, die er sicher in der Hand hält. So betrügt man sich nur allzu leicht um das Schönste, das das Leben zu bieten vermag, und meint, die Menschen würden gutheißen, was man gewollt, und nicht, was man getan hat. Entscheidend aber ist nicht das Wollen, sondern das Handeln: die einzig beglückende Tat. Nicht der Wunschtraum, sondern die Realität. Auch meint so mancher, wenn er nach suggestiver Rede strahlende Augen und lachende Gesichter sieht, die Eingeborenen müßten ähnliche Ideale haben wie er, sie müßten ihn ganz und gar verstehen und mit seinem Innersten im Einklang stehen. Auch dies ist nichts als dem eigenen Dünkel entspringende Täuschung, die sich auf langdauernden Expeditionen noch immer bitter gerächt hat. Man muß sich liebevoll mit allen harmonisierenden Eigenschaften seiner Getreuen verbinden, die übrigen Seiten ihres Wesens in Anspruch zu nehmen aber sollte man sich nie vermessen. Also geht's bei der Berührung und notwendigen Angleichung der verschiedenen Mentalitäten nicht so sehr um inniges Verständnis, als um gegenseitiges, auf gemeinsame Ziele gerichtetes Auskommen.

Pistolen, mit denen sich so mancher Neuling gürtet, bleiben am zweckmäßigsten in den Koffern und werden am besten nie hervorgeholt; denn es verrät schlechte Psychologie zu glauben, daß man sich Ansehen durch Drohung und Gewalt erwirbt. Die Eingeborenen werden nur lächeln und sich fragen, wovor er sich fürchtet, der große Sahib.

Natürlich muß auf langwährenden, sich über Jahresfrist erstreckenden Wildnisexpeditionen Prestige gewahrt werden, denn die feinnervigen Asiaten erfühlen die Schwächen des Europäers meist eher, als er sich selbst seiner Unzulänglichkeiten bewußt wird. Und rascher als man denkt, verstehen sie es, den „großen weißen Herrn" nach dem sikkimesischen Motto zu behandeln: „Bei langem Tag wird selbst die Katze den Reis auf der Tenne fressen." Hinzu kommt die Lüge, mit deren Hilfe sich die Asiaten über all das hinwegsetzen, was sie im Herzen bedrängt. Dabei lügen sie oft nur, um ein Ungemach zu verhüten, denn die Lüge tut ihnen nicht weh.

Da kommen sie schwarmweis mit großartigen „testimonials" und Zertifikaten, einige sogar mit Bändern, Siegeln und Orden versehen, um sich als die großen Helden, die „Tiger des Himalajas" auszuweisen. Schlau und gerieben und längst mit den elementaren Tücken der Zivilisation vertraut, ist viel anmaßendes, niederträchtiges Geschmeiß unter ihnen. Soweit sie nicht zu den Hochmannschaften der zahlreichen Bergsteigerexpeditionen gehörten, haben wir nicht allzuviel Gutes von ihnen zu erwarten und treffen daher eine vorsichtige Auswahl.

Obwohl im Laufe des kommenden Jahres noch mancher Mannschaftswechsel vorgenommen werden muß, so bleibt doch diese in Gangtok zusammengestellte Kernmannschaft bestehen. Die Männer gehen schließlich selbst gegen die Widerstände ihrer religiösen Gefühle durch dick und dünn mit uns. Mehr als einmal stehen sie mir in entscheidenden Situationen treu zur Seite und nehmen alle Opfer auf sich, als ob sie Mitleid hätten und wüßten, daß das Mißlingen den Führer stets nur allein trifft, während zum Gelingen doch alle gemeinsam beitragen. Feste Pläne verabscheuen sie ebenso wie ich, denn es ist ihnen eingegeben, das Leben entscheiden zu lassen, das stets bessere Routen vorschreibt, als wir sie uns vorher auszudenken vermögen. In der Fähigkeit zu improvisieren also und in derjenigen, die sich von Ort zu Ort bietenden Gelegenheiten rasch und entschlossen beim Wickel zu packen, sind sie Meister und entsprechen ganz meiner eigenen Wesensart. Aber auch in der Ablehnung von allzuviel Technik treffen wir uns. Mag man noch so viel zu ihrer Glorifizierung und Verteidigung anführen: jedem tieferen Naturempfinden widerstrebt jene Perfektion, die wir den Fortschritt heißen, denn sie steht der natürlichen Freiheit entgegen. Sie ist ein Dämon, der das stille natürliche Werden erstickt und die tiefe Berührung mit Leben und Umwelt verhindert.

Als unsere persönlichen Diener wählen wir Scherpas, die schon in Darjeeling angeworben wurden, während die übrigen Stellen, wie Dolmetscher, Präparatoren, Köche, Pferdetreiber usw. von Leptschas, Nepalis und Bhutias eingenommen werden. Es hat sich nämlich noch stets als gut erwiesen, die Mannschaften aus verschiedenen Stämmen zu rekrutieren, um auf solche Weise Meutereien und Unbotmäßigkeiten aller Art leichter begegnen zu können.

Um einige unserer markantesten Gestalten bei Namen zu nennen: da ist allen voran Kaiser, mein erster Dolmetscher, der zur Vorstellung im blauen Anzug erscheint. Seinen seltsamen Namen verdankt der junge, aus vornehmer Kriegerkaste stammende Nepali der Tatsache, daß sein Vater im ersten Weltkrieg in Frankreich auf britischer Seite kämpfte und nichts Besseres zu tun hatte, als seinen Erstgeborenen nach dem damaligen deutschen Staatsoberhaupt zu benennen. Kaiser ist ein zarter, bildhübscher Junge von leicht mongolischem Typ, zurückhaltend, drahtig, klug und von glücklichem Naturell. Noch oft, wenn's hart auf hart gehen sollte, sieht er mich mit großen ernsten Augen an, ehe er anpackt und trotz körperlicher Schmächtigkeit jede sich bietende Situation meistert. Von allen unseren Getreuen ist er der „europäischste", der mit zäher Ausdauer und Willenskraft überwindet, was die Natur ihm an robusteren Gaben versagte. Als Mittelsmann und Interpret meiner Absichten wird er mir bald unbezahlbar. Folgt Mandoy, der erste Präparator, ein Jüngling von erst neunzehn Jahren, Hindu mit Limbueinschlag, zu jenen sechzig Millionen Parias, den „scheduled classes" – den Kastenlosen –, gehörend. Ursprünglich, so sagt mir Mandoy, habe das goldene Zeitalter geherrscht und alle Menschen waren gut. Dann aber sei die Lüge aufgekommen und die Selbstsucht, und die Menschheit zerfiel in die Kasten. So sind die „Kastenlosen" seit ungezählten Generationen dazu erzogen, an den Unsinn einer ihnen durch Vorurteil aufoktroyierten Minderwertigkeit zu glauben. Ein feiner Kerl, dieser schlanke, geschmeidige, unendlich fleißige Mandoy, dessen stille Ergebenheit, durch sanfte Demut gewürdigt, schon bald den Anstrich des ewigen Sklaven verliert, eben weil er in unserer Gemeinschaft einen Hauch von Freiheit empfängt. „Eigentlich", sagt Kaiser, „dürfte ich mit Mandoy nicht ums gleiche Lagerfeuer sitzen", denn die Kastenordnung ist theologisch dogmatisiert und etwas durchaus Metaphysisches. Aber Mandoy gehört für uns eben zu jenen „Gottesleuten", wie Ghandi die Parias einmal nannte, um ihren Anspruch auf die Menschenwürde zu betonen. Mandoy seinerseits ist von großer Dankbarkeit beseelt, die mich zutiefst berührt, weil sie auch dann nicht endet, wenn sie unter Europäern sich vielleicht längst in Neid und Haß gegen den früheren Wohltäter verwandelt haben würde. So gibt es in unserer kleinen Gemeinschaft keinen „Enterbten".

Auch das zweite Kastengebot: „Sage mir, mit wem du ißt ... und ich sage dir, wer du bist", gilt nicht bei uns, denn unser Koch ist kein Brahmane, sondern ein Leptscha. Lezor heißt er, ein guter Kerl mit weicher, mädchenhafter Stimme, ohne jeden spekulativen Flug zwar, und im Ausdenken neuer Gerichte alles andere als erfinderisch. Wochen- und monatelang serviert er uns den gleichen yakdunggewürzten „Istew". „I-stew" von Hammel – I-stew von Yak – I-stew von Blauschaf. Als ich ihm den widrigen Pams einmal vor die Füße knalle, daß der Teller quer durchs Lager rollt, ist er tief beleidigt, denn Ungerechtigkeit, wenn der Führer sie begeht, wiegt schwerer noch als Blei. Schwach begabt als Meister der Küche, von mittelmäßiger Intelligenz, bestätigt er das alte Wort, daß ein guter Mensch mit ehrbarem Charakter einen besseren Expeditionskoch abgibt, als ein treuloser Mixer feinster Essenzen. Auch wenn die Stürme fegen und kein Feuer in Gang kommen will, ist es Ehrensache für Lezor, daß er uns in kürzester Zeit den braunen „Istew“ mild lächelnd vor die Nase setzt.

Mit allen Salben gesalbt und mit allen Wassern der Wildnis gewaschen ist Akey, unser hochintelligenter Karawanen-Obmann: Kraftprotz, Frauenliebling und abgründiger Verächter der Zivilisation, der nach Abschluß der Expedition, als er zum ersten Male vor einer fauchenden Lokomotive stand, ausspuckte und ging. Gewachsen wie ein Baum, hünenhaft und athletisch, ein sicherer Schütze und guter Jäger, ist dieser Bhutia wie kein zweiter geeignet, die übrigen Mannschaften über alle Situationen hinweg in Gang und Schach zu halten.

Bleibt als typischer Vertreter seines Stammes Pänsy, mein breitgesichtiger Scherpadiener, zu den „Tigern“ gehörig, mit viel bergsteigerischer Erfahrung, flink, kräftig, mit scharfen Falkenaugen und prächtigem Raubtiergebiß, ein starker, grober, ehrlicher Charakter und wie alle Scherpas verläßlich, hart und furchtlos. Als hochspezialisierte Männer des Hochgebirges, mit untrüglichen Berginstinkten begabt, gehen die Scherpas lächelnd durch alle Gefahren hindurch. Doch sind sie für Dauerleistungen im harten kalten Hochsteppenlande weniger geeignet als Bhutias und Tibeter.

Die Schleusen des Himmels haben sich nun auch über Gangtok geöffnet. Ruhig, stetig, unpersönlich braust es, rauscht es, tropft es. Regen, Regen, Regen, tagelang und nächtelang. Nebel fallen, Erdrauch steigt, stark und betäubend ziehen schwüle Dämpfe nie versiegender Zeugungskraft durch Busch und Holz. In verschwenderischem Reichtum feiert die Natur Räusche und Orgien von Üppigkeit und Formenfülle. Mag es auch regnen und stürmen, bei uns in Dilkuscha werden Pläne geschmiedet, Karten studiert, Transportprobleme besprochen, und der Hunger nach Erfüllung wird immer stärker in uns.

Wenn auch keine augenscheinlichen Freuden unser Leben versüßen, so sind es doch die verborgenen, ganz geheimen, namenlosen Zauberdinge, die die dampfende Dschungel durchweben und unter Nebelschwaden und prasselndem Blättermeer, mitten aus dem dunklen Herzen der Wälder heraus, ein unheimliches Glücksgefühl erzeugen, das uns auch im Schlaf nicht rasten und nicht ruhen läßt.

Aber wenn nach bangen, moskitoschwülen Nächten der Wald in Kraft und Farbe strahlt, prickelnde, duftgeschwängerte Kühle aus den Talgründen weht und das ganze Bergmeer Welle hinter Welle über abgrundtiefen Schluchten in blauen Dünsten verschwebt, dann sehnen wir uns mit allen Fibern und Fasern aus den treibhausschwülen Tieflagen in die schimmernde Gipfelwelt hinaus. Und alles bedrängt mich nach baldigem Aufbruch in die Wildnis.

Doch die Wissenschaft mag fordern, der Tatendrang locken, noch sind die Tage des Eingewöhnens nicht beendet, noch müssen wir uns damit bescheiden, in den Wäldern um Gangtok zu forschen und zu arbeiten. Natürlich tragen die starken Regengüsse nicht gerade dazu bei, die Einarbeitung zu erleichtern, doch bietet schon dieses südliche Sikkim so mannigfache Probleme, daß wir Gangtok mit Fug und Recht als unser erstes Stand- und Eingewöhnungslager bezeichnen können. Die wissenschaftlichen Sammlungen beginnen anzuwachsen, und unsere eingeborenen Präparatoren haben auf der gedeckten Veranda von Dilkuscha vom frühen Morgen bis zum späten Abend alle Hände voll zu tun. Ganze Scharen diebischer Krähen lassen sich, stets sprung- und fluchtbereit, mit schiefen Köpfen und zuckenden Schwingen auf der Brüstung nieder, um Vogelbälge von den Präparationstischen hinwegzustibitzen. Dieses Teufelsgelichter von abgrundschlechtem Federvieh, das beim Anblick eines Bewaffneten infernalisch schreiend das Weite sucht, scheint tatsächlich nur mit der Absicht, uns zu bestehlen, aus der indischen Tiefebene, wo es eigentlich hingehört, zu uns heraufgefunden zu haben.

Aber auch die Nächte von Dilkuscha sind voller Spannung. Nicht allein der heulenden Schakale und „bellenden“ Muntjaks wegen, die die halbe Nacht durch im Tiefbaß aus den nahen Dschungeln schmälen, daß es einer furchtsamen Seele gruseln könnte, sondern weil die nächtlichen Heere der Insekten uns oft bis in die frühen Morgenstunden hinein in Gang und Atem halten.

Wenn Gangtok schlafen gegangen ist und das Rauschen der Wasser nur noch leise aus den Schluchten heraufdringt, erstrahlen in Dilkuscha die grellen Lampen unserer Lichtfangvorrichtungen, die uns schon in den ersten Nächten Hunderte von verschiedenen Nachtfalterarten bescheren. Tatsächlich nämlich gehören die humiden Südhänge des östlichen Himalajas auch in entomologischer Beziehung zu den formenreichsten Gebieten der Welt.

Diese äußerst reizvolle Jagdart wird auch bei strömendem Regen fortgesetzt, und immer wieder sind wir begeistert von den herrlichen Farben und absonderlichen Formen des flüchtigen Nachtvolks der Schwärmer, Spinner, Eulen, Glucken, bedornten Stabheuschrecken, bizarren Gottesanbeterinnen, riesenhaften Käfern und daumengroßen Blattwanzen, die in ungezählten Scharen aus Schlünden und Gründen ans Licht drängen. Als besondere Kostbarkeit fliegt hier einer der schönsten und größten Schmetterlinge überhaupt, der riesenhafte Atlasspinner, der eine Spannweite von über zwanzig Zentimetern erreicht und wie ein absonderlicher Nachtvogel wirkt, wenn er gaukelnden Schwingenschlages durch die feinen Nebelschwaden geistert.

Wenn ich an diese zauberhaften Monsunnächte zurückdenke, steigt noch heute eine wilde Sehnsucht in mir auf. Ich sehe glänzende Baumfarne hundertblättrige Hände wie poliertes Silber in den schwarzen Himmel recken, bin erfüllt von aufregenden Spannungen und Kräften, träume vom blühenden Dunkel der Wälder, vom verlorenen Mond und den leuchtenden Sternen. Wie bezaubernd war es doch, wenn die goldgewirkten Falter, helle Funkenschleppen nach sich ziehend, durch die geisterhaft erhellten Dschungeln zogen und ein heimliches Singen aufstieg aus der dunklen undurchdringlichen Welt, wo Millionen phosphorgrün und kalkweiß wirbelnde Glühlämpchen der Leuchtkäfer stiegen und fielen und bei jeder Störung magisch geisterhafte Kreise zogen, als seien sie zu höheren sinnvollen Einheiten verbunden.

In diesen Sommermonaten, da die Himmel so tief hängen, daß es schwer ist zu atmen, sind die Nebelwälder von Millionen und aber Millionen blutsaugender Egel erfüllt, die sich durch Schnürlöcher, Strümpfe und Kleider drängen und die Haut durchbohren, bis sie vollgesogen wie schwarze Kirschen abfallen. Ihre schwer stillbaren Wunden schmerzen zwar nicht, aber sie eitern wochenlang und wollen nicht heilen. Es gibt mehrere Arten sikkimesischer Landblutegel, von denen die größeren, weil gut sichtbaren, die weit harmloseren sind. Ihrer kann man sich mit Kaliumpermanganat und brauner Tabaksoße zur Not noch erwehren. Am „gefährlichsten" aber sind die kleinen, kaum sichtbaren, die wie schwingende Schlangenfädchen an den äußersten Gras- und Blatträndern sitzen und einen tagelangen Suchtanz vollführen, bis sie ein warmblütiges Opfer gefunden haben. Obwohl mir das ekle Gezücht in diesen Tagen mehr zusetzt als mir lieb ist, so belohnen mich die täglichen Forschergänge durch die modernde, sterbende, wildwachsende und ewig neu sich verjüngende Wildnis doch reichlich.

Säugetier- und Vogelfauna zeichnen sich nicht nur durch ungemein scharf gezeichnete Höhenstaffelung, sondern auch durch großen Formenreichtum aus. Kaum vergeht ein Pirschgang, ohne daß ich einige für unsere Sammlung neue Arten von prächtigen Spechten, scheuen Lachdrosseln, farbenfreudigen Kuckucken, metallglänzenden Drongos, kolibriartigen Sonnenvögelchen oder paradiesisch gefärbten Fliegenschnäppern nach Dilkuscha zurückbringe.

Immer wieder zieht's mich durch die steilen Hänge zu den tosenden Flüssen hinunter, deren Donnern selbst die kreischenden Stimmen der Papageien übertönt. Tiefe, gähnende Abstürze tauchen auf; gefallene, halbvermoderte Urwaldstämme dienen als Brücken, tiefer, immer tiefer geht's hinein in das wildverwobene, dichtschließende Dschungeldach. Die lackglänzenden Lederblätter der Hartlaubgewächse strahlen wie ein Mosaik aus tausend Diamanten und zaubern im Wechselspiel mit den wogenden Nebeln magisch schöne Lichtwirkungen hervor. Millionen feinverteilter Wassertropfen ziehen in hauchfeinen Schwaden vorüber und alles dampft. Urwaldrecken wuchten riesenhafte Säulen empor, und von den höchsten Kronen bis zu den feingliedrigen Farnen, Moosen und Bärlappgewächsen, die den Boden wie mit dunkelgrünem Plüsch bedecken, ist alles erfüllt von den wuchtenden Massen der Vegetation. Unter den Felsen aber gluckst und quillt es. Überall tritt Sickerwasser hervor, entspringen Quellen, entstehen Rinnsale, die sich zu sprudelnden Wildbächen vereinigen und zwischen den hängenden Dschungelmauern zu Tal stürzen.

Wie schwarze, pralle, widerliche Maden hängen mir die vollgesogenen Egel an den blutüberströmten Knöcheln und Gelenken. Unzählige Lianen, die den Wald wie Drahtfallen und Würgeseile kreuz und quer durchziehen, machen die Dschungeljagd zu einem prickelnden, berauschenden Erlebnis. Das geheimnisvolle Rucken der Bergtaube, die gellenden, oft jäh einsetzenden Stimmen aufgeschreckter Lachdrosseln, die metallisch harten Laute der in allen Farben glitzernden Nektarvögelchen, der laute Schreckruf der Affen und die nervenaufpeitschenden Schreie der tropischen Kuckucke erfüllen die Luft. Nur manchmal, wenn die grauen Schwaden sich zu senken beginnen und die Konturen der Schluchten im Dämmerlicht verschwimmen, ist es totenstill. Nur das eintönige Glucksen der Tropfen, deren glitzernden Fall von den hohen Kronendächern meine Augen begleiten, dringt an mein Ohr. Fauliger Modergeruch steigt auf vom dampfenden Boden. Schritt setze ich vor Schritt, kämpfe mich Meter für Meter durch die triefnasse Wildnis, pürsche, achte, lausche und spähe. Hier die nagelfrischen Krallenspuren des lichtscheuen Nebelparders, dort die Grabstellen des langborstigen Stachelschweines, das erst zur späten Abendstunde seinen unterirdischen Bau verläßt, um steif wie ein Stachelkissen durch die starrende Wildnis zu kriechen. An einer anderen Stelle entdecke ich das Nest des Schneidervogels. Dieser kunstvolle Bau scheint dem Gehirn einer urteilsfähigen Persönlichkeit entsprungen und spottet jeder mechanistischen Erklärung. Hier besteht die Herrschaft des Tieres und der Pflanze noch in ihrer ursprünglichen Gestalt, und die meisten Vögel entkommen in brodelnden Nebelschleiern halberkannt in der unendlich sich dehnenden Dämmerung des Waldes. Selbst die großen dunkelsamtenen Papilioniden mit ihren rotleuchtenden, saphirglänzenden und veilchenblauen Flügeldecken verschweben traumhaft in Dunst und Nebel der Baumkronen. Alles ist so traumhaft unwirklich, daß mir selbst die blutroten Männchen der langschwänzigen Mennigvögel, die vor mir durch die Kronen geistern, wie Visionen erscheinen. Den aufgeblockten Adler gewahre ich erst, als er die Schwingen schon lüftet. Als der Schuß durch die dumpfe Landschaft dröhnt und der große Vogel zwischen zwei Felsblöcken verzuckend liegenbleibt, bebt der Wald über mir ... und schon stehe ich inmitten des Geprassels eines subtropischen Wolkenbruchs. Bis auf die Haut durchnäßt drücke ich mich wohl eine halbe Stunde lang fest an den Stamm eines Urwaldriesen, bis mir die Glieder zu schmerzen beginnen. Dann läßt der Regen plötzlich nach. Rätselhaft schnell zerreißen die Wolken, und während ich geblendet stehe, spannt sich von Talflanke zu Talflanke über dem lichtdurchfluteten Dschungeldach ein magisch schöner Regenbogen.

Weit unter mir im Schatten hoher Felsen entdecke ich im Fernglas eine Lichtung mit Hütten, wo lichtbraune Menschen einfache Pflüge durch den Boden treiben. Zartgrüner Bergreis sprießt rundum und Riesenbambus säumt das Land. Aus den moosbewachsenen Hütten kräuselt senkrecht der Rauch. Neugierde treibt mich; doch benötige ich lange, bis ich den einsamen Weiler erreiche und – ganz behutsam auf Zehenspitzen – eines der winzigen Häuschen betrete, aus Angst, es könnte unter meiner Last versinken und verschwinden. Dann reichen mir die stillen Leptschas das gärende Murwarbier, und ich sitze im schweligen Schein der offenen Feuerstatt unter der windschiefen Schräge bambusgeflochtener Wände. Alles ist so naß und klebrig, daß selbst die Zigaretten, die ich meinen scheuen Gastgebern biete, wieder verlöschen.

Es ist ein glückhaftes Gefühl, unter diesen Menschen zu verweilen. Menschen der ewigen Morgenröte, die den Fortschritt nicht kennen und in Weltverschollenheit verharren seit uralter Zeit. Es ist, als ob der Saum des Dschungels und der Rand der Schluchten rundum die Grenzen der Welt seien; einer Welt, in der der Mensch nicht mehr das Maß der Dinge ist, sondern ein Teil des Ganzen, eingewoben und eingesponnen in die unsterbliche Wildnis mit ihren freundlichen Geistern und Mächten.

Dann arbeite ich mich durch nebeltriefende Bäume zum brausenden Wildfluß hindurch, entledige mich der Kleidung, springe ins Wasser, halte mich an Geröllbrocken fest und bleibe im Sturzbach liegen, bis ein großer Goldspecht kommt und wie ein funkelnder Edelstein an starkem Urwaldstamme hängenbleibt.

Wieder geht es auf Leptschapfaden steil bergan, wo Wolkenbrüche ganze Berghänge in die Tiefe rissen und die Muren wie zähflüssige Lava noch immer in Bewegung sind. Oft knietief im Schlamme versinkend, blicke ich den Monsunwolken entgegen, die wie eine erdrückende Elementargewalt abermals heranziehen. Felsquader sperren den Weg, so daß mir nichts übrigbleibt, als in das dichte Unterholz hineinzudringen, um von Zweig zu Zweig nach oben zu hangeln. Duftig hängen rosenrote Orchideenblüten wie glühende Ampeln in sanfter Nacht, und weiße Lilien heben sich wunderbar wie Kerzen gegen das tiefdunkle Grün der Lorbeergewächse ab. Wieder wechselt Modergeruch mit dem Duft vollster strotzender Fülle. Noch einmal schießt die Sonne tiefe Schächte durch den Wald, und die farbigen Bänder der Strahlengarben zaubern verwirrende Reflexe hervor.

Plötzlich dicht vor mir ein leises Rascheln und eine Bewegung. Der Bärlapp teilt sich, und heraus wächst auf kaum Meterentfernung der züngelnde Kopf einer Schlange. Leicht schwingend und schwankend wächst die große Schlange, den nadelscharfen gläsernen Blick unverwandt auf mich gerichtet, empor, macht merkwürdig steife, kreiselnde Bewegungen, während die gespreizte Brille sich strafft. Wie unheimlich, wie sonderbar, daß ich das tödliche Reptil in völliger Ruhe beobachten kann und sogar die farbigen Dunstwolken sehe, die zwischen den hängenden Blattampeln langsam dahinziehen.

Millimeter um Millimeter lehne ich mich zurück und jage der Kobra die volle Schrotladung zweimal durch den Körper. Wild schlagend und sich krümmend rollt die lange dunkle Schlange den Abhang hinab und wälzt mir die silberschuppige Unterseite entgegen. Obwohl ihr Körper völlig durchlöchert ist, empfängt mich das todwunde Tier mit noch immer hochgestelltem Kragen. Ein wohlgezielter Stockhieb ... dann presse ich aus den durchlöcherten Fängen ein Tröpfchen glasklarer Flüssigkeit, ein winziges Tröpflein, das genügt hätte, meinem Leben ein Ende zu setzen. (Für gewöhnlich ist die Brillenschlange jedoch nicht angriffslustig; meist verbirgt sie sich vor den Blicken der Menschen und führt auf der Jagd nach kleinem Nagetier ein heimliches Leben.)

Nun, da es über den Bergen zu dämmern beginnt, alle Wurzeln zu Riesenschlangen werden und nur die hohen Kammnebel noch rosenrot leuchten, schwimmt und wogt die Luft vom gellenden Stimmenschwall der Zikaden. Schon ziehen auch große Fledermäuse ihre Schattenspuren durch den Abend. Die Müdigkeit legt sich wie eine schleppende Last auf meine Glieder. Da treffe ich unerwartet auf Akey, der mir auf tunnelartigem Pfade mit Maultieren entgegenkam, um mir den letzten Aufstieg zu ersparen. Während ich Zügel und Mähnen in einer, ein Bündel kostbarer Beute in der anderen Hand halte, führt Akey mit geschwungenem, rechts und links ins dicht verflochtene Lianengewirr klatschendem Buschmesser den lehmschlüpfrigen Steilpfad nach oben. Mit zerrissenen Kleidern und wirren Haaren, die Beine von den vielen Wunden, die die Egel bissen, blutverkrustet, komme ich in Dilkuscha an, wo sich der Privatsekretär Seiner Hoheit schon eingefunden hat, um uns huldvollst zum Palaste zu geleiten. Wohlig plumpse ich ins bereit gehaltene Bad, und in einer Viertelstunde bin auch ich bereit, an der kerzenbeleuchteten Tafelrunde des Sikkimfürsten wieder ein Mensch unter Menschen zu sein.

DURCH DIE WILDNIS NACH NORDEN

Nach etwa vierzehntägigem Aufenthalt in Gangtok kann der Marsch in die Wildnis endlich beginnen. Noch immer brütet erstickende Hitze über Schluchten und Wäldern, und täglich noch jagen die dunklen Flügel des Monsuns dichtschwarzgraue Ballungen triefenden Wassergewölkes mit Guß und Sturm durch die südlichen Pforten, daß die grüne Wildnis dampft und der Himmel tagelang verhüllt bleibt.

Eines Morgens sagen wir dem liebevollen Maharadscha Lebewohl und ziehen mit großem Troß über den Penlong La (1960 m) wieder tief hinab in den glosenden Fieberdunst des treibhausschwülen Tistatales. Es ist mein Plan, der großen, Sikkim in zwei Teile zerschneidenden Karawanenstraße in nördlicher Richtung zu folgen, um die Zentralketten und die physiogeographisch-tibetische Grenze in kürzester Zeit zu erreichen. Alles muß darangesetzt werden, den katastrophalen Monsuneinwirkungen zu entfliehen, da unsere wertvollen ornithologischen und mammologischen Sammlungen, die vor allem der Trockenheit bedürfen, schon empfindlich zu leiden beginnen.

In dieser dämonischen Bergwelt ohne Ausblick und Weite drohe ich zu ersticken, und der kreischende Rhythmus der Insektenheere rüttelt an den Nerven. Gleich am ersten Abend in der tiefen Schlucht, da meine Gedanken in qualvoller Ungewißheit hin und her gerissen werden, befällt mich der Alpdruck dieser unheimlichen Landschaft, die den Charakter der Leptschas prägte. Stichfein sirren die Fiebergeister blutdürstiger Anophiliden im feuchten, treibhausschwülen Dämmer. Ängstliche Gefühle erfüllen das geisterhafte Dunkel des modrigen Rasthauses, und meine Augen beginnen zu schmerzen, als ob sie von mörderischen Lichtpfeilen durchbohrt würden. In Schweiß gebadet wälze ich mich von Seite zu Seite und kann keinen Schlaf finden. Meine Nerven sind überreizt.

Mitten in der Nacht stehle ich mich behutsam tastend zum dunklen Dämmerstrom hinunter, wo eine schwankende Geisterbrücke aus Lianen über wilden Wassern schwebt. Blaßgrün irrlichtern die Leuchtkäferschwärme und tausend Düfte schweben.

Der kohlpechrabenschwarze Wald, die wassergepeitschten Felsen, das Gewirr der Schlingpflanzen, alles scheint unter dem Schatten der Nacht zu neuem unheilvollem Leben erwacht, um den ungeladenen Fremdling zu vertreiben. Unheimliche Augen schauen mich an, seltsame Stimmen geistern, Eulen rufen, und die regenfeuchten Dschungelwände hallen rhythmisch wider vom ohrenbetäubenden Gekreisch der unsichtbaren Zikadenheere. Ich starre in den dunklen, gurgelnden Braus und lausche dem gespenstischen Ächzen der von Sprühschauern gequälten Äste, die sich im Halblicht berühren, als ob sie lebende Wesen wären. Alles, was zum Leben not tut, mangelt dieser Urwaldnacht.

So schleiche ich zurück, krieche unters Moskitonetz und schlafe, bis Nacht und Tag magisch ineinander überwogen. Mit dem Glanz des Morgens sehne ich mich mit allen Fasern nach leidenschaftlichem Tun, nach den hohen Steppen, dem „Dach der Erde", wo statt jagender Nebelhexen ein azurblauer Himmel thront und über den Weiten des maßlosen Landes die Schneeketten schimmern und glänzen. Ich sehne mich nach Neuland. Denn ich liebe es nicht, in einem Lande zu forschen, wo die Routen bekannt und die Berggipfel benannt sind. Der Zweck unserer Forschung soll ein pioniermäßiger sein, denn nur in unberührter Wildnis ist man frei: Jenseits der Pässe, im großen grauen Niemandsland!

Das sind die Motive, die uns mit zwingender Gewalt nach Norden treiben, der tibetischen Grenze entgegen. Da können uns die tagelangen Regengüsse nicht mehr erschrecken. Bewundernd stehen wir vor dem gischtenden Braus der donnernden Schnellen und spotten der zerstörten Brücken und der unzähligen Erdrutsche, die den schmalen Saumpfad in die Tiefe rissen.

In jubelndem Ungestüm geht es Tag für Tag tiefer hinein in die Wildnis. Täglich werden viele hundert Meter Höhendifferenz gewonnen, und die entwurzelten Urwaldriesen, die uns den Weg versperren, sind nichts anderes als Marksteine des Weges, die da liegen, um überwunden zu werden. Manchmal, wenn's wirklich nicht weitergehen will, wenn Pferde und Maultiere versagen, werden Leptschakulis geheuert und Wege gebaut. Tag und Nacht läuft der Pendelverkehr, damit die Nahrungsmittel nachkommen und der Troß mit dem Vormarsch der Karawane Schritt hält. Manchmal stehen wir, von Egeln, Ameisen und höllisch brennenden Nesseln zerstochen, triefendnaß und fiebrig und verschwitzt im strömenden, saugenden Regen und leiten den Neubau einer Brücke, bis es endlich wieder weitergeht, auf unsicher glitschendem, gleitendem, seifig aufgeweichtem Grund. Aber was kümmert uns dies?

Tistatal

Leptscha

Goralfelsen

Wir wissen, daß die Subtropen mit ihren wuchernden, tropfenden Pflanzenmassen bald hinter uns liegen, und selbst die Egelplage, so stark oft, daß man Strümpfe abends von aufgesogenem Blut auswringen kann, wird in den Hochalpen ihr Ende finden.

Unbeschreiblich köstlich sind die täglichen Stunden, wenn ich, sammelnd und jagend, der Karawane voraus, den quelligen, quatschenden Steilpfad hinanpürsche durch die feuchte wogende Dämmerung des Dschungels. Hier und da erglühen als Vorboten der hohen Berge schon die ersten purpurroten Rhododendronblüten zwischen den wogenden Federfächern der Baumfarne. Leider verliere ich oft meine Beute im dunklen Gewirr der Felsen und Lianen und manche Sucharbeit nach einem einzigen seltenen Vogel, der irgendwo zwischen Farne und wuchernden Bärlapp fiel, bringt mir nichts ein als Dutzende roter Sickerwunden der alles durchbohrenden Egel.

Das Licht zwischen den Domsäulen des wuchernden Nebelwaldes ist so schwach, daß photographische Aufnahmen nur selten gelingen, zumal Belichtungszeiten bis zu fünfzehn Minuten angewandt werden müssen, um den wilden Wuchs mit einiger Schärfe aufs Filmband zu bannen. Um so berauschender aber sind die Erlebnisse mit den heimlichen Tieren und den bunten Vögeln dieser einzigartigen bleichgrünen Schluchtenlandschaft. Hier steht die kreisrunde Fährte des Nebelparders im Schlamm des Weges, dort gleitet ein stahlblau schillernder Dschungelfasan wie ein Schemen durchs niedrige Geäst, überall locken bunte Lachdrosseln und feurige Spechte aus hohen seidenschöpfigen Kronen.

Manchmal geistern hellgrüne, rotschnäblige Dschungelelstern durchs glänzende Blattwerk oder sie schweben wie glitzernde Smaragde von einer Bambusgruppe zur anderen. Zuweilen auch ertönt dicht vor mir Flügelschlag, und ein Pärchen grünrot irisierender Tropentauben klatscht vom Weg weg in den Dschungel, wo ich ihre bauchrednerisch gedämpften Stimmen minutenlang höre, ohne die schmucken Vögelchen im grünen Dämmer ausmachen zu können. Eine noch vollendetere Schutzfärbung besitzen die Papageien und die grünen Bartvögel, deren Stimme man überall hört, die man aber erst sieht, wenn das Genick vom Hinaufstarren zu schmerzen beginnt und die Tiere aus luftigem Geäst pfeilschnell davonschwirren. Ausgesprochen zutraulich dagegen sind die kleinen Bambusschlüpfer und die eleganten Scherenschwänze, die mit ihren herrlich seidigen, tiefschwarzen und leuchtendweißen Punkt- und Streifenmustern, in farbige Dunstwolken zerstäubenden Wassers gehüllt, wie heimlich zarte Wassernixen die buschüberhangenen Waldbäche bevölkern.

Ihr genaues Gegenteil – und wohl zugleich die häufigsten und charakteristischsten Vögel der tiefsten Schluchttäler – sind die drosselgroßen, langschwänzigen Weißkopfhäherlinge. Wahre Kobolde des Dschungels, bevölkern sie den Talgrund in großen Gesellschaften, nähern sich den vorbeiziehenden Karawanen auf wenige Meter, sträuben ihre Federhollen, halten die Köpfe schief, sind in ständiger Bewegung begriffen, huschen wie Säugetiere – und brechen urplötzlich in ein geradezu infernalisches Gelächter aus, daß man vor solch unerwartetem Stimmaufwand immer von neuem erschrickt. Ein weiterer Begleiter des Dschungelpfades im tiefen Tistatal ist der wunderbare Feuertrogon, der an eine leuchtendbunte Nachtschwalbe erinnert mit winzigen Füßchen, kleinem Schnabel und einem riesigen, fast von Aug zu Auge reichenden Rachen. Diesen heimlichen Wegelagerer mit dem köstlichen Seidenglanz auf samtweichem, weinrot abgesetztem Schokoladengefieder, wird man erst gewahr, wenn er die Pracht seiner Schwingen entfaltet und lautlos, wie ein Rubin, wenige Meter dahingleitet, nur um auf dürren Ästen wieder in bewegungslose Trance zu verfallen, so daß man versucht ist, die großen schwarzen Perlaugen und das riesige Froschmaul für besondere Wesen zu halten. Plötzlich aber läßt sich der Trogon fallen, mitten hinein in die leicht und lautlos von Blüte zu Blüte taumelnden Schmetterlinge, und dann flattern zu beiden Seiten des Schnabels rotglühende und grünschillernde Schuppenflügel zu Boden, und einer der großen farbsatten Papilioniden (Schwalbenschwänze) hat im Schlund des rubinroten Würgers sein kurzes Falterleben ausgehaucht.

Tag und Nacht dröhnt uns der Urwaldstrom sein herrliches Lied in die Ohren. Wasser, Wasser, nichts als unheimlich gurgelndes, gischtendes Wasser. Katarakte, Kaskaden, Schnellen und Fälle, die saugend und gurgelnd die Felsenengen durchschießen oder wie durchsichtige Gazeschleier, fast schwebend von Dunstwolken umhüllt, aus den hängenden Dschungelmauern hinabgleiten zur Tista.

Mit unterirdisch rollendem Wutgebrüll rast sie dahin. Äste und ganze Bäume zieht sie mit Dämonenfäusten in gurgelnde Tiefen. Sie fallen in gähnende Kessel, in kreisende Trichter oder stehen, erneut emporgeworfen, für Sekunden aufrecht im Braus, um wieder in schaurige Tiefe zu fahren.

Tag und Nacht brennt uns die Ungeduld in den Adern. Aber es wird gearbeitet, es wird gesammelt. Es reihen sich die erdmagnetischen Stationen, und unsere Tagebücher werden allabendlich mit größter Gewissenhaftigkeit geführt. Je tiefer wir eindringen, je gewaltiger die Felsenschründe in den Himmel ragen, desto mehr verspüren wir die verheißungsvolle Nähe der großen Berge.

Bald ragen schon die Kämme wie die Zacken einer scharfkantigen Säge in den Himmel. Unsere Augen und unsere Herzen hängen nicht an der Erde, nicht an dem schwülen Dschungel, nicht an der Gegenwart, sondern sind nach oben gerichtet, wo der Firnschnee leuchtet und die Götter thronen. Abends, wenn wir Einkehr halten, reißt die Wolkendecke manchmal entzwei und erlaubt uns einen Blick in diese strahlende Welt. Dann stehen wir wie vor einem Wunder und können's kaum fassen, daß diese großartigste aller Erdenlandschaften aus wirklichen Bergen besteht, die 6000 bis 7000 Meter über uns im letzten Abendscheine glühen.

Nach wenigen Tagen berauschender Schluchterlebnisse gelangen wir nach Chungtang (1500 m), der letzten subtropischen Siedlung, wo die Tista aus der Vereinigung des Lachung und des Lachenflusses in wilden Wirbeln geboren wird. An diesem dunklen Ort, wo zwischen Wälderbraus die Geister weben, pflegte man Verbrecher mit gebundenen Händen und Füßen von der schwankenden Hängebrücke in den brodelnden Gischt zu stürzen, um die Flußdämonen zu versöhnen. Im Nordwesten ragen zum ersten Male kahle, nur mit dürftigem Buschwerk bewachsene Felsenbastionen in den Himmel. Hier endlich wächst wieder Gras, hier atmet man freier und spürt, daß wenig höher die temperierte Lebenszone beginnt. Die kleine Ortschaft, meist von Leptschas und Nepalis bewohnt, trägt zwar noch südsikkimesischen Charakter, aber die beiden Täler, die hier von Norden und Nordosten zusammenstoßen, leiten endlich in die hohe Bergwelt über.

In Chungtang wird das Wetter gemacht. Hier teilen sich, von riesigen Blasebälgen gefacht, die südlich anstreichenden Monsunwolken und schieben sich, in ihrer Masse dem westlichen Lachentale folgend, weiter nach Norden, dem höchsten Gebirgskranz entgegen. Das Tal von Lachung dagegen, das dem physiogeographischen Tibet näher liegt, weist weit weniger Niederschläge auf und ist daher auch morphologisch und biogeographisch uniformer geprägt. Es ist weiter, flacher, lieblicher als das dämonische Schluchttal von Lachen.

Als nördlichster Punkt der heutigen Leptschasiedlung ist die äußerst fruchtbare, im Durchmesser nur wenige hundert Meter betragende Ackerbaufläche Chungtangs von einem Kranz alter Sagen umwoben. Am Rande der kleinen Ebene, aber noch allseitig von grünenden Feldbreiten umgeben, ragt ein flacher, einsamer

Fels, auf dem die erodierenden Kräfte des Wassers im Laufe der Zeit merkwürdige Figuren wie vorweltliche Tierfährten hinterlassen haben. Vor vielen, vielen Jahren, als rundum der Dschungel noch brandete und es noch keine Menschen gab in diesen wilden Tälern, stieg Padma Sambhawa von den Bergen herab, nahm auf dem Felsen Platz und lockte die Dämonen der Umgebung, um sie zu vernichten. Doch als die bösen Geister nicht kamen, riß der große Guru in schäumendem Ingrimm die Blitze vom Himmel und entfachte rund um den Felsen einen großen Brand, der das Ackerland entstehen ließ. Darauf rief er alle Tiere des Waldes herbei, die sich auf dem Felsen um ihn scharten und im siegreichen Kampf gegen die bösen Elemente seine treuen und ergebenen Helfer wurden. Befriedigt über den Erfolg seiner Arbeit warf der Guru die Reste seines Mahles weit in die Runde. So sproß der Reis und ist bis heute das nördlichste Vorkommen dieser Feldfrucht in Sikkim geblieben. Padma Sambhawa aber hält noch heute die rachsüchtigen Berggeister in Schach und ein nie versiegender Quell, der unter dem Felsen hervorsprudelt, zeugt von der liebenden Allgegenwart des großen Zauberers.

Obwohl unser Besuch des Lachungtales erst zu einem späteren Zeitpunkt erfolgt, wollen wir seine Schilderung aus Gründen des biogeographischen Vergleiches schon an dieser Stelle des Expeditionsberichtes folgen lassen. Wir verlassen also die nördlich nach Lachen führende Hauptkarawanenstraße und dringen nordostwärts vor, um dem ackerbautreibenden Lachungen einen Besuch abzustatten.

Halbwegs zwischen Chungtang und Lachung verläuft im sonnigen, wannenförmigen Tal die Faunengrenze zwischen der subtropischen Region und dem breiten Gürtel der kühlgemäßigten Montanwälder, die ihrerseits in vertikaler Staffelung in die dunklen paläoarktisch geprägten Koniferenwälder übergehen.

Bezeichnend ist es, daß hier auf über 2000 m Höhe vor wenigen Monaten erst ein starker Königstiger erlegt wurde, während die hohen Berge rundum von Blauschafen und Schneeleoparden bewohnt werden. Der Übergang von einer Faunenregion in die andere ist so abrupt, daß er nur durch die seltsamen klimatologischen Gegebenheiten erklärt werden kann.

Auf einmal weht uns klare Bergluft entgegen. Ahorn und mächtige Pappeln säumen statt Baumfarnen und Riesenbambus den steinigen Pfad. Auch die Avifauna hat sich schlagartig geändert. Die bunten Tropenvögel sind zurückgeblieben. Echte Drosseln treten auf. Tannenmeisen, Baumläufer, Gimpel, Kreuzschnäbel beleben den goldbunt rieselnden Wald und alles, alles ist ernster geworden, aber auch klarer und lieblicher. Natürlich hält es in Anbetracht der kurzen, mir zur Verfügung stehenden Zeit schwer, die ökologischen Grenzen der Vogelwelt genau festzulegen, da wetterbedingtes Herabsickern und jahreszeitliche Verschiebungen, sowohl in horizontaler als auch in vertikaler Richtung, alle Übergänge vom bloßen Standortwechsel bis zum echten Vogelzug bedingen.

Im Gegensatz zum wilderen Lachental, wo sich Siedlungen und Ackerwirtschaft auf wenige Rodungspunkte konzentrieren, steigt die wannenförmige Talung von Lachung nur ganz allmählich an und engt sich erst oberhalb der Ortschaft, wo sich zu beiden Seiten herrliche Koniferen- und Juniperuswälder dehnen, schluchtartig ein. Hier findet man allenthalben Einzelhäuser, Wiesen und steinwallumsäumte Felder, die in ihrer Anlage durchaus an osttibetische Verhältnisse erinnern, zumal die Bergwaldungen schon rein alpinen Charakter aufweisen. Während die Oberflächenformen des humideren und niederschlagsreicheren Lachentales seit dem Eiszeitalter durch die Erosionskraft des Flusses starken Wandlungen unterworfen waren, blieben die Spuren der Glazialepoche im Lachungstal teilweise völlig unverändert erhalten, eben weil die diluvialen Schottermassen weniger stark in den Aktionsbereich der Bergflüsse gelangten.

Trotz zahlreicher, anthropogeographisch begründeter Unterschiede weisen die Kulturen der Lachenesen und der Lachungen auch heute noch viel Gemeinsames auf. Den Berichten der Eingeborenen zufolge, wurden beide Talungen von Ha und Pharo in Bhutan vor etwa neunhundert Jahren besiedelt. Diese Angaben stimmen im wesentlichen mit den Untersuchungen unseres Anthropologen überein und lassen darauf schließen, daß sich die differenzierten Kulturen beider Völkerschaften erst seit ihrer Ansiedlung und Seßhaftwerdung in Sikkim entwickelt haben.

Lachenesen und Lachungen gemeinsam bilden recht eigentlich den Kern der nordsikkimesischen Bhutias. Auf Grund der härteren klimatischen Bedingungen, unter denen sie leben, haben sie sich nur wenig mit den südlicher und tiefer lebenden Leptschas vermischt. Die allen Gebirgsstämmen drohende Inzucht vermeiden sie in ihren weltabgeschiedenen Ortschaften durch häufiges Einheiraten tibetischer Frauen, wobei sie es jedoch vermeiden, sich mit den niedrigen Yakzeltbewohnern zu vermischen. Bedingt durch den starken Karawanenverkehr an der „Hauptstraße", gibt es in Lachen weit mehr Händler als in Lachung, wo die freien, stolzen

Bauern überwiegen. Dies mag der Grund sein, weshalb die Lachungen mit den zivilisierteren Lachenesen im allgemeinen nur wenig zu tun haben wollen und mit einem gewissen Hochmut auf sie herabblicken. Trotzdem aber kommen Mischehen zwischen beiden Teilstämmen verhältnismäßig häufig vor. Die Lachungen sind unter allen sikkimesischen Menschen, die ich gesehen habe, die schönsten, stolzesten und selbstbewußtesten. Leider wissen auch sie heute den Wert des Geldes, mehr als ihnen gut tut, zu schätzen und sind, seit es in ihrer Ortschaft große – wundervolle Früchte zeitigende – Apfelplantagen gibt, sehr gewinnsüchtig geworden. Natürlich blieb es nicht aus, daß die an Leib und Seele kerngesunde Bevölkerung durch den Obsthandel mit Südsikkim und Indien in mehr als einer Richtung verseucht wurde und viele Menschen an Malaria und anderen Tropenkrankheiten leiden.

Die aus etwa sechzig bis achtzig schindelbedeckten Häusern bestehende Ortschaft ist weitläufig erbaut und wird von einem höher gelegenen Kloster überschattet. Zu beiden Talseiten ragen mächtige Felswände empor, während die eigentliche Talung von breiten Geröllfächern und wallumsäumten, fruchtbaren Feldbreiten ausgefüllt wird.

Sowohl die Lachenesen als auch die Lachungen besitzen eine sehr seltsame, halb kommunistisch und halb demokratisch anmutende Regierungsform mit obligatorischer Gemeinschaftsarbeit auf den Feldern und vom Stamm geregelter Weidegerechtsame in den Hochalpen. Lachung hat überdies ein an einem freien Platz erbautes rechteckiges Versammlungshaus, wo die gesamte Bevölkerung unter Vorsitz des Dorfältesten bei besonderen Anlässen zur Beratung zusammentrifft, um alle wichtigen Beschlüsse gemeinsam zu fassen.

Die schroffen Klippen, die die nordwestliche Seite des Lachungtales säumen, stellen ein Dorado für den Goral dar, eine gemsenähnliche, äußerst klettergewandte und schwer zu bejagende Bergantilope. Schon der erste Blick in die steil anstrebenden Felsbastionen genügt, um zu wissen, daß es ein hartes Ringen wird. Nur von einem Eingeborenen begleitet, klettere ich schon in den ersten Tagen von Felsnadel zu Felsnadel hangan, um nach geeigneten Einständen des scheuen Wildes Ausschau zu halten. Tiefe, von glatten Steinplatten gesäumte Schluchten werden gequert, dann pürschen wir behutsam über steile, abschüssige Halden und erreichen schließlich einen idealen Stand, der mir nicht nur Einblick in die über mir sich erhebenden Felsmassive gestattet, sondern auch eine grandiose Sicht über die nebelverhangene Bergwelt rundum. Dort sitzen wir Stunden um Stunden, hören die Wasser rauschen, beobachten zwei herrliche Steinadler und haben unsere Freude an den rotbrüstigen Steindrosseln im Gefels. In langen weißen Schwaden zieht der Nebel vorüber, und einmal sehe ich einen großen farbsatten Schwalbenschwanz, wie er im seidenen Dunstflor des Nebels dahertreibt, um mit weit gebreiteten Schwingen über donnerndem Schwall schluchtwärts zu verschwinden. Immer wieder, wenn die Sicht nach oben frei wird, suche ich mit dem Fernglas die Felsen ab und verweile an den Rippen und Graten, wo die Gorals sich mit Vorliebe einzustellen pflegen, bis das schwere Glas zu zittern beginnt oder sich ein neuer Nebelschwaden ins Blickfeld schiebt.

Es ist ein unbeschreiblich erhebendes Gefühl, fern aller tropischen Überfülle des Lebens, in dunstiger Urwaldferne dem Spiel der Wolken zu lauschen. Geisterhaft rollen sie sonndurchschossen über tiefversunkene Räume heran, kriechen über die Schroffen und hüllen mich ein wie kalte wahrsagerische Gespenster. So rauchen wir unsere halbnassen Zigaretten und warten. Aufklingend wie jäher Donner und wieder verdämpfend im erneuten Wolkenzug dröhnt im Bogensturz der Fluß. Fünfhundert oder sechshundert Meter unter uns singt er hohl und donnernd sein gewaltig tosendes Lied. Plötzlich höre ich Steinschlag, und gleich darauf gewahre ich ein graues Etwas, das die nächste Nebelwand verschluckt ... Wieder versinken wir in harrendes Schweigen, bis es abermals zu klappern und zu steineln beginnt. Wie Nebelparder kriechen wir dahin, jedoch ohne Einblick in das Klippengewirr zu gewinnen. Dann sinkt der Leptscha vor mir zusammen. Auf nadelscharfem Grat steht, von ziehenden Nebelschwaden umflossen, nur als grauer Schemen sichtbar, ein großes Tier. Der erste Goral. Aber das Zielfernrohr ist beschlagen, und noch ehe ich einen festen Stand finde, macht der Goral kehrt und steigt mausgrau wie der gewachsene Fels nach oben. Behutsam klettern wir nach, tauchen in einen Kamin, stemmen uns empor, reichen uns die Büchse zu und lehnen über eine steile Felszacke, bis sich die pfeifenden Lungen wieder beruhigt haben. Unter uns, grau, düster und unsichtbar gähnt der Abgrund. Ein klein wenig Gleichgewicht verlieren, würde den sicheren Tod bedeuten. Der Weg nach oben, den der Goral spielend nahm, ist uns verriegelt. So turnen wir in die nächste Parallelschlucht hinüber und folgen den algenglatten Rissen und Spalten, die die Wände senkrecht durchziehen. Von Meter zu Meter häufen sich nun die Zeichen der Gorals. Oft finde ich Fährten und jahrelang benutzte Ausluge, wo sich die alte, verschimmelte Losung in dicken Schichten abgesetzt hat. Diese Meisterkletterer aus dem Antilopengeschlecht lieben die abgründigsten Ruheplätze, wo sie den heißen Tag verdämmern, um erst bei hereinbrechender Dämmerung katzengewandt auf Äsung zu ziehen.

Steil stoßen die düsteren Bergdome in den Nebel hinein. Auf einmal küselt der Wind. Wildjagende Nebelfetzen schlagen uns wie nasse Laken in die Gesichter und alles flirrt und fließt und glänzt. Drunten das tief zerfurchte Tal ist noch eingehüllt in ein wogendes, wallendes Meer brauender Dampfschwaden, um uns aber zerrinnt und zerflattert der Nebel in zarten, unbestimmten Schleiern, während sich droben ein schaurig wildes Labyrinth von schimmernden Graten und leuchtenden Zinnen enthüllt. Während ich im Nebel noch glaubte, jeden Augenblick mit dem starken Goral zusammenzuprallen, schwindet beim ersten Anblick dieser wild zerklüfteten, unendlich sich dehnenden Felsenwirrnis alle Hoffnung dahin.

Und über dieser starren Welt unvergleichlicher Großartigkeit leuchtet die Sonne, die späte, sich dem Firmament schon zuneigende Abendsonne. Mit funkelnden Messern zerschneidet sie die himmelwärts ziehenden Wolken und treibt sie in strahlender, goldumrandeter Reinheit über den tiefblau leuchtenden Himmelsozean. In Kiellinie, eine hinter der anderen, jagen sie nach Norden, den eisgepanzerten Gipfelriesen entgegen.

Das ist die Zeit, da die grauen Gorals heimlich ihre Felsenverstecke verlassen. Ich sitze und spähe und lasse das Glas nicht mehr von den Augen sinken. Nichts ... und wieder nichts, und doch erlebe ich im wohltuend milden Abendfrieden das ungetrübte Glück des natursichtigen Menschen. Als der Leptscha sich erhebt und noch ein wenig höher hinaufsteigt, folge ich ihm, doch ohne den wühlenden Ehrgeiz, der mich noch quälte, als wir von Blindheit geschlagen im kalten und fröstelnden Nebel saßen.

Dann trifft's mich wie ein Schlag ... Auf etwa zweihundertfünfzig bis dreihundert Meter über mir eine sachte Bewegung. Gleich darauf habe ich einen guten Goralbock im Glas, der anscheinend bestrebt ist, ein steiles, tiefer gelegenes Grasband zu erreichen. Wenige Sekunden darauf ruht der Zielstachel fest auf dem Blatt. Ganz leise tickt der Stecher. Im Strahl reißt es den Goral steil in die Höhe. Dann rast er nach unten, wird nach wenigen wilden Fluchten unsicher, taumelt, überschlägt sich, saust frei durch die Luft, prallt auf die Felsen und rollt in jäher Todesfahrt in eine tiefe, unzugängliche Schlucht.

Rasch, da die Dämmerung schon herniedersinkt, versuchen wir nachzusteigen, aber die Schluchtwände sind zu glatt. Den Einstieg ohne Seil noch heute erzwingen zu wollen, wäre an Selbstmord grenzender Wahnsinn. Hoffnungslos und niedergeschlagen beraten wir, wie die Bergung des kostbaren Wildes am nächsten Morgen am zweckmäßigsten durchzuführen sei.

Dann aber, um auch die letzte Chance zu nutzen, schicke ich – in neu entfachtem Ehrgeiz – den Leptschajäger zum nächsten Seitenkamm hinüber, damit er nach weiterem Wild Ausschau halte, während ich selbst die Abstiegsmöglichkeit prüfe und die tiefer liegenden Hänge mit dem Glase erkunde. Mit äußerster Geschicklichkeit erklimmt der Leptscha einen steilen Nadelkamm, duckt sich wie eine Katze und kriecht wieder in Deckung. Noch ehe er die Hand zum Winken erhebt, weiß ich, daß er einen weiteren Goral erspäht hat. Ich greife zur Büchse, klettere los und stehe wenige Minuten später neben dem vor Aufregung zitternden Jäger, der mir mit wilden Gesten den Stand des Wildes klarzumachen versucht. Ein Blick über die Brüstung genügt. Drüben auf kaum zweihundert Meter Entfernung steht völlig frei ein kapitaler Goralbock ... Mit schräg geneigtem Haupt sichert er unverwandt in die Tiefe. Ich suche rasch nach einer Auflage und trage dem Bock in aller Ruhe die Kugel an. Wie vom Blitz erschlagen bricht er zusammen, rollt verlöschend steilab und bleibt dicht vor einem gähnenden Abgrund in einer Dornenstaude hängen. Nach wenigen Minuten stehe ich vor Siegerfreude vor meinem ersten Goral dieser Expediton, einem fast an den Weltrekord heranreichenden, mächtig starken Bock mit ganz dunklem, nach hinten geschwungenem Gehörn, kastanienbrauner Decke, cremefarbenen Läufen und fast weißer Kehle. Auf den ersten Blick schon zeigt die scharf abgesetzte, markante Färbung, daß es sich beim sikkimesischen Goral um eine ganz andere Rasse handelt als bei den Gorals, die ich auf früheren Reisen in anderen Teilen Tibets erlegte. Nach kurzer Totenwacht im dämmernden Gefels geht's an den Abstieg. Nachtsichtig wie ein Luchs wuchtet der Leptscha den siebzig Pfund schweren Bock unter Lebensgefahr durch die fast senkrechte Wand. Doch als wir bei stockdunkler Nacht das Lager erreichen und bald darauf die frische Goralleber in der Pfanne schmort, sind alle Sorgen vergessen.

Noch weitere Jagden auf das gleiche edle Gratwild folgen im schönen Tale von Lachung. Manche Fehlpirsch ist darunter und manche übereilte Kugel verläßt vorschnell den Lauf, ohne ihr Ziel zu erreichen. Die Jagd auf dieses herrliche Wild aber ist mir immer eine der schönsten und aufregendsten geblieben, da sie den ganzen Mann erfordert und an Klettergewandtheit, Schwindelfreiheit und Schießfertigkeit des Jägers stets die gleichen hohen Anforderungen stellt. Meist muß man seine Kugel aus den unmöglichsten Lagen heraus rasch und entschlossen auf weite Entfernungen hinauswerfen. Oft habe ich mich selbst darüber gewundert, daß solche Schüsse überhaupt gelangen. An Weitschüsse, wie man sie selbst im heimatlichen Gamsgebirge aus Gründen der Weidgerechtigkeit nur selten abgibt, muß man sich im asiatischen Hochgebirge ja ohnehin gewöhnen. Aber senkrecht nach unten oder steil nach oben im richtigen Augenblick die Kugel blitzschnell hinvisieren, erfordert doch mehr Geschick, als man sich bei ruhiger Überlegung selbst zutrauen möchte.

Leser meiner früheren Bücher haben mich häufig mit zweifelnder Miene gefragt, wie ich zu meinen Erfolgen auf seltene und zum Teil noch völlig unbekannte Wildarten kam. Vielleicht liegt's daran, daß ich den Zivilisationsmenschen völlig abzustreifen vermag, denn nicht die Technik des Schießens macht den erfolgreichen Expeditionsjäger aus, sondern das Einfühlen in die webende Natur, in die Gemeinschaft der lebendigen Wesen: Das Selbst-zum-Tierwerden, das „Denken" und „Fühlen" mit dem Wilde.

Neben der überaus reizvollen Pirsch im Fels, der ich übrigens bei weitem den Vorzug gebe, kann auch das Riegeln auf den Goral, wenn es richtig geleitet und gut durchgeführt wird, zu befriedigenden Ergebnissen führen.

An einem blendend schönen Sonnentag, da die hohen Zinnen schon im glitzernden Weiß des Rauhreifs prangen, steigen wir mit unseren Jägern von Lachung aus hoch hinauf über abschüssige Grashalden, um unsere schon vom Tal aus festgelegten Stände unterhalb einer nur von wenigen Grasbändern durchzogenen, riesigen Felswand einzunehmen. Die eingeborenen Treiber haben schon vor Stunden eine kilometerweite Umgehung vorgenommen, um in lebensgefährlicher Kletterarbeit weitausgreifend das ganze, sich über der Ortschaft erhebende Felsengelände im großen Bogen zu umspannen und die rege gewordenen Gorals in Richtung auf die mutmaßlichen Zwangspässe zu drücken.

Lange schon habe ich meinen Stand eingenommen. Ich sehe die Sonne hinter den Bergdomen versinken und die kalten Schatten langsam an den Hängen emporkriechen, bis nur noch die höchsten, schneebedeckten Kämme der gegenüberliegenden Berge in mattem Goldglanz schimmern. Schon beginnen Zweifel aufzuwallen. Ob mich die Treiber, denen ich an Hand einer rohen Skizze vom sicheren Talboden aus alle Einzelheiten erklärte, überhaupt verstanden haben? Und schon male ich mir aus, wie wir bei stockdunkler Nacht unverrichteter Dinge wieder absteigen werden. Da überkommt mich jenes seltsame Gefühl, das jeder gute Jäger kennt, wenn starkes Wild in den Tastbereich seines sechsten Sinnes, der ihn mit allem Lebendigen verbindet, gerät. Und steil nach unten spähend, gewahre ich ein großes dunkles, pechschwarz erscheinendes Wild, das, gerade aus der dichten Dschungel hervortretend, auf etwa 200 bis 250 Meter Entfernung mit niedrig gehaltenem Kopfe langsam über eine steile Grasbahn zieht. Vorsichtig mich wendend und lang ausstreckend, erkenne ich im Zielfernrohr einen äußerst dunklen Goralbock, der ganz ruhig und vertraut zu äsen beginnt und ab und zu, von mir abgewandt, in die gähnende Tiefe äugt. Da mir die langen, im Abendwinde wehenden Grashalme vor dem Gewehrlauf schwanken und ich auf der übersteilen Grashalde keine sichere Auflage finden kann, ziehe ich mich rasch, auf allen vieren kriechend, fasse auf einem nahen Felsblock Stand bis dreißig Meter hangab, fasse auf einem nahen Felsblock Stand und Ziel, pfeife den Bock an, und als er sichert, fährt ihm die saubere Kugel mitten auf den Stich, läßt ihn lautlos zusammensinken und abrollend verenden. Während ich die dunkelnden Felswände nach etwa rege gewordenen Gorals abspähe, klettert Pänsy zum erlegten Wild hinab und wuchtet das schwere Stück zu mir hinauf. Es ist ein mittelalter Bock von dunkel-schieferschwarzer Färbung, wie ich ihn nie vorher gesehen habe. Still und zufrieden sitzen wir, die seltene Beute zwischen uns, rauchen unsere Pfeifen und genießen den köstlich stillen Bergabend. Weltabgeschieden liegt die Ortschaft tief zu unseren Füßen. Aus ihren schindelbedeckten Puppenhäuschen kräuselt der Rauch. Talauf dehnt sich meilenweit Urtann in schwarzen dräuenden Mauern. Schon verschwimmen die Felsen im Grau, und die Schneeberge auf der anderen Talseite haben dichte Nebelhauben aufgesetzt. Nur die hohen Wolkengeschwader leuchten noch in feinstem Purpurrot.

War das nicht Steineln?

Drei unserer Treiber erscheinen als winzig kleine, scharf gezeichnete Silhouetten über einem zackigen Kamm. Gleich darauf schallen ihre hellen Pfiffe und gellenden Rufe in vielfachem Echo zu uns herüber. Da sie manchmal für Minuten in Rissen und Runsen verschwinden, rücken sie nur unendlich langsam heran. Ein kalter Wind weht von den Gipfeln. Schon möchte ich aufbrechen, um den letzten Tagesschein zum Abstieg zu benutzen. Auch Pänsy, mein Jäger, hebt die Hand und dreht sie wie eine Windfahne ganz behutsam hin und her. „Nichts!" ... bedeutet das und „Jagd vorbei!". Fünf Minuten noch zugeben – denke ich mir und finde meine Lust daran, vom sicheren Platz den Treibern zuzuschauen, wie sie in genau innegehaltenen Abständen gewandt wie Tiere durch die Felsen turnen.

Wie von ungefähr schaue ich nochmals die im Halblicht verdämmernden Wände empor, wo nur noch zwergenhafter Bambus und dichtes Dorngezwarre die Deckung bilden. Mehrmals täuscht mir der Schatten eines Busches oder der Umriß einer Felskante Gorals vor, aber immer wieder muß ich im Glas erkennen, daß ich mich geirrt habe. Plötzlich ein scharf peitschender Schuß! Von den Wänden mehrfach gebrochen, hallt der Büchsenknall durchs einsame Tal. In kurzen Abständen folgen die gellenden Weidrufe der Treiber. Auffahrend bohren sich meine Augen und Ohren nun förmlich in die Dämmerung hinein. Alle Nerven sind gespannt. Möglicherweise hat mein Kamerad einen Goral geschossen. Vielleicht auch gefehlt – – –, dann muß er mir kommen. Schon vernehme ich ein springend jagendes Geräusch. Wo aber ... wo? Fiebernd vor Aufregung deutet Pänsy auf den gegenüberliegenden Hang. Dort! Aschgrau, kaum erkennbar, rast ein Goral steil nach unten. Da an aufgelegtes Schießen nicht zu denken ist und es bei der Entfernung von kaum 150 Meter auch so gehen müßte, springe ich auf und folge mit dem Zielstachel, während das Ohr mit äußerster Anstrengung auf jedes Steineln, jeden Laut des flüchtenden Wildes achtet. Da! – das Steineln hört auf. Ich habe den Goral aus dem Zielfernrohr verloren, ich suche, vermeine ihn zu finden, schieße übereilt, aber das Mündungsfeuer nimmt mir die Sicht. Drüben klatscht die Kugel auf den Felsen und der Goral flüchtet wie eine Kugel weiter hangab. Jetzt ein helles Grasband! Ich fahre mit, halte meterweit vor ... und wieder zuckt der lange Feuerstrahl hinüber ... Dann noch einmal. Der Spuk ist aus, ich bin geblendet, aber die Bewegung ist fort, der Goral verschwunden und auch kein flüchtender Laut ist zu vernehmen. Pänsy führt einen Freudentanz auf. Er behauptet, daß der Goral schon die zweite Kugel habe und auf den letzten Schuß senkrecht in eine Dornendickung gestürzt sei. Während sich der Jäger katzengewandt sofort an den Anschuß stürzt, rufe ich zu seiner Unterstützung noch einige der schon ganz nahe gerückten Treiber herbei. – – – Und nach einer Viertelstunde klingt's aus der tiefen Schlucht: „Er liegt, er liegt!" Blausilberne Schleier ziehen an den Hängen, und von unten aus dem Kloster von Lachung dröhnen

Lamatrommeln. Es folgt ein gespenstisch schöner, gefährlicher Abstieg im Mondschein.

Die zweite in den dichten Bergwaldungen des Lachungtales beheimatete Felsantilope ist der rothirschgroße, griesgrämige Serau, der „Nörgler“ unter dem scheuen Bergwild. Von ihm sagen die Eingeborenen im Sprichwort, daß er das Licht scheue und nur in tiefen Schluchten lebe, wo selbst die Strahlen der Mittagssonne niemals hingelangen. In der Tat bevorzugt der sikkimesische Serau die mit dichtester Vegetation bewachsenen Felsschründe, wo er in völliger Zurückgezogenheit sein heimliches Wesen treibt und selbst vom vorsichtig pürschenden Jäger nur selten erspäht werden kann.

Eines Tages gerate ich bei der Verfolgung einer Horde großer, langschwänziger Langurenaffen in einen tiefen Grund, schlage mich mit dem Haumesser durch dichtes Unterholz und erreiche eine hohe Felsenzacke, die pyramidenähnlich aus dem Dschungel hervorragt und einen glänzenden Ansitzpunkt bietet. Mühsam klimme ich zum Gipfel empor, finde Fegestellen und Fährten und entdecke schließlich in einer höhlenartigen Vertiefung ein altes Seraulager, das mehrere Zentimeter hoch mit der Losung des geheimnisvollen Wildes bedeckt ist. Tief unter mir singt der rauschende Lachungfluß zwischen Domsäulen und mächtigen Geröllblockaden sein wildes Lied. Obwohl das Schußfeld nur gering ist und ich wenig Hoffnung habe, auf den Serau zum Schuß zu kommen, bleibe ich sitzen und beobachte stundenlang das Gelände. Meisen, Kleiber und Baumläufer huschen an den Stämmen empor, riesenlange Fahnen von Bartflechten wehen von den Bäumen, und die alten vermoderten Stümpfe phosphoreszieren im düsteren Schattenreich des Urwaldes. So träume ich mit offenen Augen und Ohren vor mich hin und greife nur hin und wieder zu dem neben mir liegenden Tagebuch, um Eintragungen zu machen. Auf einmal ist es mir, als ob das Rauschen und Donnern des Flusses von einem lauten Knacken und Brechen übertönt würde. Nur halb gesehen verschwindet ein Schemen im grauen Nebellicht zwischen wuchtenden Tannenriesen. Ansprechen war unmöglich. Aber an meinem Jäger neben mir, der unverwandt in die gleiche Richtung starrt und am ganzen Körper zu zittern beginnt, kann ich erkennen, daß es kein Phantom war, was ich sah. Alle Sinne gespannt, die entsicherte Büchse halb im Anschlag, vergehen die nächsten Minuten wie eine Ewigkeit. Mein Jäger und ich, zwei Urmenschen, deren ganzes Sinnen und Trachten nur auf das rätselhafte Wild gerichtet ist, das dort unten, kaum hundert

Meter von uns entfernt, durch den Dschungel brach, sind so fein aufeinander abgestimmt, daß wir der Worte nicht bedürfen, um uns über jede, auch die feinste Beobachtung zu verständigen. Plötzlich berühren sich unsere Hände. Wieder weiß ich, daß das erneute Knacken keine Täuschung war. Sekunden unerhörter Spannung folgen. Hier im dichtesten, finstersteilen, kaum durchdringlichen Urwald kommt's darauf an, jede, auch die kleinste sich bietende Gelegenheit zu nutzen. Jede Faser des Körpers und der Seele muß auf das Wild gerichtet sein. Die wenigen offenen Stellen genau im Auge behaltend, horche ich angestrengt in die Tiefe. Wieder Knacken und wieder Brechen! Dann sehe ich es tief kastanienrot leuchten und erkenne am dicht verwachsenen Rand einer kleinen, schattenumspielten Lichtung die markant gezeichneten Läufe eines mächtigen Serau. Nur die Läufe ..., der ganze übrige Körper ist verdeckt. Ruhig liegt mir die Büchse im Arm. Aber der Serau steht und steht, so daß ich schon zu zweifeln beginne ... Dann eine schlagende Bewegung, und ich mache das Haupt des Urwildes aus, mit den langen Lauschern, dem dolchspitzen Gehörn und dem unablässig kreiselnden Windfang, ein Bild voll hintergründiger Spannung und düsterer Heimlichkeit. Ich bin meiner Sache ganz sicher. Nur einen Schritt nach vorn, nur einen halben Meter, dann müßte es gehen. Aber der Serau steht! Wie vorsichtig ist doch dieses Wild, das ich nie flüchten sah, nur trollen, nur schleichen und langsam sich davonstehlen. Dann ist die Erscheinung verschwunden und der Büchsenlauf ist kalt geblieben. Ich beginne, mir bittere Vorwürfe zu machen, daß ich die Kugel nicht einfach durch die Büsche jagte. Bange Minuten vergehen ... Da, unten am Fluß, dicht über den reißenden Schnellen, steht der Serau auf einmal ganz frei, wunderbar, wie gemeißelt, wie in Bronze gegossen auf einem überragenden Felsblock. Was nun folgt, geschieht so schnell, daß ich es kaum erzählen kann. Von unten gehe ich ins Ziel, fahre die brandroten Vorderläufe hinauf, fasse den schwarzen Körper, schieße und sehe das mächtige Wild sich rücklings überschlagen, zwischen Büschen hindurch ins Flußbett torkeln und meinen Blicken entschwinden. Ganz sicher, dort drunten zwischen den hohen wilden Schottermassen muß er liegen.

Der kurzen Schußentfernung ungeachtet, benötigen wir wohl eine halbe Stunde, bis wir den Anschuß finden. Dort liegen Schnitthaar und Schweiß ..., viel Schweiß, hell und blasig. Aber er führt zum Wasser, zu den Schnellen. Und dann ist es aus. Mein Jäger hat wie meistens recht behalten: der Geist der Schlucht, wo er herrschte, diesen „griesgrämigen", wehrhaften Serau hat er zu sich genommen. Abgetrieben ist er. Irgendwohin, auf Nimmerwiedersehen!

So geheimnisvoll und nervenprickelnd die Jagd in dem tiefen Dschungel auch sein mag, ganz befriedigt hat sie mich nie, da sie an biologischen Beobachtungen so arm ist und man selber stets so raubtierhaft versessen sein muß, um bei den scheueren Wildarten überhaupt zum Ziele zu gelangen.

So zieht's mich mit magischer Gewalt nach Norden, der Baumgrenze und der großen freien Landschaft entgegen, wo der Blick sich weitet und man sich festsaugen kann an den Riesengipfeln des ewig schneebedeckten Hochhimalajas.

Auf unserem weiteren Vormarsch in Richtung auf die hohen Berge folgen wir dem Lachenfluß. Stufenweise steigen wir aus den reinen Subtropen bis zur Paläarktis empor. Oberhalb Chungtangs, wo sich der Karawanenpfad zwischen jäh aufsteigendem Fels und gähnendem Abgrund wie ein schmales Fädlein durch das Labyrinth der Berge zieht, leuchten uns die wieder tiefpurpurroten Rhododendronblüten entgegen. Mit wahren Begeisterungsstürmen begrüßen wir die edlen Vorboten der großen freien Welt. Und nun wechseln die Vegetationsgürtel in rascher Folge. An die lianenverschlungenen, blutegelverpesteten Nebelwälder schließt sich in vertikaler Richtung der temperierte Mooswald an mit mächtigen laubabwerfenden Eichen, Ahornen und vereinzelten turmhohen Koniferen. Diesen Märchenurwald, durch dessen Kuppeln und Hallen nur hin und wieder gnomenhaft dumpf das Locken einer Daumadrossel klingt, liebe ich um seines tiefen Schweigens willen. Zur Mittagsstunde, wenn selbst die weißkehligen Häherlinge verstummen und nur hin und wieder einer über dem brausenden Gischt seine metallische Stimme erschallen läßt, ist's geradezu unheimlich in diesem schweigenden Wald, wo die Schüsse so klingen, als schlüge man nur mit Stöcken gegen morsches Holz. Alles ist gedämpft in diesem feuchten, moosquellenden Halbdunkel, das Licht, die Farben und die Töne. Wie am Boden eines erstarrten Korallenmeeres kommt sich der pürschende Jäger vor, wenn er Schritt für Schritt vorfühlend über den abschüssigen, mit fußhohem Moosplüsch gepolsterten Boden schleicht und jeden Augenblick gewärtig sein muß, zwischen zwei Felsbrocken brusttief einzusinken. Und die geschossenen Vögel bleiben einfach hängen, weil die Äste oben dicker sind als unten, von den allgegenwärtigen wuchernden Mooskissen bedeckt und umsponnen.

So gelangen wir nach Manshitang, einer kleinen, mitten im Urwald gelegenen, von frischen Runsen tief zerfurchten Lichtung.

Selbst Kaiser ist von der Schönheit der „Myun-she-tang“, der „Ebene, wo die Leptschas sterben“, so angetan, daß er in seinem Tagebuch schreibt: „Sie ist voll von grünem Grase und so wunderbar, daß sich der Reisende hier sicher gern für ein Weilchen lagert. Von der Ebene aus sieht man viele prächtige Wasserfälle, die von den Felsen rundum mitten durch den steilen Dschungel fallen, um sich in den Lachenfluß zu ergießen.“

Uralte Ruinen unter rankendem Gestrüpp erzählen von der Geschichte der Leptschas:

Vor vielen hundert Jahren brachen die Tibeter von Norden herein, um das Reisland für sich zu erobern. Auf der Manshitang, die wohl schon damals der nördlichste Siedlungspunkt der Leptschas war, kam es zum Treffen. Tagelang tobte der Kampf, bis die listigen, des Buschkrieges unkundigen Tibeter nach schweren Blutverlusten um Waffenstillstand ersuchten und ihren Abzug in die hohen Berge vortäuschten. Freudig stimmten die gutgläubigen Leptschas zu, entzündeten ein großes Feuer, töteten Büffel, tranken viel Murwarbier und feierten den Sieg. Die Tibeter aber, die sich im Hinterhalt verborgen hielten, fielen in der Nacht über die betrunkenen Leptschas her und metzelten die ahnungslosen Dschungelmenschen mit blanken Schwertern zu Tausenden nieder. Als der „Leptschakönig“ von der Kriegslist der Feinde erfuhr, sann er auf Rache, rüstete eine große Armee, griff das neuerrichtete tibetische Fort in Manshitang mit überlegenen Kräften an und trieb den Feind nach Norden. Nun holten die Tibeter eine „Kanone“ herbei, die „große Bestürzung“ unter den Leptschas hervorrief, worauf sie sich „mit Sand gefüllte Kisten“ fertigten, hinter denen sie sich verschanzten, bis sich der Feind wieder in die unwirtlichen Hochländer zurückzog. Seit dieser Zeit scheint die zwischen Subtropis und Paläarktis gelegene Manshitang die anthropogeographische Grenze zwischen Leptschas im Süden und Bhutias im Norden geblieben zu sein.

Wenige Meilen nördlich Manshitangs bleiben die feuchten Mooswälder zurück, und wir erreichen nach erneutem steilem Anstieg die subalpine Region der temperierten endomismenreichen Mischwälder, wo neben gigantischen Fichten die Laubholzarten noch immer vorherrschen. In vertikaler Staffelung schließen sich turmhohe Koniferenwälder an. Hier blühen im webenden Dämmer bambusbewachsener Schluchten die großen Sikkim-Lilien. Zwei bis drei Meter hoch recken sich ihre gertenschlanken, mit riesigen schlohweißen Blütenbechern rings umkränzten Stengel, die wie Geisterkerzen wirken. Daneben aber entfalten riesenblättrige

Dunkler Goralbock

Serau

Südhang des Himalaja

Rhododendronarten ihren märchenhaften Blütenzauber in allen Farbabstufungen vom zartesten Wachsgelb bis zum tiefsten Purpur. Sie erreichen bei einer Höhe von 10 bis 15 Meter einen Stammdurchmesser von 40 bis 50 Zentimeter. – Und Erdbeeren gibt es, Himbeeren, Stachel- und Johannisbeeren neben duftenden Hecken blutfarbener Wildrosen und Waldreben und Schneeballen! Ganz wie in unserer Heimat! Nur viel üppiger und geheimnisvoller sind diese dunklen urhaften Wälder des mittleren Sikkim.

Am schönsten aber sind die stillen Pürschgänge, die ich durch den Urwald unternehme, wenn der Neuschnee von den hohen Bergen glänzt, die Turmfalken kichern, die Bussarde schreien und die Meisenschwärme bunt gemischt durch dunkle Tannenwälder geistern. Es ist dann alles so friedlich und still und den Göttern ergeben, daß man die Bergwelt, die noch vor wenigen Tagen im Ansturm des Monsuns erbebte, in ihrer ruhigen Erhabenheit nicht wiedererkennt.

Inmitten dieser reichen, zauberhaften Welt, vom schützenden Waldmantel rings umgeben, liegt auf 2800 Meter Höhe Lachen, das zu den verschiedenen Jahreszeiten Ausgangs-, Stand- und Verproviantierungslager der Expedition werden soll. Es ist ein weltentrücktes, einer steil abfallenden Bergterrasse sich anschmiegendes Dorf mit eng gruppierten Häuserreihen, einer Herberge, einer finnischen Missionsstation, einem idyllisch gelegenen Waldkirchlein und einem berühmten alten Kloster, dessen Oberlama ein mit übersinnlichen Kräften begabter Tuklu, ein „lebender Buddha", ist.

Von den deutschen Bergsteigern, die den Kangchendzönga und seine himmelragenden Trabanten auf einer Reihe von erfolggekrönten Expeditionen angingen, ist die malerische Schönheit dieses „Tiroler Dorfes" mit seinen anmutigen, schindelgedeckten Häusern schon oft besungen worden.

Mit den Leuten von Lachen, die offenherziger sind als die stolzen Lachungen, verbindet uns schon bei unserem ersten Besuch ein herzliches Verhältnis. Fast ungestört kann „Doktorsahib", wie unser großer Medizinmann bei den Eingeborenen heißt, seine anthropologischen Messungen vornehmen, und im geschäftigen Lager wimmelt es vom frühen Morgen bis zum späten Abend von lieben, guten, neugierigen Menschen, die uns ethnologische Gegenstände verkaufen und Früchte, Tiere, Felle, Samen, Nahrungsmittel und vieles andere verhandeln. Leider entbehrt das Stand- und Sammellager von Lachen fast aller Romantik, denn wir haben nicht nur das Rasthaus mit Beschlag belegt, sondern rundum in Gärten und auf Wiesen unsere Zeltstadt aufgeschlagen. Da klappert die Schreibmaschine, da werden Insekten getütet, Sämereien auf großen Matten getrocknet, Instrumente repariert und hundert Kisten und Koffer mit Ausbeute verpackt und gestapelt. Überall hocken die Bettler herum und lange Reihen von Trägern warten auf Auszahlung in blanken Silbermünzen. Oder es werden Lasten verteilt, was in Lachen auf besonders sinnvolle Art geschieht, indem alle Stiefelbänder der beteiligten Träger wahllos auf einen Haufen geworfen und verlost werden. So entscheidet der Zufall allein über die Schwere der von jedem zu tragenden Last – und alles ist zufrieden. Wenn ich an die häßlichen Raufereien um die verschieden schweren Lasten auf früheren Expeditionen denke, so kann ich nicht umhin, die Sitten und Gebräuche von Lachen als ideal zu preisen.

Nie reißt die Arbeit ab, und eines schönen Morgens müssen wir uns sogar als veterinärische Chirurgen betätigen, da eines unserer Maultiere während des Weideganges abstürzte und sich einen Baumstumpf tief in die Weichteile rannte. In schwieriger Manipulation gelingt es uns denn auch zu unserem eigenen Erstaunen, das sachgemäß desinfizierte Gedärm wieder in die Bauchhöhle zu praktizieren und die Häute zu vernähen, wodurch das Tier – fürs erste wenigstens – gerettet wird.

IM FIRNENGLANZ DES HOCHHIMALAJAS

Nach einer warmen, geisterwebenden Nacht voll heimlichen Pappelgeflüsters brechen wir auf: fünf Sahibs, fünfzehn Getreue und an die fünfzig starke, ausgeruhte Tiere!

Wie ein riesiger, lichttrunkener Schmetterling, der seine transparenten Schwingen entfaltet, teilt sich der graue Himmel, und Sonnenschein flutet über Wolfsmilchtriften und Erdbeertälern. In purpurnem Nebelduft setzen wir an zum großen entscheidenden Sprung aus geheimnisbrütender Urwaldnacht hinauf in die hellen, sonnendurchfluteten Gewölbe aus weißem Wolkenschaum über meilenweit sich dehnenden Alpenrosenwildnissen mit den tiefblau schattenden Firngipfeln des höchsten Gebirges der Erde.

Es ist das dritte Mal in meinem Leben, daß ich mich fiebernd vor Spannung und drängend nach Erlösung auf Tibet vorbereite. Und es ist das dritte Mal in diesem Jahre, daß ich das Erwachen des Frühlings erlebe. Ganz im ersten Frühjahr, als das Pläneschmieden begonnen hatte, waren es die schimmernden Narzissenwiesen, der Glanz der Daffodils in den englischen Parks – – –, dann, Wochen später, das zarte, sehnsuchtsvolle Erwachen über den deutschen Landen – – – und nun dieser wilde, jubelnde Aufschrei der hohen Berge unterm Ansturm des Monsuns: der Primel-, Mohn- und Alpenrosenfrühling des hohen Himalajas!

Grenzenloser Jubel erfüllt mein Herz an diesem unbeschreiblich köstlichen Tag, da mir, aus menschenleerer Öde, die kalten Hochlandwinde zum ersten Male wieder stichgerad ins Antlitz wehen und überm talausfüllenden Wolkenbaum der tibetische Himmel lacht, so tief, so blau, so klar, daß ich gleich mittun möchte im vielstimmig jauchzenden Chorgesang der hohen wildblühenden Täler.

Wie sich in diesen subtropischen Gegenden Tag und Nacht mit Windeseile folgen und die langen segensreichen Dämmerungen der nördlichen Breiten vermissen lassen, so bricht auch der Frühling unvermittelt über den hohen Himalaja herein. Es ist, als ob ein großer Geist über dem menschenfernen Land schwebe, so überwältigend ist die unerwartete Blütenschönheit, die sich jenseits der stygisch finsteren Urwaldtäler auftut. Es ist die gleiche himmelsnahe Schönheit, die mein Herz schlagend erhielt in der Einsamkeit unter den Menschen. Und ich zehrte von ihr in den qualvoll sehnsuchtsvollen Jahren zwischen den Expeditionen; sie war meine tröstende Quelle, mein Paradies, aus dem mich niemand vertreiben konnte. So, in Erinnerung vertieft, gedämpft, verfeinert und erhoben, war mir mein Tibet allzeit gegenwärtig – im Traum mehr noch als im Wachen ... und nun soll's bald wieder wahr sein: die blauen Gletscher, die einsamen Sternennächte, die unendlichen Steppen, alles – – – alles!

Steil ist der Weg, und noch immer branden tief drunten vom Süden her die rauchenden Geschwader der Monsunwolken gegen die zurückweichenden Bergmauern. Wie weiße Geysire schießen Katarakte und Kaskaden durch die tiefgesägte Schlucht. Rauchend steigt der Wasserdampf empor. Bergrutsche, die uns mit Schlamm und Steinen zu überschütten drohen, sind noch immer in Bewegung, aber sie werden überwunden, und abermals umfängt uns domhoher Wald mit seiner tropfenden Stille. Die einzigen Laute, die ich in diesen dunklen Orten vernehme, sind der melodische Ruf des Maskengimpels und der schrille Pfiff der großen, stahlblau schillernden Wasserdrossel.

Bald ist der Hauptregengürtel zurückgeblieben. Auf 3500 Meter liegt Yaktang, eine Siedlung fast ohne Häuser. Hier bebauen die Lachenesen, Männlein und Weiblein zusammen – denn ein schwaches Geschlecht gibt es nicht in diesen gottesnahen Bergen – in heiterer Gemeinschaftsarbeit ihr Land. Üppig grüne Gerste, Weizen, Buchweizen und herrliche Kartoffeln auf den schmalen, wallumsäumten Feldern, während an den Hängen silbergespenstige Urwaldriesen, die ein Brand vernichtete, ein Bild menschlicher Zerstörung bieten.

Dann weitet sich das Tal, und die hohen kahlen Felsen wuchten dicht am Karawanenpfade empor, uralte Wettertannen stehen goldübergossen im grünzarten Geweb meterlang hängender Flechtenbärte, und ihre mächtigen Stämme neigen sich und stöhnen im scharf aufkommenden Wind. Schon starrt aus dunklen, nur den Talgrund säumenden Krüppelwäldern kahl und verlassen das Antlitz des hohen Himalajas.

Die Baumgrenze, hier auf über 4000 Meter gelegen, rückt näher heran, die letzten Wolkenfahnen zerreißen, und dann strahlt das unwahrscheinliche Blau des tibetischen Himmels über diamantenen Gipfeln. Ganz weit in der nördlichen Ferne aber leuchtet tiefrot, braunkahl und gigantisch der erste flache, unglaublich einsame Riesenhügel tibetischen Landschaftscharakters.

Tiefatmend dehnt sich die Brust. Zum ersten Male wieder ziehe ich Kraft und Sicherheit aus dieser großartig ragenden Berglandschaft. In Rausch und Übermut klimme ich hangwärts empor, finde Zeichen vom Bären, erlebe die Totenstille der Hochgebirgswelt, kämpfe mit Schattengeistern, springe über Geröllblockaden und stehe schließlich im Anblick des ersten blanken Eises, das im gespenstigen Weiß der hohen Sonne von hundert Gipfeln sprüht. Eine überirdische, geheimnisvolle Symphonie von Farben. Brausend drängen die Akkorde der Wildnis empor, formen sich zu Winden und Wolken der einsam thronenden Götter. Mir ist, als ob sie aus ihren Bergen hervorträten und in wallenden Schleiern einen geheimnisvollen Zaubertanz vollführten.

Nun, da ich den grünen Talgrund wieder erreicht habe und mich gegen einen rosenrot erglühten Rhododendronstrauch lehne, läuft mir das Herz über von so viel zarter, sinnenhafter Schönheit. Alles beherrschend und der eigentliche Quell dieser Pracht, wenn auch leider teilweise schon in der letzten Phase todesnahen Blühens (wir schreiben Ende Juni), sind die bis über 5000 Meter hinaufreichenden Alpenrosen in Strömen von Rosa, Tiefrot und Purpur, aber auch von duftigem Weiß und ganz wächsernem Zitronengelb. Zusammen mit Sterndolden, Waldreben, hellblauen Glockenblumen, azurnen Eisenhutrispen, Nelkwurz und goldsternigen Astern nicken sie wie traumverloren den durch Blütenschaum dahinziehenden Tieren zu. Dazwischen erheben sich letzte Wetterfichten und uralte, dickstämmige Wacholderbäume, und längs des weidenverwachsenen Flusses ziehen die farbigbuntdurchwirkten Teppiche der Alpenmatten dahin. Hier gaukeln durchscheinend punktierte Apollofalter, Coliase, Weißlinge und große helle Schwalbenschwänze durch die zitternd auflodernde Sonnenluft. Gestreifte Schwebfliegen huschen pfeilschnell dahin, ernste goldbepuderte Bienen summen fleißig, flinke schillernde Goldwespen spielen, und gewichtige Hummeln tragen ihre buntgewirkten Samtkörper tiefbrummend von Blütenstengel zu Blütenstengel, so daß die ganze goldgrünglitzernde Honigmatte schwebt und schwankt. Da gibt es übermütig farbstrotzende Völker goldgelber Himmelsschlüssel neben duftströmenden, rotenroten und dunkelvioletten Primeln und gelben Aurikeln, zarte fliedertönige Alpenknöteriche, Hahnenfüße, Anemonen, Fingerkräuter, Läusekräuter und hundert andere herrliche farbensatte Alpenblumen, die hier aus dunkler Erde entsprangen, um in machtvollem Ringen nach Licht das hohe jauchzende Fest des auferstandenen Bergfrühlings in makelloser Reinheit zu feiern.

Auf einmal flirrt und zuckt es metallen bunt und grell rubinrot über dem Rausch des Blütenmeeres. Dazu erschallen kurze, scharf metallene Laute ... und schon habe ich sie im Glas, die kleinen, langschwänzig glutfarbigen Federbällchen. Sonnenvögelchen sind es, Nektarsauger, die „Kolibris" der himalajanischen Hochgebirgswelt. Jetzt stehen sie mit unsichtbaren Schwingenschlägen funkelnd wie flüssiges Metall in der Luft wie riesengroße Insekten, und nun versinken ihre zarten, langen, gebogenen Schnäbelchen in den purpurroten glasigen Kelchen der Alpenrosen, deren Nektar sie saugen.

„Zitt - - Zitt", sagen sie und manchmal auch ein langes „zieh", das so klingt, als ob ein feiner Silbergong geschlagen würde. Aber dann schwirren sie weiter von Blüte zu Blüte. Kleine unruhvolle Geister, von denen die Wissenschaft sagt, daß sie „mit emporgehoben wurden" ehemals, vor fünf oder zehn oder fünfzehn Millionen Jahren, als der Himalaja entstand im späten Tertiär, da selbst im Innersten Asiens noch semitropische Bedingungen herrschten. Aber das sind alles nur Hypothesen, die stets nur so lange standhalten, bis sie durch neue, „bessere" ersetzt werden. In Wirklichkeit wissen wir nichts über den Ursprung der Alpenwunder des hohen Himalajas, und vielleicht ist das gut so!

Die übrige Fauna ist hier oben am Rande der Montanwälder schon rein paläarktisch geprägt. Rosenpieper, Zaunkönige, Wasserstare, Braunellen, Rotschwänzchen, Karmingimpel und Kernbeißer erinnern ganz an unsere heimische Tierwelt. Auch zahlreiche Laubsängerarten gibt es. Darunter den langschnäbeligen „Gegenübervogel" mit dem lustigen, durch eine Terz getrennten Flötenruf, der sich, wenn man seiner mit der Mordwaffe habhaft werden will, immer gerade „gegenüber", auf der anderen Seite des rauschenden Wildflusses, befindet.

Aber auch Steinadler gibt es und die ersten riesenhaften Himalajageier ziehen im Aufwind erhabene Kreise, so daß ihre mächtigen, fingerförmig gespreizten Schwingen hell surren und vibrieren.

Ein besonders beglückendes Gefühl löst der Anblick der ersten schneeflaumduftigen Gletschertauben aus, die nur die allersteilsten und zerrissensten Felsengebirge Tibets und des Himalajas bewohnen und zur Brutzeit nur selten unter die 4000-Meter-Grenze herabkommen. Große, weißleuchtende Vögel mit aschblaugrauem Köpfchen und prächtig gebändertem Stoß, lassen die im herrlichen Balzflug mit weitklaffenden Schwingen langsam einherrudernden Tauber rätselhaft hohe Pfeiftöne erschallen, von denen ich nie weiß, ob sie aus dem Schnabel kommen oder durch die auf und nieder schlagenden Schwingen verursacht werden.

So vergeht der Tag ... und als die Dämmerung raschen Schrittes über die Berge kommt, in dunklen Klippen die Nebelgeister zu weben beginnen und die hohen Felsenhänge überm schwarzdräuenden Rhododendrongürtel ein letztes Mal von honigschwerem Goldlicht übergossen werden, schlagen wir in Thangu auf 3800 Meter Höhe unser erstes hochalpines Eingewöhnungslager auf.

In den wilden Hochtälern um Thangu dehnt sich die dritte Lebenszone der Lachenesen: auf 2800 Meter wohnen sie, auf 3500 Meter treiben sie ihren Ackerbau und hier oben, auf 4000 Meter und weit darüber hinaus, haben sie ihr buntblühendes Weideland. Zeltend wechseln sie sommers über von Hochalm zu Hochalm und treiben ihre Yak- und Schafherden tief hinein in die Bergschründe, bis an den Rand der hohen blauen Gletscher.

Auch letzte, von windschützenden Steinmauern umfriedete Feldbreiten, die jedoch nur in Monokultur bebaut werden, gibt es in Thangu. Die Bewirtschaftungsweise ist denkbar primitiv. Auf ein fruchttragendes Feld kommen meist mehrere brachliegende. Alle drei bis vier Jahre werden die Äcker bebaut, und zwar in völliger Ausschließlichkeit mit Kartoffeln, die hier noch immer lohnende Erträge einbringen.

Noch im späten Abenddämmer beobachten wir die harten argwöhnischen Menschen, die, ganz dem rechten Tun des Pflügens und des Pflanzens still ergeben, mit großem Ernst, gebeugten Rückens über ihre Felder gehen, gleich Mönchen, die sich in den Ozean der Welt versenken und ihre Augen bedecken, weil der Mensch allein zu schwach ist, die große Majestät zu schauen. Und als sich die Nacht dann mit goldenen Sternen behängt hat und der Mond gespenstig durch den wogenden Silberteppich der Wolken bricht und Fels und Tal in eine blaue Märchenwelt verwandelt, klingt vom Kloster her in stammelnd inbrünstiger Gotteshingabe die eintönig dumpfe Litanei und der tiefe Gong des Lamas, der die Götter ruft.

Mit Ausnahme des kleinen Klosters, der Schutzhütten und weniger schindelbedeckter Schuppen gibt es in Thangu keine festen Häuser mehr. Nur zur Aussaat und Ernte halten die Bauern hier Einkehr, sonst ist das Tal öde und leer, und nur die schwarzen, gelbschnäbeligen Alpendohlen unterbrechen mit ihren hellen Rufen die Stille dieser einsamen Landschaft.

Innige Freude bereitet mir auch das Wiedersehen mit den Yaks, den tibetischen Grunzochsen, jenen dunklen zottigen, mit langen schwarzen Haarquasten geschmückten Hochlandrindern. Gleich ihren tibetischen Herren an Härte des Klimas und äußerste Entbehrung gewöhnt, erinnern sie mich mehr als alles an meine osttibetischen Reisen, da ich monate- und jahrelang auf sie angewiesen war. Diese starken, urwüchsigen, meist in stoischer Ruhe verharrenden Wiederkäuer dienen nur demjenigen, der sie zu behandeln versteht. Sonst sind sie wild, ungebärdig und angriffslustig. Aber auch, wenn sie, frisch und fett von der Weide gefangen, als Trag- oder – in ihrer hornlosen Mutante allenfalls auch als ausdauernd genügsame – Reittiere Verwendung finden und gesattelt werden sollen, kommt Leben in die eigenwilligen wollpelzigen Gesellen. In blitzartigem Protest rasen sie los, bocken, springen und toben, um sich ihrer Bürden zu entledigen und sich mit wehendem Pelz, hocherhobenen Büschelschweifen und wütend geworfenen Köpfen die Freiheit wieder zu erkämpfen.

Als wenn der Monsun uns zu Ehren eine Pause eingelegt habe, erleben wir, von blühender Pracht umgeben, die ersten schimmernden Hochalpentage in unbeschreiblich schönen Stimmungen. Harte Arbeit am Tage ..., doch wenn die Glut der letzten Sonnenstrahlen erstorben ist und die violetten Schatten aus den tiefen Talschründen aufsteigen, sitzen wir im vertrauten Kreis ums prasselnde Feuer, starren in die dunkelrot kräuselnden Flammen, sehen aus der Glut der Alpenrosenäste rauchumhüllte Gestalten aufsteigen und lauschen den uralten Weisen unserer Getreuen, den hohen, schrillen Herz- und Heimwehliedern, die welliglang in ausgezogenen Noten von Liebe, Tod und hohen Bergen künden.

Unsere Sorgen sind in die tiefsten wasserdichten Koffer vergraben, und nur die tückische Bergkrankheit bereitet uns ein wenig Ungemach. Kaiser klagt über heftige Brustschmerzen, Lezor will der Kopf zerspringen, wieder ein anderer wird von Weinkrämpfen befallen, und selbst unsere sonst so harten Maultiertreiber beginnen zu kränkeln. Seltsamerweise ist es immer die kritische Höhe um viertausend Meter, die den Ausbruch der unberechenbaren Krankheit zu begünstigen scheint. Verursacht durch den Mangel an lebensnotwendigen Sauerstoffträgern, den roten Blutkörperchen, die in großen Höhenlagen um ein Vielfaches ihrer ursprünglichen und normalen Anzahl vermehrt werden müssen. Die Anpassung tritt meist erst nach Tagen ein. Selbst der Verteidiger des „Höhenweltrekords", der englische Bergsteiger Frank Smythe, der am Mount Everest bis auf 8700 Meter vordrang, erzählte mir, daß auch er in Thangu stets einer kurzen Eingewöhnungsperiode bedurft hätte. Thangu scheint also geradezu prädestiniert zu sein, die gefürchtete psychophysische Veränderung hervorzurufen, denn es ist längst erwiesen, daß die Krankheit mit allen Symptomen der herabgesetzten Leistungsfähigkeit nicht rein mechanisch an bestimmte Höhenlagen und Luftverdünnungen gebunden ist. Nach vollzogener Adaptation, so sagte mir Smythe, könne er beinahe ungehindert bis in die höchsten Regionen vordringen. Ich selbst, der ich allerdings nur wenige Male in meinem Leben die 6000-Metergrenze überschritt, bin übrigens niemals bergkrank geworden, obwohl ich beim Pflanzensammeln, Fährtenlesen und sonstigen reflexartigen Bückbewegungen in großen Höhenlagen mehr als einmal von plötzlichem Schwindel befallen wurde. Man tut daher bei noch nicht vollzogener Anpassung gut daran, alle Bewegungen bewußt stetig und langsam auszuführen und darauf zu achten, bei jedem Schritt auch einen tiefen Atemzug zu tun oder durch systematisches Schnellatmen der Lunge möglichst viel des unentbehrlichen Lebensstoffes zuzuführen. Daß selbst Tibeter, die ihr ganzes Leben auf über 3000 Meter Höhe verbrachten, von der Bergkrankheit nicht verschont werden, sobald sie in Höhenlagen gelangen, die um 2000 bis 3000 Meter höher liegen als ihre gewöhnlichen Aufenthaltsorte, ist eine seit langem bekannte Tatsache.

So kommt es, daß alle unsere an Bergkrankheit leidenden Männer zum großen Zauberlama laufen, um sich ihre Zukunft weissagen zu lassen. Denn auch im hohen Sikkim ist das Leben flach und schal, wenn es nicht in den Dienst eines Höheren gestellt wird. Nach östlichem Glauben nämlich hat es der Mensch in seiner eigenen Hand, die Zukunft zu gestalten und Kräfte zu entwickeln, die ihn von dem Dämonischen befreien und über sein eigenes Schicksal erheben. Es ist der kühne Versuch, die Grenzen der menschlichen Erkenntnis in kosmischer Verflechtung zu erweitern, Frucht vegetativen Denkens, das der Urheimat des Menschen entspringt.

Natürlich ist es das Gottsuchen nicht allein, das den großen Lama veranlaßt hat, seine Residenz während des kurzen Alpensommers nach Thangu in die hohen Berge zu verlegen. Den ganzen Tag lang ist er durch soziale Pflichten in Anspruch genommen. Da müssen böse Geister von Mensch und Tier ferngehalten, Horoskope gestellt und ständige Gottesdienste abgehalten werden. Und eines Morgens, da die aufgehende Sonne gerade den Talgrund erreicht hat, wird unter seiner Führung sogar eine Leiche zum Verbrennungsplatz getragen. Leider können wir den Vorgang nicht filmen, weil man angesichts des Todes den „bösen Blick" der Kamera fürchtet. Im Gegensatz zu Tibet, wo die irdischen Reste von Menschenhand zerstückelt und den Geiern zum schauerlichen Fraße vorgeworfen werden, schlägt man in Sikkim die sterblichen Hüllen in weiße Tücher, um sie im Beisein der Verwandten und Freunde den Göttern des Rauches und der Flammen zu übergeben. Nach den Verbrennungsfeierlichkeiten wird dem Tulku ein großes Festessen bereitet, damit er den Geist des Verstorbenen durch das Labyrinth des „Bardo" geleite, bis er nach einer Frist von 49 Tagen auf dieser Erde wiedergeboren werden kann. Während dieser Zeit müssen zahlreiche Offizien abgehalten werden, da die Verwandten befürchten, daß der Geist des Abgeschiedenen in seine Wohnung zurückkehre, um Unheil zu stiften, weshalb man ihm auch Nahrungsmittel zu seiner Versöhnung und Beschwichtigung auszulegen pflegt.

Mir ist der große Tulku eine Zeitlang böse, weil ich ihm gleich am ersten Tage, noch in Unkenntnis seiner Anwesenheit, einige Vögel vom Dach seines Klosters schoß. Aber nachdem ich seinem Konvent eine kleine Stiftung gemacht habe und unsere bergkranken Männer zu ihm kamen, um sich segnen und einen kleinen Fetzen bunter Seidentüchlein um den Hals hängen zu lassen, werden wir gute Freunde. Keiner von uns hat übrigens Gelegenheit, die magischen Fähigkeiten dieses sikkimesischen Zauberpriesters unter Augenschein zu nehmen. Aber man sagt ihm nach, daß er große Wunder wirke, das Wetter beeinflussen, die Dämonen in seinen Bann zwingen und „durch die Luft fliegen" könne. Bei letztgenannten Fähigkeiten handelt es sich möglicherweise um Hypnoseeffekte, die der Lama auf seine gläubigen Landsleute auszuüben imstande ist. Mir wird von Augenzeugen berichtet, daß der Lama bei dieser Übung in Buddhastellung tief und anhaltend einatme, die geblähte Form eines „Windgeistes" annehme, um sich mit einem einzigen Sprung in die Luft zu erheben, wo er sich mehrere Sekunden frei schwebend zu halten vermöge. Die Aufhebung der Schwerkraft spielt ja überhaupt in der tibetischen Mystik schon seit alters her eine bedeutende Rolle.

Viel Aufregendes und Sensationelles ist über den tibetischen Okkultismus geschrieben worden, und auch ich habe einige recht seltsame Dinge erlebt, die ich anderen Ortes berichtet habe. Sicherlich gibt es Welten, die durch die Vermittlung einzelner, tiefmedial veranlagter Menschen mit großer Mächtigkeit in unser Bezugssystem einbrechen, doch sollte man sich gerade in dieser Hinsicht vor den wirren, stets von sehnsuchsvollen Wünschen begleiteten Phantasien der Mystiker bewahren, denn die meisten „Offenbarungen" halten objektiver Kritik nicht stand. Schon deshalb ist es angezeigt, mit Interpretationen allgemeiner Art so lange zurückzuhalten, bis die einzelnen Erscheinungen sorgsam gewägt und geprüft wurden. Es schließt dies jedoch die Tatsache nicht aus, daß in Tibet seit alters her parapsychische Fähigkeiten von den Mitgliedern der tantrischen Geheimsekten geübt und gepflegt wurden. –

Unser Verhältnis zu den Thangu-Leuten wird von Tag zu Tag besser und inniger. Sie helfen uns, wo sie können, bieten uns Milch und Butter an, rauchen unsere Zigaretten und strahlen übers ganze Gesicht, wenn sie an unserem immer regen Lagerleben teilhaben können, das ihnen soviel Abwechslung bringt in das Einerlei des Pflanz- und Hütetages.

Einer der interessantesten Charaktere ist der Tschokidar, der Hüttenwirt des Rasthauses, ein Unikum sondergleichen, der seine täglichen religiösen Übungen zu einer abgefeimten Schauspielerei entwickelt hat und uns daher als Filmdarsteller unbezahlbar wird. Als ob sich die gesamte Dämonenwelt Tibets in seinem Antlitz widerspiegele, leiert er mit hervorragend geheuchelter Inbrunst den Rosenkranz, dreht die Gebetsmühle, murmelt die mystische Sechssilbenformel „Om mani padma hum" zu Ehren des Lotosgeborenen und opfert seinen Berggöttern täglich einige Juniperuszweige im frei stehenden Räucheröfchen, wobei er seine Blicke hingebungsvoll gen Himmel wendet und mit den Augendeckeln klappert. Wirklich ernst nimmt er es eigentlich nur mit seinen häuslichen Dämonen, die bekannntermaßen zu den verschiedenen Jahreszeiten verschiedene Räume bewohnen und deren Allgegenwart die verängstigten Gemüter der Eingeborenen ständig im Banne hält. Einmal, als ich vom täglichen Ornithologengang zurückkehrend die Unvorsichtigkeit begehe, meine Waffe gerade dort abzustellen, wo der Hausgott sein Quartier aufgeschlagen hat, gerät der gute Tschokidar in eine Art von wilder Raserei und läßt mir allen Ernstes erklären, daß er und seine Familie möglicherweise für ewiglich der grimmigen Wut der Rachegeister ausgesetzt seien, wenn nicht gleich etwas gegen die offensichtliche Blasphemie geschähe. So gebe ich Kaiser nur einen Wink und höre bald zu meiner Freude, daß nicht nur die Geister, sondern auch der Tschokidar das silberne Opfer liebend angenommen haben. So werden wir wieder Freunde, und der Tschokidar erzählt mir begeistert vom scheuen Hochlandwilde, den „Naas", die fernab der Karawanenstraße ihre heimlichen Fährten durch das wilde Bergland ziehen. Hoch über Thangu, wo selbst der einsame Hirte die blumenreichen Alpenmatten und schroffen Felsenhänge nur flüchtig durchstreift, beginnt es. Zwischen meilenweiter Rhododendronwildnis und der Grenze des ewigen Schnees dehnt es sich aus, das Reich jenes kostbaren Wildes, das Reich der blauen Schafe! Diese herrlichen Tiere von graublauer Farbe, die sich so meisterhaft im brauenden Monsunnebel zu tarnen verstehen und deren Klettergewandtheit ans Märchenhafte grenzt, sind nun mein nächstes Ziel. In großen Rudeln von zwanzig, dreißig, vierzig, ja bis hundert Individuen behauptet das königliche Wild, dessen stärkste Widder meist in kleineren Verbänden einsam stehen, die höchste Lebenszone ganz für sich. Nur der kühne Steinadler, der zuweilen die Kälbchen schlägt, der schlaue Rotwolf, der silberpelzige Schneeleopard – und der Mensch sind seine Feinde.

Nach den ersten Tagen und Rekognoszierung beschließe ich, den Blauschafen mit Kamera und Büchse zu Leibe zu rücken. Obgleich die grauen Wetterköpfe wieder in langen Schläuchen gen Norden ziehen, werden in tropfnassen Zelten die letzten Vorbereitungen getroffen. An einem sonnfunkelnden Junimorgen trete ich in aller Herrgottsfrühe vors Zelt, habe das Glas fest an die Augen gepreßt, lasse die über dem Lager sich erhebenden Bartflechtenwälder und Steilhänge des Rhododendrongürtels vorübergleiten und suche die hohen taufunkelnden Matten und schimmernden Grate langsam ab. Im Schatten eines ragenden Felsdomes mache ich fünf graue Gestalten aus, die langsam dahinziehen und dann als scharfe Silhouetten gegen den Himmel über einen hohen Kamm verschwinden. Kein Zweifel, es sind die ersten blauen Schafe! Heller Jubel geht durch das ganze Lager, und eine rasende Aufregung breitet sich wie ein Lauffeuer aus! Im Stehen schlingen wir noch rasch unser Frühstück, das den ganzen Tag vorhalten muß, hinunter, und dann geht es mit wenigen schwerbepackten Trägern in steilen Serpentinen die mit Geröllschotter und Felsblöcken übersäten glatten Hänge hinan. Rundum blüht und grünt es. In den tiefen Tälchen nistet überall noch dichtes Weidengebüsch, aber der feuchte Boden ist bedeckt mit rosarotleuchtenden Alpenknöterichen und duftigen Primeln, üppigen dunkelroten Läusekräutern, blauen Enzianen und goldsternigen Astern. Die Felsen- und Steinhalden sind mit dichtem, fest anliegendem Cotoneastergesträuch bedeckt, ab und zu begegnen wir den schimmernden, weithin sichtbaren Edelrhabarberstauden, deren meterhohe Blütenstände wie riesige Zuckerhüte durch die glasklare Luft leuchten. Es sind die „Königskerzen“ der himalajanischen Hochalpen. Manchmal finden wir wollige Saussurien, die immer häufiger werden, je mehr wir an Höhe gewinnen. Der Atem jagt, die Pulse fliegen, und nach einer Stunde haben wir den letzten Krummholzbewuchs schon tief unter uns zurückgelassen und sehen die wenigen Hütten und die Zelte wie winzige Spielzeugschachteln im Frühsonnenschein tief unter uns liegen. Als wir endlich den scharfen Nadelkamm erreicht haben, tut sich eine wilde Landschaft vor uns auf, mit einem Labyrinth unzähliger Schroffen und Schründe, die wir einsehen müssen, um nach den Tageseinständen unseres Wildes zu fahnden. Scheue Haldenhühner, himmelblaue Grandalas, rosenrote Felsengimpel, goldgehämmerte Lämmergeier und herrliche Steinadler beobachte ich. Ganz behutsam klettern wir voran, sitzen für Minuten, um das Gelände mit den Gläsern abzusuchen, schleichen gebückt, beobachten den dauernd küselnden Wind und blicken beunruhigt nach Süden, wo die Wolkenköpfe des Monsuns hinter den Bergkämmen schon wieder heranzuziehen beginnen. Nichts aber kann uns abhalten, höher zu steigen, um die wenigen sonnenklaren Stunden, die uns dieser Tag noch schenken mag, voll auszunutzen.

Bald beginnen sich die ersten hauchzarten Wolkengespinste zusammenzuziehen, um erst in leichten Schleiern, dann in wirren Tänzen an den Felsen emporzuklettern und sich schließlich in dichten, dunkelgrauen Schwaden um die höchsten, zerklüfteten Gipfelzacken zu legen.

Da mache ich wieder Blauschafe aus, die halb schräg über uns von hoher Felsenwarte auf ihr Reich schauen, sichern und anscheinend nicht recht wissen, was sie aus den kleinen Menschlein machen sollen, die mit unverwandt auf sie gerichteten Feldstechern bewegungslos am steinigen Hang liegen. Zeit bleibt nicht zu verlieren. Deshalb kriechen wir auf allen vieren in Deckung, bedauern, daß wir nicht schon vor Tagesgrauen aufgebrochen sind und schieben uns, die Schafe mehrfach überriedelnd, näher an sie heran. Leider aber bekommen die Tiere vorzeitig Wind, die Leitgeiß bricht pfeifend nach unten durch, und da erscheint das ganze Rudel von über zwanzig Schafen, die nun alle in rasender Flucht hinter dem Führertier herpreschen, um in gähnender Tiefe zu verschwinden. Aber was hilft es, wir müssen weiter!

Wenn der Jäger schon in hohem Maße von den Launen des Windes und des Wetters abhängig ist, so ist es der Filmoperateur noch viel mehr. Im Vergleich zum Weidmann muß sich der Kameramann mit einer an Fatalismus grenzenden Geduld wappnen und unzählige Fehlschläge in Kauf nehmen, bis es ihm endlich gelingt, sein Ziel zu erreichen. Weiter kommt die Ungewißheit hinzu, daß auch der beste Photograph bis zur endgültigen Entwicklung der Filmstreifen nie wissen kann, ob die Bilder auch wirklich gut gelungen sind. Dieser Umstand kann namentlich auf Expeditionen, wo man nur in den seltensten Fällen Gelegenheit hat, einmalige Aufnahmen zu wiederholen, zu einer wahren Nervenqual werden.

Der Jäger dagegen schießt sein Wild, hat es dann vor sich liegen, kann es der Sammlung einverleiben und genießt den Erfolg, aus dem er immer wieder neue Kraft und neuen Mut schöpfen kann, an Ort und Stelle.

Längst ist die 5000-Metergrenze erreicht und selbst mir schlägt das Herz pochend bis zum Halse hinauf. Gegen Mittag etwa gelingt es uns, im Schutze blakender Nebelschwaden an ein Blauschafrudel auf etwa zweihundert Meter heranzukommen. Wir liegen mit gerichteten Kameras vor den Tieren, sehen die Kälbchen sich jagen, tollen und spielen, beobachten einen schwarzbrüstigen Kapitalwidder, der mit seiner düsteren Umgebung ganz verschwimmend, in einer Felsnische abseits sitzt und wiederkäuend vor sich hindöst, nur um ab und zu das mächtige Haupt zu wenden, sich mit den Enden seines klobigen Gehörnes nach Insekten zu kratzen ... und minutenlang starren Blickes in die Tiefe zu sichern. Bei verhältnismäßig schlechtem Licht summt nun die Kamera und die ersten Aufnahmen werden gemacht. Dann schieben wir uns behutsam näher heran, gelangen in Deckung, durchklettern einen scharfen Kamin und drehen auf hundertfünfzig Meter nochmals einige Streifen, bis die Tiere gänzlich eingenebelt werden und wir uns in völliger Ermattung in einer trockenen Felsenhöhle niederlegen, um zu schlafen. Nach Stunden, als die Wolken endlich wieder zu steigen beginnen und sich die grandiose Landschaft abermals in ihrer ganzen wilden Romantik vor uns auftut, steht das Rudel schon so hoch, daß wir ihm nicht mehr direkt folgen können, zumal Schwindelgefühl und rasender Kopfschmerz meinen Kameraden vorerst an den Platz bannen. Doch Energie und Zielbewußtheit setzen sich durch. Mögen die scheuen wilden Schafe auch ihre Sicherungen ausgestellt haben, mögen die Nebelschwaden auch noch so dicht wogen und wallen, es geht im weiten Bogen umschlagend über einen jähen Absatz ins nächste labyrinthisch zerrissene Talsystem hinüber, wo wir das ahnungslose Wild hoch über uns zugleich wieder ausmachen. Zu unserem Leidwesen jedoch erhebt sich vor und über uns eine gewaltige Wand. So verbringen wir die Nachmittagsstunden zwischen Felsen eingekeilt an der Nebellinie, hoffend, daß die Schafe gegen Abend auf Äsungssuche wieder tief hinabziehen. Aber auch hierin werden wir bitter enttäuscht. Die Tiere, ab und zu zwischen ziehenden Nebelfetzen sichtbar, haben sich nur noch dichter zusammengezogen und liegen nun fast alle ruhig wiederkäuend auf dem hohen Gratfelsen. Hin und wieder nur erhebt sich ein um sein Kälbchen ängstlich besorgtes Muttertier, um mit dem lustig springenden Kitzlein ein paar Lauf-

und Kletterübungen zu machen, es zu säugen und sich wieder in ruhiger Behaglichkeit niederzutun.

Als die wässerige Sonne sich schon den westlichen Firngipfeln zuzuneigen beginnt und die Gletscher wie von innen beleuchtet erstrahlen, müssen wir in schlecht verhehltem Ingrimm an den Abstieg denken. Nach kurzer Orientierung klettern wir steil nach unten, durchbrechen eine dichte Wolkenwand und erleben eine wunderbare Symphonie der Farben, als wir uns durch die höchsten Knieholzdickungen der rosa-, purpurn- und weißblühenden Alpenrosen hindurchschlagen. Hunger peinigt uns, mehrfach brechen wir zwischen Felsspalten zusammen, frieren und schwitzen zur gleichen Minute, leiden unter Schwindelgefühlen und gelangen schließlich an den beinahe senkrechten Abbruch einer unüberwindlich erscheinenden Steilschlucht. Nun schleicht die fahle nebelfeuchte Dämmerung mit Macht aus den blassen Schründen herauf, während die weißen glatten Mauern der Gipfelriesen aufflammen in letzter rotgoldener Abschiedsglut. Dumpfer Nebelglanz umschließt trügerisch alle Formen, zaubert seltsamste Gestalten hervor, schärft unsere müden, schmerzenden Augen und weckt uns zu höchster Alarmbereitschaft. Kein Laut ringsum, nur tief von unten her der gedämpfte Donnerschall des gischtenden Wassers. Während wir noch unschlüssig stehen und mit vorgehaltenen Köpfen, die Hände an die Ohren gelegt, in die Tiefe lauschen, um einen möglichst gefahrlosen Einstieg zu erkunden, wirft der Himmel ein wundersames bernsteinfarbenes Licht über die rasch verblassende Landschaft. Die Felsen rundum nehmen pastellfarbene Tönungen an, der Schnee ist lichtblau und die Gletscher, mystisch tief aus ihrem Inneren glühend, schillern in dumpfen violetten Tönen, wie ich sie nie vorher sah. Starr und feierlich liegt die Urwelt des hohen Himalaja im allerletzten Abendschein. Ein tiefes Empfinden von Ohnmacht und Erschöpfung überkommt mich.

Längeres Zaudern würde die Gefahr eines Fehltrittes in glatter Wand und des Absturzes nur noch vermehren. Unter uns zwischen steilen Zacken tut sich eine glatte Rinne auf. Behutsam tastend geht es über schmale, brüchige Kanten hinein. Es folgt ein Schweben über dunklen Tiefen, ein Hangeln und Gleiten und Händezureichen. Fuß greift vor Fuß, Griff folgt auf Griff, bis wir mit einem letzten Absprung den Schluchtboden erreichen und das Silberband unter uns sichtbar wird. Die anderen sind stumm gefolgt. Dort unten irgendwo im tiefgefurchten Tal liegt unser friedliches Lager. Nochmals folgen schmale Grate über tiefem Abgrund und es scheint nun, als würden wir der Geborgenheit des Lagers nur noch weiter entrückt. Immer qualvoller wird die Musik des unsichtbar tosenden Flusses. Wie ruhelose Seelen flattern Schwärme von Schneefinken vor uns auf, um wieder im Dunkel zu verschwinden. Die Einzeltiere sind kaum mehr zu sehen, aber ihre Rufe klingen wie Klageschreie durch die Wildnis des immer abgründiger werdenden Geländes. Enger, bedrückender wird das Tal, und die Finsternis nimmt rasend zu. Wir sind in Schweiß gebadet. Hoch über den felsigen Mauern schimmert der erste Stern. Die Hand eines meiner Eingeborenen streckt sich nach mir aus, ich muß ihm Halt geben. Kopfschmerz, Schwindel. Dann schlage ich ihm auf die Schulter, und schon springen wir weiter nach unten in die gespenstische Finsternis. Hart, glatt und schlüpfrig dehnen sich die Trümmerhalden, bis wir den knorrigen, wildverschrobenen Alpenrosenwald erreicht haben und weder ein noch aus wissen. Vier bis sechs Meter hoch schlagen die wirren schlangengewundenen Rhododendronbäume über unseren Köpfen zusammen. Da uns nun keinerlei Orientierungsmöglichkeit mehr bleibt, klettere ich in die sparrige Krone eines Rhododendronbaumes und gebe vorsichtshalber einige Alarmschüsse in die mutmaßliche Richtung des Lagers ab. Dann schlagen wir uns weiter in Richtung auf das dröhnende Wasser durch, und schließlich springe ich mit letzter Entschlossenheit ins Flußbett hinunter, nur um festzustellen, daß das Furten des wildreißenden Bergflusses unmöglich ist. Trotzdem setze ich mehrmals zu verzweifelten Versuchen an, aber die Beine drohen mir unter dem Körper fortgerissen zu werden, und ich habe Mühe, die überhängenden Weiden- und Rhododendronzweige wieder zu erreichen und mich keuchend an Land zu ziehen. So bleibt keine andere Wahl, als zwischen Fluß und Berg die felsübersäte Rhododendronwildnis in der mutmaßlichen Richtung des Lagers zu durchbrechen. Also geht es wieder hinein in den lederblättrigen Wald der hölzernen Schlangenleiber und in stundenlanger Arbeit gelingt es. Todmüde, mit völlig durchnäßten und zerfetzten Kleidern kehren wir von dieser ersten, den blauen Schafen gewidmeten Inspektionstour ins nächtlich erglühende Lager zurück.

Aber schon am folgenden Tage ziehen wir mit einer kleinen, gut ausgerüsteten Maultierkarawane durch Dunst und Nebel erneut nach oben, dem flutenden Licht und den leuchtenden Firngipfeln entgegen. Wir durchschreiten die blütenübersäten Alpenmatten, gelangen über sonnige Hänge in die Stufe der Polsterpflanzen und überqueren fast vegetationslose Schutthalden mitten im Blauschafgebiet. Während der ersten Tage, die wir hier oben in urwelthafter Abgeschlossenheit verbringen, bekommen wir nicht viel von

Blauschaflager

Rhododendronwildnis

den Bergen zu sehen. Wir sammeln, so gut es geht, Kleintiere, Vögel und Pflanzen, tragen unsere Tagebücher nach, sitzen, unsere Pfeifen rauchend, mit mißmutigen Gesichtern um das qualmende Feuer, stellen Betrachtungen über die Biologie unseres Wildes an und stecken hoffnungslos im Nebel. Ein Meer von Wolken umgibt uns. Den Maßstab für Zeit und Arbeit haben wir längst verloren, sind nur zu dem einen entschlossen, zu bleiben. Unsere Schlafsäcke sind feucht, in unseren Haaren hängen die Nebeltropfen, Wasser läuft an den Zeltwänden herunter, die Waffen rosten, die Objektive sind beschlagen, es ist zum Verzweifeln.

Und die Götter des Himalajas ziehen ihre Wolkendecken immer noch dichter um ihre kalten Schultern, die sie uns nun schon seit so langen Tagen in immer gleichbleibender Düsterkeit zeigten. Doch als wenige Tage darauf der gewaltige Kangchenchho sein schneeweißes Haupt für Sekunden aus den Wolkenmassen erhebt, stehen wir gebannt vor dieser Größe. Wie zum Hohne scheint uns der unnahbare Eisgigant seine funkelnden Gletscherzungen entgegenzustrecken. Aber schon ist der Spuk wieder zu Ende. Jagende, heulende Windsbräute und tanzende Nebelhexen haben den königlichen Wachtberg der tibetischen Hochsteppe wieder eingehüllt.

Die Fülle der biologischen Kleinarbeit, das Sammeln seltener Hymenopteren und das Betrachten der Blumen, die auch im Nebel blühen und ihre zarten Blütenkelche entfalten, versöhnen uns reichlich. Einmal finden wir auf einer kahlen, nackten Schutthalde, wo kaum ein Gräslein gedeiht, die kleine Staude eines blaublühenden Alpenmohnes. Aus dichtbehaarter Blattrosette erheben sich acht silberfilzige Blütenstengel mit wunderbar schönen Glocken, an deren kleinen Härchen überall die Nebelperlen hängen. Dieses Kleinod einer Hochalpenpflanze, die hier in unmittelbarer Nähe der Vegetationsgrenze ihre makellose Schönheit entfaltet, gibt uns neue Zuversicht, daß die Sonne nun doch bald die Herrschaft wieder erringen wird. Zwei Tage vergehen noch mit trübem und undurchsichtigem Wetter, dann prasselt ein wolkenbruchartiger Regen aufs Zeltdach nieder, daß die Tropfen nur so klirren und trommeln und überall im Zeltinnern Pfützen entstehen. Rasend treiben die Wolken von Süd nach Nord, aber die Luft wird freier und kühler, und als ich kurz vor Dämmerungsbeginn, in meinen Regenmantel gehüllt, nochmals vors Zelt schaue, tritt Windstille ein, und ich habe das unbestimmte Gefühl, daß ein großer Wechsel bevorsteht. Dann erklingt silberhell die Stimme des Felsengimpels. Lange lausche ich dem bescheidenen Abendgesang des einsamen Vögelchens. Am Abend sitzen wir voll froher Hoffnung ums

Lagerfeuer und saugen den würzigen Duft des glimmenden Alpenrosenholzes ein, das unsere braven Tiere in schwierigem Aufstieg nach oben brachten. Der Alpdruck, der so lange auf uns lastete, ist gewichen. Wie mit einem Schlage sind die Nebel zerfetzt und alle trüben Schleier vor unseren Augen gelüftet. Alle saumseligen Stunden und trübseligen Tage, da wir zu Nebelträumen und Wolkendenken verbannt waren, sind vergessen. Tief unter uns tun sich Täler und Schründe auf und aus dem brodelnden, quellenden Nichts ist wieder eine heroische Landschaft geworden. Bis tief in die Nacht hinein liegen wir noch draußen, lauschen, schmieden Pläne und sehnen den neuen Tag herbei.

Noch stehen die letzten Sterne am dunklen Himmel, da sind wir schon auf, würgen in fieberhafter Eile unseren Reisbrei hinunter, packen unsere Geräte zusammen und treten hinaus. Tief im Tale blickt uns klar und leuchtend das Silberband des Flusses entgegen. Vom ersten Grat, den wir erreichen, erkennen wir deutlich, wie er silberhell sprudelnd aus dem Gletscherinneren entspringt, um dann in unzähligen Windungen durch versumpfte Hochebenen zu fließen, bis er kurz vor Thangu in wilden Kaskaden zu Tal fällt. Immer deutlicher werden die gigantischen Berge rundum sichtbar, und plötzlich erstrahlen ihre höchsten Zinnen im matten Gold der aufgehenden Sonne.

Schon im Aufstieg erspähen wir hoch über uns das erste Rudel der blauen Schafe. Es zieht über den Grat und wechselt ins nächste Hochtal hinüber. Vorsichtig pürschen wir nach, aber das Licht reicht zum Filmen nicht aus. So beobachten wir, wie die Jungtiere ihre Kapriolen und Luftsprünge machen und wie das ganze Rudel hinabsteigt zum Fluß, um Wasser zu schöpfen. Kurz darauf entdecke ich auf etwa 500 bis 600 Meter Entfernung sechs starke Schafe, die sich gleich darauf allesamt als kapitale Widder entpuppen. In guter Deckung pürschen wir an, erreichen einen scharfen Absatz, wo wir Stand beziehen, während einer unserer Scherpas das Wild im weiten Bogen übersteigt und es uns zudrücken soll. So haben wir Zeit, diese mächtigen Widder mit ihren tiefschwarzen Brüsten, den schwarzweißen Läufen und den kolossalen weitgeschwungenen Gehörnen in Muße zu beobachten und uns an der Schönheit dieses urwüchsigen Bergwildes zu weiden. Diese Prachtwidder, die unsere Aufmerksamkeit noch viele Tage in Anspruch nehmen und auf die kein Schuß fallen soll, bevor der Film gedreht ist, scheinen die eigentlichen Beherrscher des ganzen Talsystems zu sein. Ruhig äsend ziehen sie über die Hänge, ab und zu packt sie der Übermut, und dann jagen sie sich, spielen über die

Felshalden, kämpfen und vertragen sich wieder. Plötzlich erscheinen aus einer tiefen Runse auftauchend zwei weibliche Tiere, sichern scharf auf die Widder, scheinäsen und rücken immer näher und näher an die Gebieter heran, ohne vorerst überhaupt beachtet zu werden. Schließlich aber werden die beiden Geißen von den Widdern der Reihe nach beschnuppert und der Gesellschaft für würdig befunden. Die Widder hören auf zu äsen, scharren sich mit ihren Vorderschalen kleine Mulden in den Steilhang, tun sich behäbig nieder und überlassen den Geißen die Wache. Nach Stunden endlich, als die Sonne schon hoch ins Firmament gestiegen ist, erscheint unser Jäger über dem Rudel, gleitet raubtierhaft hinab und leistet vorzügliche Arbeit, indem er uns die Tiere bis auf zweihundert Meter an die Kamera herantreibt.

Noch viele Pürschen folgen. Öfter, als uns lieb ist, werden die Tiere vergrämt. Dann dauert es manchmal Tage, bis wir ihre neuen Einstände ausfindig gemacht haben. Oft noch müssen wir das Lager wechseln, und noch manch schwierige Kammpürsch muß folgen, bis wir endlich die erwünschten Filmaufnahmen gedreht haben, die Weidlust obsiegt und wir mit gutem Gewissen nun auch zur Büchse greifen können, um unsere Sammlungen zu füllen und den Heißhunger unserer Mannschaften nach würzigem Blauschafwildbret zu stillen. An einem der nächsten Morgen ziehen wir wieder einmal hoch in die Berge. Erst geht's zu Pferd und Maultier über den Fluß hoch und immer höher in das steinige und vegetationslose Hochgelände. Wieder ist es es ein strahlend schöner Tag mit schimmernder Bläue, leuchtenden Schneefirnen, blühenden Polstergewächsen, balzenden Schneetauben und sich in den Lüften wiegenden Steinadlern und Lämmergeiern. Lange pürschen wir wieder vergeblich. Gegen Mittag tut sich vor uns ein unendlich klarer, smaragdgrüner Gletschersee auf, an dessen windstillen Ufern wir in praller, heißer Sonne liegen und träumen, bis es uns wieder weiter zieht, noch höher in jene schon beinahe lebensfeindlich anmutenden Regionen hinauf, wo die starken Blauschafwidder über den Sommer ihre Einstände zu nehmen pflegen. Wieder vergehen Stunden einsamer Höhenwanderung von Hochtal zu Hochtal, aber wir finden nur alte Fährten, ohne eines Blauschafes ansichtig zu werden. Es scheint alles verhext zu sein. Da sammeln wir uns, verzehren jeder eine Kleinigkeit, rauchen eine Zigarette und dann, als die Sonne schon mählich zu sinken beginnt, geht es paßwärts weiter in wilder Hatz. Nun hat mich der Ehrgeiz gepackt; die anderen weit zurücklassend, komme ich schweißgebadet auf einem hohen Kamm an, sinke, nach Atem ringend, zusammen und suche das vor mir liegende todeinsame, schneeumrahmte Hochtal mit dem Glase ab. Endlich! Ich möchte aufjubeln! In kilometerweiter Entfernung erkenne ich in einem wüsten Gletscherkar ein starkes Rudel unseres Wildes. Acht starke, ja kapitale Widder sind darunter, und so pürschen wir im fast deckungslosen Gelände, wie die Raubkatzen schleichend und zwischen Geröllblöcken entlang kriechend, bis auf 300 Meter an. Aber noch ist uns die Entfernung zu weit und so robbt immer einer nach vorn, während die anderen mit den Gläsern beobachten, ob das Wild auch keinen Verdacht schöpft. Da jagen uns Nebelfetzen entgegen, und als wir uns zum Schusse richten, muß mein Kamerad zu seinem Entsetzen feststellen, daß sein Zielfernrohr innen mit dicken Wassertropfen beschlagen ist. Platt auf dem Boden liegend, schraubt er kurz entschlossen das Glas auseinander, reinigt die Linsen und setzt sie wieder sachgemäß zusammen, während wir anderen wahre Folterqualen erdulden, da das Wild unruhig zu werden beginnt und ich mit dem ersten Schuß doch warten möchte, bis auch die zweite Büchse aktionsbereit ist. Endlich ist es so weit. Ich suche mir den stärksten Widder, gehe ins Ziel, schieße und sehe das urhafte Wild im Feuer zusammenbrechen. In wilder, unbändiger Flucht jagt das Rudel nun dem Grat entgegen. Es gelingt mir, zwei weitere starke Widder, zwei bis drei Meter vorhaltend, in voller Flucht herauszurepetieren, während mein Kamerad einen weiteren mächtigen Widder mit abgezirkeltem Blattschuß auf die Decke legt. Vier kapitale Blauschafwidder, jeder etwa hundervierzig Pfund schwer, liegen auf der Strecke. Im Freudentaumel halten wir lange Rast. Dann bedecken wir dic erlegten Stücke mit unseren Kleidern, um sie gegen Rotwölfe und Geier zu schützen. Halbnackt treten wir den Rückmarsch an, werden unterwegs von Schneeschauern und Hagel überrascht. Zum Abschluß aber gelingt es noch, ein starkes Murmeltier für die Sammlung zu erbeuten. Naß, steif und völlig durchfroren kriechen wir bald nach Erreichen des Lagers in unsere Schlafsäcke, um am nächsten Morgen frühzeitig aufzubrechen und das kostbare Wild zu bergen.

Monate später, da der Winter seinen Einzug in die Hochregion des sikkimesischen Himalajas schon gehalten hat, arbeiten wir im hohen Zemutal zu Füßen des himmelragenden Kangchendzönga. Lange hatten wir gezögert, dieses Tal, das schon so oft von Bergsteigerexpeditionen aufgesucht worden war, zu besuchen. Meine chronische Abneigung aber, in Gebieten zu reisen, die durch frühere Expeditionen schon bekannt sind, wird schließlich durch den Wunsch meiner bergbegeisterten Kameraden überwunden, und ich muß bekennen, daß die Wochen, die wir bei grimmer Kälte hoch oben im Zemutale verlebten, nicht nur biologisch und landschaftlich, sondern auch jagdlich zu meinen schönsten Expeditionserinnerungen zählen. Mit vierzig bis fünfzig männlichen und weiblichen Kulis sind wir über Tsagtang, Yabuk bis zu „Bauers Lager", dem sogenannten „Base Camp" gezogen. Die vielen Konservenbüchsen und sonstigen gastronomischen Requisiten der Zivilisation, die unsere Bergsteigerkameraden vor Jahren hier liegen ließen, stimmen uns wehmütig; denn wir selbst leben ja fast ganz vom Lande und können es uns auf unserer langfristigen Unternehmung einfach nicht leisten, europäische Verpflegung mitzuführen, wie dies bei den kurzen, auf Höchstleistung eingestellten Bergsteigerunternehmungen üblich ist. Wir müssen eine Dauerleistung vollbringen und können uns daher nicht mit kulinarischen Annehmlichkeiten der europäischen Zivilisation belasten. Wenn wir kein Fleisch mehr haben, müssen eben unsere Büchsen sprechen, und so geschieht es auch hier oben im Zemu, wo wir tagelang einschneien, bis die Mannschaften zu meutern und die Zelte zu brechen beginnen.

Mein Tagebuch erzählt: Ende Oktober. Achtundvierzig Stunden hat es nun schon geschneit und wir müssen befürchten, daß die Kulis, die wir nach Lachen hinunterschickten, um neuen Proviant heranzuschleppen, von niedergehenden Lawinen verschüttet wurden. Die Stimmung, die im Lager herrscht, ist dazu angetan, uns glauben zu machen, daß wir nun restlos am Ende seien. Lager abbrechen und durch den meterhohen Schnee talwärts durchstoßen, also schlappmachen sozusagen, scheint das einzige zu sein, was uns noch retten kann, wenn wir überhaupt noch in der Lage sind, den Durchstoß zu bewerkstelligen. Während es noch immer treibt und der Schnee von Süden her waagerecht vorüberjagt, um die dünnen Zeltwände in eisigem Anprall erschüttern zu lassen, stehen unsere Eingeborenen wahre Angstträume aus und behaupten, daß es noch weitere zwölf Tage schneien würde. Ein Ende ist nicht abzusehen und die Lage beginnt kritisch zu werden. Wenn der Humor nicht wäre, könnte man verzweifeln. Endlich nach sechsundfünfzigstündigem, ununterbrochenem Schneefall strahlt der Himmel wieder in tiefstem Blau. Die Bergwelt ist so makellos rein und blendend hell, und die Felswände sind so dunkelschwarz, daß wir Stunden brauchen, um unsere Augen an diese überwältigenden Kontraste zu gewöhnen. So erscheinen mir die beiden mächtigen Steinadler, die ihre majestätischen Kreise im blauen Äther über dem Lager ziehen, hell leuchtend, ja blendend weiß und nur dort, wo sich in den Schwingen und am Stoß die hellen Abzeichen befinden, sehen meine völlig geblendeten Augen dunkle Abzeichen und Flecke. Dieser Anblick ist geradezu wunderbar. Er gehört zu den unerhörtesten Phänomenen, die ich je in freier Natur gesehen habe. Erst als ein stolzer Lämmergeier, nachdem er in die Sonne hinaussegelte, ebenfalls schneeigweiß zu leuchten beginnt, so daß seine Schwingen wie feingefügte Transparente erscheinen, wird mir klar, daß es nur die unerhörte Helle ist, die meine Augen düpiert hat.

Hochauf ragt die kristallklar erscheinende Gipfelpyramide des Siniolchu, des „schönsten Berges der Erde", wie ihn die Bergsteiger nennen, und daran schließt sich in majestätischem Halbkreis die ganze, zum Kangchendzönga gehörende Gipfelkette mit Simwu, Kantsch, Tent und Nepalpeak in unerhörter Pracht. Während unsere Zelte ausgegraben werden und unsere Mannschaften aus den nahen Rhododendrondickungen neues Brennholz heranschleppen, schmieden wir schon wieder Pläne und schicken bald eine Spurmannschaft zum Green Lake hinauf, um das Lager leichter verlegen zu können. Bei einigen stellt sich vorübergehende Schneeblindheit ein, aber bald schon jagen hauchfeine dunstige Wolkenschwaden an den Berggiganten empor, so daß die Sonne leicht verdunkelt wird und Bilder von unbeschreiblicher Schönheit vor unseren Augen abrollen. Der Kantsch selbst scheint in seiner eisigen Pracht zu brodeln und zu kochen. Senkrecht steigen an seinen glasigen Eiswänden die hauchdünnen Dampfmassen empor, sammeln sich an seinem 8650 Meter hohen Gipfel, der wie ein qualmender Vulkan wirkt und ziehen in den azurblauen Himmel hinein. Vor uns liegt das Ungetüm des Zemugletschers, der sich wie ein Urweltdrache in schlangengleicher Windung aus den Bergen wälzt. Wir erklimmen die Seitenmoränen, lassen kleine Lawinen unter unseren Füßen in die Tiefe poltern und sehen staunend, wie sich die Massen des Schnees unter dem mächtigen Einfluß der Sonne verflüchtigen. Gegen Mittag dann wogt und wallt ein unendliches Wolkenmeer aus dem niederen Sikkim herauf, bläst zemuaufwärts, nebelt erst den Siniolchu und dann, in wirbelnden Kämpfen zwischen Licht und Wolken, auch die übrigen Gipfelriesen ein. Wir selbst liegen noch immer im blendenden Sonnenschein. Da fliegt, wie eine letzte Erinnerung aus längst vergangenem Alpensommer, ein Schmetterling an mir vorüber, ein kleiner Fuchs, um auf einem unserer Zeltpfähle zu rasten. Auch diese Beobachtung scheint mir wertvoll, denn trotz der hohen, weit über dem Gefrierpunkt liegenden Strahlungstemperatur stellt der Meteorologe mit Hilfe seines Schleuderbarometers sofort fest, daß die Lufttemperatur minus vier Grad beträgt. Am Abend kommt die Spurmannschaft wieder gesund und frisch herein und am nächsten Morgen beschließen wir, das Lager noch weiter bergwärts zu verlegen, um den Green Lake und seine Umgebung biologisch zu erforschen.

In bittterer Kälte stapfen wir, einer hinter dem anderen, voran; leise rauscht der Gletscherbach unter seiner Eisdecke dahin, rundum glitzern die Schneekristalle, und wieder wird's ein berauschend schöner Tag mit blauem Gletscherglanz und leuchtender Bergwelt. Ich glaube kaum, daß es auf Erden etwas Gewaltigeres geben kann als dieses obere Zemutal im Winter. Märchenhafter Glanz und überirdische Stille rundum. Die Welt scheint hier verriegelt. Im Süden wogt tief unter uns das gewellte Meer der Wolken, und rundum stoßen die Himmelsberge ihre scharfen Zacken ins blaue Firmament. Ein unendlicher Frieden, eine so ausgeglichene Harmonie umgibt uns wie ein Abglanz des Göttlichen. Während die Sonne hoch kommt und schon bald so stark zu brennen beginnt, daß die Augen selbst unter der starken Schneebrille schmerzen, sitze ich einsam, still und versunken und kann die Augen nicht von den starren Riesenformen wenden. Ganz weit dahinten stapft die Mannschaft empor, sonst regt sich kein lebendes Wesen weit und breit. Während des ganzen Tages beobachte ich nur einen Zaunkönig, den der Schnee und die Kälte noch nicht zu vertreiben vermochten, und einen Steinadler. Beide Vögel sind Könige hier droben, einer der größten und einer der kleinsten. Wie am Vortage beginnen die Wolkenschleier an den unnahbaren Eisdomen des Kantsch emporzuwallen. Wieder ist's ein Wogen und Schlingen, ein Jagen und Hetzen, daß man sich nicht satt sehen kann am Ungestüm des Elements. Ich stehe hoch am Hang, trete ein Schneebrett los und sehe zu, wie es unheimlich schweigend in die Tiefe saust, sich überrollt und liegenbleibt. Drüben aber, auf der anderen Talseite, wo sich die Riesenberge reihen, sausen die Staublawinen in die Tiefe, daß tosender Donner an mein Ohr dringt und man glaubt, die Bergwelt müsse im Chaos versinken; und doch ist es nicht mehr als ein leichtes, leises Schütteln dieser Eisgiganten, die in erhabener Majestät über der armseligen Welt der Menschen stehen.

Weiter geht es durch die tief verschneite Landschaft über die Green-Lake-Ebene hinweg bis zu den Ufern des kleinen, halbvertrockneten Sees. Hier oben soll der „Schneemensch" hausen, der „Migü", ein Fabelwesen, über das man sich die blutrünstigsten Geschichten erzählt. Vielerlei Gestalt soll es annehmen, manchmal riesenhaft, manchmal zwergenähnlich erscheinen und alle Menschen, die ihm begegnen, vernichten. Auch in der angelsächsischen Tagespresse tauchten, von abenteuerlichen Bergsteigern ausgestreut, immer wieder die seltsamsten Gerüchte über die geheimnisvollen Fährten des Migü oder des tibetischen Schneemenschen auf. Erst vor wenigen Wochen erhielten wir mit der letzten Postsendung einen Zeitungsausschnitt folgenden Inhalts: „In den Hochebenen Tibets und an den Hängen des Himalaja hält sich seit Jahrhunderten schon das Gerücht, daß in abgelegenen und nie von Menschen besuchten Gegenden Innerasiens noch eine unbekannte riesige Menschenrasse lebt. Die Eingeborenen haben eine unendliche Scheu, über diese Riesen Näheres zu erzählen. Sie behaupten nur, daß noch nie jemand lebend von einer Begegnung mit den Riesen zurückgekehrt sei, und wenn sie in weißer Begleitung auf Spuren treffen, die von diesen Riesenwesen stammen sollen, machen sie sofort kehrt. Wieder erreicht uns die Nachricht, daß die Spuren eines dieser Riesenwesen gesichtet worden seien. Die Eingeborenen haben in Panik das Dorf verlassen. Die einzelnen Fußabdrücke des Fabelwesens sind so weit voneinander entfernt, daß sie nicht von einem Menschen stammen können. Die enorme Größe der Abdrücke erklärt sich aber wahrscheinlich daher, daß sie im Morgengrauen bei aufsteigender Sonne und im weichen Schnee hervorgerufen werden, und daß die über Mittag einsetzende Schneeschmelze ihren Umfang stark vergrößert. Bei einsetzendem Nachtfrost erstarren die Fußspuren dann in der späteren Form und gewinnen so das Aussehen, als wenn sie von riesenhaften menschlichen Wesen herrührten." Soweit die Zeitungsmeldung. Nach meiner eigenen Erfahrung wurden die abergläubischen Vorstellungen der Eingeborenen von dem rätselhaften Wesen, das nächtlicherweile die Siedlungen heimsuchen und verwüsten soll, von sensationslüsternen Abenteurern noch weiterhin aufgebauscht, so daß in der Tat die widersprechendsten und phantastischsten Berichte über den geheimnisvollen, menschenfressenden Schneemenschen zustande gekommen sind. Die Spurenbilder des Migü, die vor einiger Zeit in der „London Illustrated News" und in der Wochenausgabe der „Times" veröffentlicht wurden, lassen meiner Ansicht nach keinen Zweifel darüber aufkommen, daß der Urheber der seltsamen Schneefährten kein anderer ist als der im Himalaja und im hochtibetischen Steppenlande weit verbreitete Tibetbär. Auf früheren Reisen konnte ich in Osttibet feststellen, daß der außerordentlich langhaarige tibetische Braunbär auch dort von einem Kranz von Märchen und Fabeln umdichtet ist, die sich bis auf geringe Einzelheiten mit den abenteuerlichen Berichten der englischen Bergsteiger decken. Der Aberglaube hatte in Osttibet sogar so weite Kreise gezogen, daß mich der damalige Gouverneur von Szetschwan, General Liu Hsiang, gelegentlich einer Audienz darum bat, ihm doch ein Pärchen dieser wilden langhaarigen Menschen für seinen zoologischen Garten mitzubringen.

Da unsere Eingeborenen während des katastrophalen Schneefalls der letzten Tage nur allzu oft vom bösen Schneemenschen gesprochen hatten, entschließe ich mich zu einem Spaß, lasse meinen Jäger zurück und bilde mit dem Bergstecken im Uferschlick des Green Lake die gewaltigen Fährten des Migü nach, indem ich von Stein zu Stein springe, so daß mein eigenes Spurenbild nicht sichtbar wird. Die Aufregung ist denn auch gewaltig. Aber schließlich wird der kleine Betrug doch gemerkt, und wir haben noch lange herzlich über den bösen Migü vom Green Lake gelacht.

Herrliche Tage verbringen wir hier oben im strahlenden Wintersonnenschein. Als unser Proviant schon wieder zur Neige zu gehen droht, entdecke ich eines Morgens hoch in verschneiter Bergwelt ein Rudel Blauschafe mit einem ganz kapitalen Widder. Wie der leibhaftige Berggeist selbst mit tiefschwarzer Brust und weitgeschwungenem Gehörn steht der alte Pascha unter seinen Schafen und sichert unverwandt auf uns herab. So lasse ich alle anderen zurück und beginne ihn im weiten Bogen bergwärts zu umschlagen. Ich kämpfe mich durch meterhohen Schnee hindurch, so daß mir das Wasser unter dem weißen Anorak nur so herunterläuft und versuche, das scheue Bergwild mit hämmernden Schläfen zu übersteigen. Zwergenhafte, mit dicken Schneehauben bedeckte Juniperusbüsche, an deren Beeren sich große Schwärme von Alpendohlen, Schneetauben und himmelblaue Grandalas gütlich tun, erleichtern mir das Klettern. Auf einem Felsenabsatz angelangt, finde ich die noch frische Spur eines starken Rotfuchses, dessen mächtige Lunte einen breiten Streifen im Schnee hinterlassen hat. Sonst aber ist alles wie ausgestorben, je höher ich steige. Nur die schimmernden Eiswände der Bergriesen und der gewaltige Gletscher unter mir beherrschen die Landschaft. Manchmal drohe ich schneeblind und schwindelig zu werden. Dann lege ich mich lang in den Schnee, hole minutenlang tief Atem, sehe die lichtumfluteten Wolken um mich hinziehen, sammle neue Kraft, und klettere weiter, bis ich das ganze Blauschafrudel auf etwa 500 bis 600 Meter Entfernung in gleicher Höhe vor mir habe. Nun geht es Schritt für Schritt durch wilde Schroffen an übersteilen Hängen vorüber, und ich muß meine ganze Aufmerksamkeit darauf verwenden, keine Lawine zum Abgleiten zu bringen. Die Pulse fliegen, als ich schließlich am letzten, entscheidenden Kamme emporklimme und, darüber hinwegschauend, den kapitalen Widder auf gute Schußentfernung vor mir habe. Noch einige Male atme ich tief ein und aus, suche mir eine Auflage, halte die Luft an, nehme Ziel und sehe den Bock im Schuß kopfüber die Felsen hinunterschlagen und schneller, immer schneller abwärts rollen, bis er zweihundert Meter tiefer ganz in der Nähe des Green-Lake-Ufers liegen bleibt.

Bald müssen wir an den Rückzug denken, die schönen Tage des blendenden Sonnenscheins in heroischer Alpenlandschaft sind wieder vorbei, leise, ganz leise rieselt der Schnee, und die lustigen Lieder der Mannschaft klingen an unser Ohr, als wir den Rückmarsch besprechen. Trotz seelischer und physischer Beanspruchung, die unsere Träger während der letzten Wochen zu erdulden hatten, sind sie leistungsfähiger denn je. So folgt am nächsten Tage ein Gewaltmarsch, dessen Schwierigkeiten wir vorher weder übersehen, noch in irgendeiner Weise abschätzen konnten. Meterhoher Schnee liegt noch immer, als wir dem Zemugletscher ein letztes Lebewohl zurufen, und dann wühlen wir uns zwischen Steinschlag und Lawinen der Baumgrenze entgegen, wo gegen Mittag eine kurze Rast eingelegt wird. Für die gleiche Strecke, die wir beim Aufstieg in drei Stunden bewältigt hatten, benötigen wir deren sechs, obwohl der Geophysiker mit seinem Meßtrupp schon vorgespurt hat. Dann tauchen wir hinab in die tiefen Schründe des Zemutales und erreichen Tsagtang ohne jeglichen Ausfall am späten Abend. In Fetzen hängt uns die Haut von den Backen, wir sind abgerissen, zerlumpt, aber trotz unseres abscheulichen Aussehens bester Laune. Der Rückmarsch nach Lachen wird tags darauf in aller Ruhe durchgeführt.

AUF KAMERAJAGD IM HOCHSTEPPENLAND

Noch immer trennen uns die letzten hochragenden Bergketten des nördlichen Sikkimhimalajas von den gewaltigen Hochsteppen Tibets, die zu erreichen und zu überwinden unser höchstes Ziel ist. Die schwierigen Aufgaben, nämlich das Eindringen nach Tibet selbst und die Erforschung des Lamalandes, stehen noch bevor. Es gilt, in den nächsten Wochen unsere ganze Kraft daranzusetzen, die Grenze Tibets, des unnahbaren, verbotenen Landes zu überschreiten und Verbindungen mit den Machthabern des geheimnisvollen Priesterstaates herzustellen. Gute Nachrichten aus der Heimat sind eingetroffen, und wir wissen, daß viele Menschen an unseren Aufgaben Anteil nehmen.

Während die Expedition noch im Lager Thangu verweilt, um die laufenden Arbeiten zum Abschluß zu bringen und Nahrungsmittel und Brennholzvorräte für die wilden Hochsteppengebiete sicherzustellen, reite ich schon voraus, um an den Nordabhängen des großen Gebirges, in physiogeographisch rein tibetischem Gebiet, neue Lagerplätze auszukundschaften.

An einem sonnenklaren Morgen reite ich, nur von wenigen Eingeborenen begleitet, das immer flacher, wannenförmiger werdende Tal hinan, komme schon bald an den ersten Yakzelten nomadisierender Hochlandtibeter vorüber, spüre, wie der Wind heftiger und heftiger wird, wie die Landschaft sich zu weiten beginnt, lasse die Baum- und Strauchgrenze hinter mir liegen und erlebe zum ersten Male wieder mein altes Tibet. Mit unwiderstehlicher Gewalt zieht mich das weite Hochsteppengebiet an. Ich weiß schon jetzt, daß ich diesen Weg nicht wieder zurückgehen werde, ohne einen entscheidenden Erfolg errungen zu haben. Obwohl ich am liebsten langsam marschieren möchte, um das große Erlebnis wirklich auszukosten, lege ich doch ein atemberaubendes Tempo vor, so daß meine Getreuen kaum mitkommen, denn die tote Mondlandschaft, diese rotschimmernde Hochwüste von unglaublicher Einsamkeit, zieht mich so in ihren Bann, daß ich weder rasten noch ruhen kann, bis die eigentliche hochtibetische Steppenlandschaft erreicht ist.

Die biologischen Bedingungen haben sich wie mit einem Schlage gewandelt. Die Vegetation ist spärlich. Bald treten nur noch kleine Primeln, Saussurien, Finger- und Läusekräuter sowie unzählige Polstergewächse auf, und auch die Fauna ist plötzlich mit vielen hochtibetischen Arten vertreten. Als willkommene Bereicherung unseres Küchenzettels treten zum ersten Male die wollhaarigen tibetischen Hasen auf, und fette Murmeltiere tummeln sich vor ihren Bauten. Putzige Gesellen sind es, die bei unserem Anblick possierlich ihre Männchen machen und dann laut pfeifend, mit ihrem dicken kurzen Schwänzchen die Erde schlagend, auf uns sichern und blitzschnell ihren Höhlen zueilen, um unter der Erde zu verschwinden. Auch einen starken goldgelben Lämmergeier, der sich an einem halbverwesten Pferdekadaver gütlich tut, gewahre ich mitten im Talboden, lade Vollmantel und gebe dem herrlichen Altvogel auf fast zweihundert Meter Entfernung die Kugel auf den Halsansatz, so daß er nur noch die mächtigen Schwingen breitet, um augenblicklich zu verenden.

Dort, wo der ruhig mäandernde Lachenfluß die flachwannige Niederung der dem Himalaja nördlich vorgelagerten jurassischen Deckgebirge verläßt, um eine mächtige Granitschwelle zu überwinden und sich gischtend in die Eruptivgesteine einzugraben, liegt die nur aus einer einzigen Steinhütte bestehende und von mehreren schmutzigen Yakzelten umgebene Sommersiedlung von Gayokang. Im Abenddämmern lasse ich dort das neue Lager schlagen. In diesem unwirtlichsten Teile Nordsikkims überlassen die Lachenesen das unfruchtbare Land ihren nördlichen Nachbarn, die alljährlich mit ihren Herden von Yaks und Schafen aus der Gegend von Kampa Dzong kommen, um die spärliche Sommerweide zu nutzen. Selten nur verliert sich ein Lachenese in diese öde, ureinsame Landschaft, wo die Winde heulen und selbst in diesen Sommertagen noch fast täglich Schnee fällt. Schaut man über diese weite, von im Abendglanze pastellfarben leuchtenden Riesenhügeln umsäumte Landschaft hinweg, so glaubt man sich auf einer völlig vegetationslosen Hochwüste zu befinden. Nur die fahlfarbenen Schafe, die in breiter Front über die moorigen Niederungen ziehen, um die kümmerliche Grasnarbe zu weiden, und die vertrauten Rostgänse, die, kaum fünfzig Meter von meinem Zelte entfernt, das Schwingmoor beleben, zeigen, daß auch in dieser gewaltigen Höhenlage von 4830 Metern noch Leben vorhanden ist.

Obwohl die Einwohner von Gayokang nur selten in ihrem Leben mit weißen Menschen zusammentreffen, werde ich doch freundlich aufgenommen und mit Sauermilch und Tsamba, die ich mir in landesüblicher Weise zu einem Brei verrühre, bewirtet. Die Frauen mit ihren mächtigen, bogenförmigen Kopfputzen lassen sich durch die Ankunft des Fremdlings in ihren Arbeiten kaum stören. Sie melken ihre in Reihen aufgestellten, an den Hörnern zusammengebundenen Schafe, tränken die wolligen Yakkälbchen und sammeln die getrockneten Flechten ein, aus denen sie Farbe für ihre Kleidungsstücke gewinnen. Ein junges Mädchen mit hübschen Gesichtszügen, aber schmutzstarrenden Armen und Händen, deren weiße Fingernägel unter der Dreckschicht leuchten, ist schon bald ganz zutraulich geworden und versorgt mich mit Speis und Trank, bis die Zelte stehen und ich mich müde und zerschlagen in meinen Schlafsack rolle, um zum ersten Male seit langer Zeit eine bitterkalte Nacht zu verbringen.

Am nächsten Morgen ist Schnee gefallen und ein bissiger Wind hämmert gegen die fliegenden Zeltplanen. In langen Zügen jagen die Wolkengeschwader aus den südlichen Talschründen hervor, wirbeln umher und verflüchtigen sich in der glasklaren Luft des tibetischen Hochlandes. Ich mache meinen Gang um das Lager und die Zeltreihen der schmutzstarrenden Tibeter und weiß, daß die Dreckkrusten zu diesen Menschen ebenso gehören wie der penetrante Geruch nach ranziger Butter, der sie ständig umwittert. Die Schmutz- und Fettschichten sind hier im miasmenfreien Hochlande der beste Schutz gegen die grausam trockene Luft, die unerbittliche Kälte ... und gegen Ungeziefer jeglicher Art. In dieser Höhe, die in Europa nur von den höchsten Bergen der Alpen erreicht wird, fristen die Steppentibeter ihr kärgliches Leben inmitten einer heroischen Natur. Zu beiden Seiten blicken gewaltige Gipfelmassive auf das Lager hernieder. Der 6900 Meter hohe Kangchenchho im Osten und der Chomyono, der Berg der „großen Gottesmutter", im Nordwesten erstrahlen in unnahbarer Pracht, und es scheint beim Anblick dieser Gipfelriesen kaum faßbar, daß die nördlich anschließende Hochsteppe ein noch stärkeres und noch tieferes Landschaftserlebnis zu offenbaren vermag. Wie ein braunrotes, erstarrtes Meer fließt sie in berauschender Grenzenlosigkeit Welle auf Welle dahin. Ihre erhabene Majestät aber spiegelt sich auch in ihren Geschöpfen wider, die wir nun sammeln, jagen und erforschen wollen.

Während die einsamen, kahlen Höhenzüge das weite Reich des stolzen Argalischafes bilden, werden die Niederungen von den schnellfüßigen, silberleuchtenden Gazellen bewohnt, und auf den steinharten Ebenen dröhnt der Hufschlag des herrlichen Kiangs, des tibetischen Pferdeesels. Rund ums Lager tummeln sich Alpenlerchen und Rostgänse, die ihre Jungen tapfer gegen den aus blauem Himmel herniederstoßenden Adler verteidigen, und zwischen den Hufen unserer armen Lasttiere, die schon jetzt unter der dünnen Luft und dem Mangel an ausreichender Weide leiden und trotz täglicher Kraftfutterration zusehends abmagern, laufen die wilden Felsentauben umher. Auch die gelbschnäbeligen Alpendohlen, die in den steilen Felsen hoch über dem Lager brüten, haben ihre Scheu vor den Menschen fast völlig verloren und werden bald zu ständigen Kostgängern unseres Lagerplatzes.

Noch bevor der große Troß der Karawane Gayokang erreicht, will ich einen Platz ausfindig machen, wo wir die herrlichsten Hochalpenvögel, die prächtig goldgelbgefärbten Lämmergeier, die riesenhaften, silberweißglänzenden Himalajageier, jene scheuen Begleiter und ständigen Trabanten der Expedition, mit Sicherheit auf den Filmstreifen bannen können. Unser Plan nämlich ist es, unter allen Umständen ein möglichst vollkommenes Naturdokument vom Leben und Treiben dieser größten Raubvögel der asiatischen Hochgebirge zu schaffen. Viel Umsicht und Geduld wird nötig sein, um die vorsichtigen, scharfäugigen Riesenvögel, die fast täglich ihre Kreise über unserem Lager ziehen und in sicherer Entfernung aufblocken, um nach Fraß Ausschau zu halten, an einen geeigneten Luderplatz zu locken und über die Anwesenheit des beobachtenden Menschen hinwegzutäuschen. So ziehe ich schon am ersten Morgen mit meinen eingeborenen Jägern hinauf in die Berge, wo sich hoch über unserem Lager in einsamer Gegend ein schwer zugängliches Felsenkar befindet, in das sich nur selten einmal ein Schafhirt oder ein Kräutersammler verirrt. Hinter riesigen Bergstürzen wälzen sich dort die blauschimmernden Gletschermassen des fast 7000 Meter hohen Chomyonomassives hinab ins Hochkar. Den trostlos verlassenen Talschluß bilden senkrecht sich türmende Felsenwände, um in einem zerrissenen Nadelgrat auszulaufen. Schon vom Lager aus hatte ich gehofft, daß diese wildromantische grandiose Hochgebirgsszenerie geeignet sein müsse, um den rechten Hintergrund für die geplanten Filmaufnahmen abzugeben. Als ich nun von Felsblock zu Felsblock springe, um nach einem passenden Unterschlupf Ausschau zu halten, bin ich sicher, daß auch der Filmoperateur mit der Wahl dieses Standortes zufrieden sein wird. Überall liegt noch Neuschnee. Je höher wir steigen, desto grandioser wird der Rundblick, und bald leuchten unsere kleinen hellen Zelte nur noch wie winzige Pünktchen zu uns herauf. Gerade verschwinden ein paar aufgescheuchte

Murmeltiere pfeifend in ihren Löchern, und ein herrlicher Steinadler streicht pfeilgeschwind zu Tal, da sehe ich auf kaum vierzig Meter Entfernung eine plötzliche Bewegung, erkenne ein langes, graues, schleichendes Etwas und mache einen kapitalen hellgrauen Wolf aus, der, in vollen Fluchten nun, von Felsplatte zu Felsplatte springend, über den nächsten Kamm hinweg in einem tief eingeschnittenen Gerölltälchen verschwindet. Ich könnte mir die Haare ausraufen, denn Pänsy, mein Jäger, der die schußfertige Büchse trägt, ist um etwa zwanzig Meter zurückgeblieben. In großen Sprüngen eile ich ihm entgegen, reiße ihm das Gewehr aus der Hand, finde rasch eine Auflage und als der Wolf, noch immer galoppierend, am gegenüberliegenden Hange wie ein flüchtiger Strich wieder erscheint, gelingt's mir, ihn im Zielfernrohr zu fassen. Ich halte zwei- bis dreimal vor, schieße, höre Kugelschlag, sehe den Wolf zu Tal flüchten, erkenne, noch ehe ich den zweiten Schuß herausbringe, hinter dem Blatt des Raubtieres einen wohl fünfmarkstückgroßen roten Fleck und möchte jubeln vor Freude. Da wirft es die todwunde Bestie auch schon gegen einen Felsen, daß die Wolle nur so fliegt, aber der Wolf rast weiter, zehn, fünfzehn Schritte noch, dann überrollt er sich, zeigt die weiße Unterseite und bleibt verendet liegen. Außer uns vor Freude stehen wir bald vor der prachtvollen, so kinderleicht errungenen Beute.

Nach kurzer Totenwacht in einsamer Landschaft höre ich's steineln, und ein paar Felsbrocken fliegen surrend an unseren Köpfen vorüber in die Tiefe. Aber solange ich auch hinaufstarre in die kahle, kalte, wild zerrissene Felsenwüste unter dem Gletscher – ich kann nichts ausmachen. Doch plötzlich ertönt von irgendwoher ein greller näselnder Laut –, der Warnpfiff der Blauschafe. Da der Rauch unserer Zigaretten steil nach oben steht, kann kein Zweifel herrschen. Dort oben, irgendwo in den Trümmerhalden unter der stahlblau schimmernden Wand, müssen sie stehen. Wir gleiten in Deckung und die systematische Sucharbeit beginnt. Die Dimensionen dieser grau aufragenden Felsbalustraden sind so gewaltig, daß ich bald jeden Maßstab verliere. Als mir schon Genick und Augen zu schmerzen beginnen, gewahre ich hoch droben am Rande eines Firnbruchs einen dunklen Schatten, dann zwei, ... und schließlich noch einen. Wie Bildsäulen stehen die mächtigen Blauschafwidder und sichern zur Paßscharte empor, von der sie durch einen Gletscherbruch getrennt sind. Dann springen sie, einer in der Fährte des anderen, von Fels zu Fels, werden von Minute zu Minute ruhiger und beginnen am Gletscherrand zu äsen. Jetzt ist unsere Chance gekommen. Und der Wind steht gut.

Schließlich trennen uns noch drei- bis vierhundert Meter Höhenunterschied vom Wild – aber dort, die steile Rinne hinauf, dann über die Wirrnis des Moränengerölls, seitwärts umschlagen – – so müßte es gehen!

Ein letztes Mal schweift der Späherblick empor, tastet die Entfernungen, bleibt an jeder Deckungsmöglichkeit hängen, dann ist der Plan gefaßt und die Kletterarbeit kann beginnen. Leichter als ich vermutet hatte, wurden Rinne und Moränengeröll genommen, aber da türmt sich eine steile, scharfkantige Pyramide, die von unten nicht sichtbar war, als letztes großes Hindernis zwischen mir und dem Gletscherbruch. Die Pyramide wird umschlagen. Es folgt ein Kamm, der wie die Schneide einer gigantischen Säge nach beiden Seiten abfällt. Also hangeln wir uns über scharfe, griffige Platten, die alle Aufmerksamkeit verlangen, hinüber und biegen über die Steilschlucht zum Gletscher. Als ich mich, um besseren Halt zu gewinnen, festkralle, stoße ich einen Stein in die Tiefe. Hohl polternd saust er ab. Im gleichen Augenblick wird es drüben lebendig. Wie Gummibälle jagen die Böcke die Seitenmoränen empor. Zweihundertfünfzig bis dreihundert Meter vielleicht. Auge – Waffe – Wild sind eins ... Eingeschraubt in Schulter und Faust, folgt das stählerne Rohr. Dem ersten gilt's. Zwar ist der zweite noch stärker; doch wenn der erste fällt, werden die anderen mit hoher Wahrscheinlichkeit zurückpreschen und Gelegenheit für weitere Schüsse bieten. Jetzt kommt ein Absatz ... und da ... sie stehen wie erstarrt. Tiefer atmen, einstehen, und langsam fährt der Zielstachel hinterm Blatt herauf und paßt.

Im rollenden Widerhall des Schusses sehe ich den beschossenen Bock aufsteilen. Wild auskeilend rast er nach unten, mir entgegen, drei, vier Fluchten noch, dann kommt er ins Rollen und dröhnt, sich hundertmal überschlagend, in die Tiefe. – Die beiden anderen suchen seitwärts auszubrechen. Den ersten lasse ich gehen, aber den zweiten, den stärksten, den muß ich noch haben. Ich schwinge mit, halte vor und jage ihm eine Kugel wohl zehn Meter von dem Äser in die Felsen. Schlagartig macht er kehrt und sucht nach oben zu entkommen. Nun habe ich leichtes Spiel. Ganz ruhig folge ich ihm ... und als er nach so steilen Fluchten zum erstenmal verhofft, bricht er mit Zirkelschuß in der Fährte zusammen. Der Widerhall des Schusses echot durch den Felsen – und der Bock rührt keinen Lauf mehr. Eingekeilt zwischen zwei Felsen finden wir den Kapitalen, dem die saubere Kugel genau zwischen die Schultern ins Herz fuhr.

Blauschafberge

Kapitaler
Blauschafwidder

Yak-Karawane

Eingeschneit am Zemugletscher

Unheimlich ist die Stille. Selbst der Lärm des Flusses klingt nicht mehr bis in diese Einsamkeit hinauf. Es ist so ruhig, daß man sich selbst vor dem Laut des eigenen Atems fürchten könnte. Stunden sitzen wir schweigend; doch als die Wolken über den Gletscher schleichen und der Wind ganz leise zu singen beginnt, rollen wir den wohl hundertundvierzig Pfund wiegenden Bock zum erstgeschossenen hinab, dann beide in schwerer schweißtreibender Arbeit zum erbeuteten Wolf, kennzeichnen den geplanten Filmstand, legen die Böcke als Köder aus, sichern uns Lebern und Zungen, schnüren den Wolf zusammen und steigen tief dankbaren Herzens zu Tal.

Als wir im Abenddämmern mit der schweren Last des Wolfes den Lagerplatz erreichen und im Schein des Feuers Strecke legen, vollführen die Tibeter einen wahren Freudentanz. Ihr Dank und ihre Huldigungen wollen kein Ende nehmen und ich muß höllisch aufpassen, daß sie mir nicht den kostbaren Pelz zerreißen, denn jeder einzelne versucht, dem toten Räuber ein ganzes Bündel Haare auszuraufen, um sie als Abwehrzauber den Schutzgöttern seiner Schafherde zu opfern.

Wenige Tage darauf prahlt das Hochlager Gayokang im Schmuck unserer acht Zelte. Die ganze Expeditionsgemeinschaft hat sich nun hier oben zwischen den Riesenbergen eingerichtet. Wir besprechen die Durchführung unserer weiteren Forschungsaufgaben, und jeder Wissenschaftler zieht in Erfüllung seiner Teilaufgaben hinaus in die Wildnis. Mancher kehrt erst nach Tagen und Wochen wieder ins Hauptlager zurück, nur um sich neu zu verproviantieren und wieder unterzutauchen in der Weite des Hochlandes.

Wie ich schon erwartet hatte, ist der Filmoperateur mit der Wahl des Geierstandes sehr zufrieden. Nun können wir den riesigen Raubvögeln mit der Filmkamera zu Leibe rücken. Also wird hoch oben im Gletscherkar unter einem großen Felsblock eine geräumige Höhle ausgeschachtet, mit Steinen und Polsterpflanzen umgeben und so geschickt getarnt, daß selbst der gut verblendete Kameraschacht von dem achtzehn bis zwanzig Meter entfernten Luderplatz, wo die zerfetzten Blauschafleiber liegen, kaum zu erkennen ist. Aber unser Stand verschmilzt nicht nur vollständig mit der umgebenden Landschaft, sondern bietet gleichzeitig einen vorzüglichen Ausblick auf die wilde Bergwelt, daß wir die Zeit im Anstand zu liegen mit Ruhe abwarten können.

Früh am Morgen, da die Nebel noch um die hohen Gipfel brauen, steigen wir auf, lassen uns von unseren Scherpas regelrecht einmauern und sitzen dann zu zweit im dunklen feuchten Erdloch, prüfen den Ausblick, machen die Kamera schußfertig und bereiten uns darauf vor, den ganzen Tag in unserem selbstgewählten Gefängnis zu verbringen. Nachdem wir schon etwa anderthalb Stunden in zusammengekauerter Haltung mäuschenstill gesessen und durch die kleinen Gucklöcher über die Blauschafköder hinweg die wilde Gletscherlandschaft bewundert haben, wird es plötzlich lebendig. Zwei Alpendohlen sind die ersten Gäste. Scheu und zurückhaltend drehen und wenden sie ihre klugen Köpfchen, hüpfen heran, picken an dem Köder herum, setzen sich auf das mächtige Gehörn und streichen plötzlich wieder laut kirrend davon. Im gleichen Augenblick hören wir den tiefen Glockenton des Kolkraben, der als Vorposten der königlichen Großvögel mit äußerster Vorsicht auf einem nahen Felsen aufblockt, ehe er sich mit drollig vorsichtigen Bewegungen, dauernd Luftsprünge vollführend, an den Blauschafwidder heranwagt, um mit wuchtigen Hieben seines klobigen Schnabels die Augen des Köders auszuhacken und zu verzehren. Dann wendet er den Kopf nach oben, und in herrlichem Sturzflug läßt sich ein zweiter Rabe – das Weibchen – dicht am Köder nieder, um gleich darauf die Dünnungen des Blauschafwidders zu zerhacken. Aus allen Bewegungen des Kolkrabenpärchens sprechen deutlich Hunger und Furcht, Freßgier und Angst. Nur von kurzer Dauer ist ihre Mahlzeit. Ihre Aufgabe als Vorposten ist erfüllt, denn schon rauscht es gewaltig in der Luft. Da sind sie schon, die gefiederten Herrscher dieser Berge, nächst dem Kondor die größten Raubvögel der Welt: Lämmergeier und Himalajageier! Aber sie sind so mißtrauisch, daß sie sich vorerst noch nicht an das Luder heranwagen, sondern in sicherer Entfernung aufblocken und warten. Schon zeigen sich hinter den Bergen die ersten Wolken, schon pfeift der Wind durch die Lücken und Spalten unseres unterirdischen Gewölbes und jagt den Staub auf, daß die Objektive verdrecken und wir in unserer verzweifelten Lage alle Hände voll zu tun haben, um die Kamera vor dem alles durchdringenden Sande zu schützen.

Stunden vergehen, und noch immer sitzen die mächtigen Geier auf ihren Aussichtsposten, ohne sich zu rühren. Irgend etwas paßt ihnen nicht. Wieder kommen Alpendohlen und Kolkraben und tun sich am Luder gütlich; ab und zu fallen die mächtigen Schatten kreisender Geier auf den kleinen Ausschnitt vor uns und dann plötzlich, als wir die Hoffnung schon fast aufgegeben haben, stieben die Kolkraben davon, und wir erkennen dicht am Luder einen großmächtigen Lämmergeier, und gleich darauf mehrere weißleuchtende Himalajageier, zwischen denen nun ein kurzer, hitziger Kampf entbrennt. Die stärkeren Himalajageier bleiben Sieger, die Lämmergeier werden zurückgedrängt, und nun mit einem Male braust es schwingenschlagend heran und keift und packt und schlägt und schlingt. Wie durch Zugfäden geleitet, fallen Dutzende von Geiern wie fliegende Drachen mit brausenden, weitklaffenden Schwingen, langen Hälsen und vorgestreckten Fängen auf dem Schlachtplatz ein. Jäh beginnt ein wildes Gackern und Raufen, daß die Federn nur so fliegen und man den Eindruck erhält, als ob es sich hier nicht um lebende Vögel, sondern um fleischvernichtende Reflexmaschinen handele. In wilder Gier springen sich die wütenden Tiere gegenseitig an, schlagen mit ihren riesigen Schnäbeln klaffende Löcher in den Kadaver, zerren lange Darmschlingen hervor und suchen sich in einem fort die Beute gegenseitig abzujagen. Einmal beobachtete ich sogar ein regelrechtes „Tauziehen": Zwei Geier versuchen nämlich, die gleiche Darmschlinge von entgegengesetzten Seiten zu verschlingen, bis sie sich auf wenige Zentimeter gegenüberstehen und sich beinahe mit den würgenden Schnäbeln berühren. Tief in den Boden verkrallt schlagen sie sich ihre Riesenschwingen laut klatschend gegenseitig um die Köpfe, bis das rohe Eingeweide endlich zerreißt und die Tiere sich aufs neue in den wirren blutbesudelten Haufen stürzen.

Das ganze Blickfeld, das so viele Stunden lang in absoluter Ruhe vor uns lag, ist in diesen ersten tollen Fraßminuten vollständig ausgefüllt von unflätig raufenden und vor Freßgier bebenden, wildschlagenden Geiern. Das Licht ist gut, die Kamera schnurrt, wir filmen und filmen. Kaum bleibt uns Zeit, die Kassetten zu wechseln, damit diese wertvollen Aufnahmen keine Unterbrechung erleiden. Plötzlich scheint das Stativ nachzugeben, das Bild rutscht aus dem Sucher heraus, und wir bemerken zu unserem größten Schrecken, daß die riesenstarken, wildschlagenden Vögel das zentnerschwere Blauschaf den Hang hinabziehen, aus dem Blickfeld heraus! Aus! Wer hätte das geahnt? Wir sind äußerst ärgerlich, daß wir den Köder nicht anpflockten. So müssen wir uns mit dem Unvermeidlichen abfinden und in verzweifelter Lage, durch einen kleinen Spalt schielend, zusehen, wie sich die befiederten Ungeheuer, kaum zehn Meter von unserem Versteck entfernt, bis zu den Schnäbeln hinauf vollkröpfen. Mit blutbesudelten Köpfen und Hälsen, des reinen flaumigen Weiß ihrer Halskrausen und ihrer ganzen königlichen Würde entkleidet, hocken sie noch stundenlang apathisch herum, kaum fähig, sich ohne langen Anlauf wieder in die Lüfte zu erheben. Schließlich aber kommen auch die kleineren furchtsamen Lämmergeier, die sich aus Furcht vor den Schnabelhieben der riesigen Allesverschlinger abseits hielten, zu ihrem Recht und tun sich an den Knochen und Sehnen gütlich. Während die von den Himalajageiern säuberlich „abgezogene“ Decke schon lange danebenliegt, lösen die Lämmergeier nun mit geschickten Schnabelhieben den Kopf des Köders vom Rumpf und beginnen die Rippen abzubrechen und zu verschlingen. Außer dem Schädel, der Wirbelsäule und den langen Laufknochen ist von dem ganzen stattlichen Blauschaf bald nicht mehr viel übriggeblieben. Den Boden rundum bedeckt weit verspritzter Panseninhalt, und wenn nicht hier und dort flockige Geierfedern im Winde spielten, so könnte man meinen, ein Rudel Wölfe habe hier gehaust. Nachdem sich schließlich auch die Lämmergeier vom Luderplatz empfohlen haben, kommen zu guter Letzt die Alpendohlen noch einmal scharenweise heran, um die letzten kleinen Fleischfasern mit ihren dünnen Schnäbeln vom Gebein zu picken.

Zur völligen Untätigkeit verbannt, sitzen wir zwischen nassen Felsen eingeklemmt frierend und fröstelnd, bis die glutfarbene Sonne sich anschickt, hinter den westlichen Steppenbergen unterzutauchen und wir endlich von unseren Scherpas aus dem Versteck befreit werden. Nachdem wir uns die steifen Beine etwas vertreten haben, stürze ich, um den Rest des Tages zu nutzen, wie ein Wilder zu Tal, rufe Lezor, dem Koch, schon von weitem zu, schlinge einen großen Pott unvermeidlichen Istews in mich hinein und steige sofort wieder in die Felsen, um für die kommenden Tage einen neuen Köder zu liefern. Kaum vierhundert Meter über dem Lager gelingt's mir noch im letzten Dämmerschein, einen mittelstarken Blauschafbock, mit drei Schuß allerdings, aus einem flüchtigen Rudel herauszuschießen.

Leider folgt nun wieder eine trübselige Schlechtwetterperiode, die uns vorerst daran hindert, die so verheißungsvoll begonnenen Geieraufnahmen zu beenden. Doch als wir nach Tagen schließlich abermals hoch droben im Kar in unsere Höhle schleichen und uns mit dicken Steinbrocken verbarrikadieren lassen, haben wir den neuen Blauschafköder vorsichtshalber an Kopf und Läufen mit starken Pflöcken verankert, so daß ihn selbst der stärkste Wolf nicht wegschleppen könnte. Wieder sitzen wir Tage vergebens in unserem kleinen kalten Ansitzloch. Anscheinend wollen sich die mißtrauischen Vögel nicht an die Verankerung des Luders gewöhnen. Eines Morgens aber ist unser Kolkrabenpärchen wieder da. Es gibt eine kurze Gastrolle und wird von einem herrlichen nackigen Steppenadler abgelöst, der urplötzlich auftaucht, ein paar dichte niedere Kreise schwingt und ruckartig niederstoßend dicht neben dem Köder einfällt, um jedoch sofort von einem alten goldgelben Lämmergeier, der im reißenden Sturzflug über unseren Unterstand herniederbraust, mit heftig klatschenden Schwingen vertrieben zu werden. Wir verspüren den Luftzug der mächtigen Fittiche, als der herrliche Flieger mit dem langen Keilstoß den Erdboden mit den ausgestreckten Fängen streift und, eine wahrhaft imposante Erscheinung, dicht neben dem Haupte des Blauschafwidders aufblockt. Ganz deutlich kann ich seine großen gelben, rot umrandeten Augen erkennen. Mit gespreiztem Kehlbart und gespreiztem Nackengefieder schielt er schiefgehaltenen Kopfes nach oben. Da rauscht es zum zweiten Male dicht über uns. Für den Bruchteil einer Sekunde ist der Lichtschacht völlig verdunkelt, dann gibt's einen dumpfen Plumps und keine zwei Schritte von uns entfernt steht ein zweiter, herrlicher Lämmergeier, der nun minutenlang seinen Kopf dreht und wendet und mit großen funkelnden Augen die Ritzen der Steinmauer zu durchdringen sucht. Wir wagen kaum zu atmen, bis sich der großmächtige Vogel völlig beruhigt hat und hochaufgerichtet mit langsamen Schritten auf das Luder zustrebt. Auf einmal hält er inne, und nun erscheint als dritter im Bunde ein junger, noch dunkelköpfiger Lämmergeier, der auf einem nahen Felsen aufblockt und von einem vierten, anscheinend zweijährigen, ebenfalls noch nicht voll ausgefiederten Vogel vertrieben wird. Unter wütendem Zischen und hellem, trillerndem Pfeifen balgen sich die heraldischen Vögel um den Köder herum. Plötzlich aber ziehen sie die Köpfe ein, als ob sie sich vor irgendeiner unsichtbaren Gefahr ducken wollten ... Hastiges Flügelschlagen folgt ... und der Kampfplatz ist leer!

Da erscheinen im kleinen Himmelsausschnitt vier, fünf, acht, zehn Riesenvögel, die in teils größerer, teils geringerer Höhe ihre Kreise ziehen, bis der erste blendend weiße Himalajageier herniederstürzt. Im schimmernden Gegenlicht erscheint der gewaltige Vogel wie aus Silber gehämmert. Kaum haben wir Zeit, ihn zu beobachten, da bebt die Luft unter brausendem Ansturm. Scharenweis stoßen sie laut gackernd nieder, spreizen die Schwingen wie Vorzeitdrachen und stürmen von allen Seiten auf den Kadaver ein. Aus den Felswänden ringsum, aus der blauen Luft, von allen Seiten fallen nun Dutzende von Geiern ein.

Silberne Halskrausen leuchten gegen den Hintergrund des Gletschers, und wieder erleben wir in raschem Szenenwechsel den Anblick des greulichen, unheimlichen Fraßspieles. In wildem Ungestüm lassen sich die hungrigsten unter ihnen einfach zeternd, schlagend und keifend auf den Rücken der andern nieder und hacken so lange auf sie ein, bis eine Lücke entstanden ist und sie im wirren Chaos der fressenden, schlingenden Vogelleiber untertauchen. Alles geht so rasch, daß wir den Vorgängen mit Augen und Kameras kaum folgen können, und nach einer knappen Viertelstunde sind wiederum nur noch Kopf, Läufe, Decke und das sauber abgenagte Skelett des Blauschafwidders übriggeblieben. Nachdem die letzte Kassette verdreht ist, rollen wir die den Eingang versperrenden Felsblöcke zur Seite und kriechen rasch aus unserer Höhle. Die zum Bersten vollgekröpften Geier suchen in ungeschickten Sprüngen Luft unter die riesigen Schwingen zu bekommen. Langsam wie Segelflugzeuge gleiten sie davon und entschwinden talwärts unseren Blicken. Wir blicken hinauf zu den schimmernden Eispalästen, saugen die frische Luft ein und steigen mit unserer wertvollen Last an belichteten Filmen zum Lager hinab.

Auf der Suche nach Gazellen und Argalischafen gelange ich eines Tages zum märchenhaften Gayamtsonasee. Berauscht von der herben Schönheit dieses klaren Wassers, das wie schmelzendes Gold in der Abendsonne liegt, entschließe ich mich, unser Lager hierher zu verlegen. Der inmitten rotbrauner Steppenhügel gelegene Bergsee soll im Glauben der Eingeborenen früher nur durch eine Muschelschale, die als Ausfluß und Überlauf diente, mit der Außenwelt in Verbindung gestanden haben. Dann eines Tages kam ein durstiger Karawanentreiber vom heiligen Sakyakloster aus der Tsangprovinz. Er öffnete die Schale, um seine Maultiere zu tränken, und vergaß, sie beim Abmarsch wieder zu schließen. So strömte das Wasser aus dem Erdinneren heraus und bildete den heutigen ganz flachen See.

Wenige Tage darauf stehen unsere acht Zelte dicht am Ufer. Weit dehnen wir unsere Streifzüge über die roten Mondberge nach Tibet hin aus. Das Klima ist hier noch kontinentaler als in Gayokang, wo die Nacht- und Morgentemperaturen höher lagen und die mittägliche Sonneneinstrahlung bei weitem nicht das Maß erreichte, das wir nun am Gayamtsonasee erleben. Es ist ein einsames Lager. Die Natur ist zwar großzügig hier, aber sie bietet nur wenig Abwechslung. Die Tage rollen im Gleichmaß der Arbeit dahin. Auf ungestüme Jagd- und Sammeltage folgen meistens einige Rast- und Präparationstage im Lager. Abends finden wir uns dann in den sturmumwehten Zelten zusammen, schreiben unsere Tagebücher und spinnen unser Garn bei blakendem Kerzenschein oft bis in den kommenden Morgen. Man wird nicht müde und kann schlecht schlafen in dieser Höhenlage von beinahe

5000 Metern. Nur wenn ich mich, nach schwersten körperlichen Strapazen völlig abgespannt und zerschlagen, kaum noch zum Lager schleppen kann, habe ich Aussicht auf eine traumlos ruhige Nacht. Oft liege ich in meinem Zelt, höre den Wind heulen, sehe das zauberhafte Mondlicht silberweiß auf die Steppe fallen und denke an die Aufgaben, die uns bevorstehen.

Wird die hohe tibetische Regierung in Verhandlungen mit uns eintreten? Werde ich ihr Vertrauen gewinnen? Ob wir Lhasa wohl erreichen werden? Das sind die großen, mich zu jeder Tag- und Nachtstunde beschäftigenden Fragen, deren Lösung das Schicksal der Expedition während der nächsten Monate bestimmen wird.

Wenn die Winde verweht sind, ist's totenstill während der Nächte hier oben; ab und zu nur heult ein Wolf. Manchmal kommen die großen Grauhunde bis dicht ans Lager, weil ihnen der aufreizende Duft des an Schnüren aufgereihten Wildbrets, das wir als Reiseproviant trocknen wollen, in die Nase sticht. Dann wieder höre ich die müden Tritte unserer armen, halbverhungerten Tiere, denen der kahle Steppenboden mit seinem kümmerlichen Faserbewuchs nur wenig und unzureichende Nahrung zu bieten vermag.

Wer kann's unseren klugen Mulis daher verdenken, daß sie sich eines Nachts aus dieser vegetationslosen Einöde aufmachen und erst am darauffolgenden Tage viele Kilometer unterhalb Gayokangs wieder eingefangen werden können. Auf solche Weise wird uns das Forschungsprogramm zweier Tage durchkreuzt. Aber es gibt auch in Lagernähe genug zu tun. Der schimmernde See bietet dem sammelnden Ornithologen immer neue Kostbarkeiten, und die Stimmungen der Landschaft sind so erhaben, daß man um keine Stunde traurig ist, die wir am Gayamtsonasee verleben.

Wir tragen das Faltboot zu Wasser, und dann sitze ich mit der Flinte im Bug, jage auf die seltenen Tibetregenpfeifer, auf Rotschenkel, Streifengänse und wilde Enten, die in dichten Schwärmen an den seichten Ufern liegen und von denen es hier nicht weniger als acht verschiedene Arten gibt. Überstrahlt von den drohend sich erhebenden Eispalästen des Kangchenchho und des Chomyono ist es ein berauschendes Erlebnis, die herbe Sommerstimmung in dieser ureinsamen Natur auszukosten. Unwirklich tanzt und flirrt die Steppe im grellen Licht der Sonne um uns, und doch erscheinen die Farben alle gedämpft, vom violetten, tiefen Blau des Himmels, über das matte Purpurrot der kahlen Bergkuppen rundum, bis zum dunklen Graugrün der Steppen und den ockerfarbenen Sanden, die den kleinen See umrahmen. Besonders eindringlich aber sind die abendlichen Stunden und es scheint, als ob die allgütige Natur den Mangel an Vegetation und an Blüten hundertfach durch zarteste Pastelltönungen wieder wettzumachen suche.

Wenn die Himalajaberge in Rotglut erstrahlen und das Wasser im Gegenlicht wie mattes Silber glänzt, wenn die letzten sonnendurchbrochenen Schleier der Monsunwolken vom gleißenden Lichte durchwühlt gen Norden ziehen, um in ein Nichts zu zerfließen, dann erst erlebt man so recht die Weite dieser Landschaft. Unheimlich klingen die Stimmen der Rostgänse zum Lager herüber, und unsere Tiere stehen mit hängenden Köpfen als schwarze Silhouetten gegen die hellen Zelte, oder sie schlagen kleine Büschelchen kümmerlichen Steppengrases aus dem Boden.

Tagtäglich zieht der zwischen kahlen Bergen eingebettete See große Schwärme von weißbeschwingten Rotschenkeln an, die ihr Brutgeschäft auf den hohen Mooren längst beendet haben und nun in jähen Flugschwenkungen mit den kleinen Tibetregenpfeifern über den Wassern dahingeistern. Auch die hellen großen Streifengänse stellen sich ein, und einmal beobachte ich sogar ein kleines Rudel der herrlichen rothirschgroßen Argalischafe, die aus den Bergen niedersteigen, um das kristallklare Wasser zu schöpfen, bis sie die Zeltstadt plötzlich bemerken und in verhaltenen Fluchten wieder in ihr einsames Reich zurückzuwechseln. So verändern See und Landschaft von Minute zu Minute ihr Gesicht, bis die Dämmerung abermals hereinbricht und wir uns fröstelnd in die Zelte zurückziehen, um unsere Diarien nachzutragen oder auf die Nachrichten zu warten, die uns der Erdmagnetiker allabendlich aus seinem kleinen, selbstgebauten Radiogerät hervorzuzaubern versteht.

Viel Schweiß und Mühe kostet es, bis es mir vom Gayamtsonalager aus endlich gelingt, die hochgelegenen Einstände der sehr scheuen und vorsichtigen Argalischafe auszumachen. In nordöstlicher Richtung des Sees verläuft das Tal von Tschulumpo, das sich hoch droben an der 5000-Meter-Grenze in einem weitwelligen, direkt nach Tibet hinüberführenden, fast vegetationslosen Hochplateau verliert. Obwohl es dort weit und breit kein Wasser gibt und auch keinerlei Möglichkeit besteht, ein Feuer zu entfachen, entschließen wir uns, inmitten der sterilen Riesenhügel ein Jagd- und Sammellager aufzuschlagen. Schon auf dem Anmarsch beobachten wir zwischen wüsten, abgetragenen Geröllblockaden fünfzehn wunderbare Argalis, die hoch oben, wo kaum noch ein Gräslein wächst, ganz ruhig auf ihrem Wechsel entlang ziehen. In weiter Ferne erblicke ich bald darauf einen alten Gazellenbock mit starkem, weit nach hinten gebogenem Gehörn, der sich als markante Silhouette gegen den violettblauen Himmel abhebt und, noch ehe wir auf Schußweite herangekommen sind, in fliegenden Fluchten davonjagt, um in einem schattigen Gerölltälchen unterzutauchen. Trotz des fast deckungslosen Geländes pürsche ich dem flüchtigen Wilde nach und mache den Bock schließlich nach langem Anstieg am Rande des Hochplateaus wieder aus. Vertraut äsend zieht er umher, so daß ich mich auf dem Bauche kriechend bis auf beinahe dreihundertundfünfzig Meter nähern und ihm eine so saubere Kugel aufs Blatt setzen kann, daß er wie vom Blitz erschlagen in sich zusammensinkt. Lange sitze ich bei dem schönen silbergrauen Wilde, sehe die Karawane tief unten dem vorbestimmten Lagerplatz zustreben und genieße die Einsamkeit der roten leuchtenden Berge. Als die Schatten schon länger werden, beobachte ich noch einmal sieben Argalis, die im Abendglanze still und friedlich als winzig kleine Punkte über die Höhen ziehen. Dann kommt ein goldgelber, uralter Lämmergeier, der suchend über die Hänge streicht. Sofort markiere ich den „toten Mann", worauf sich der wunderbare Vogel auf zweihundert Meter Entfernung in einen Felsen einschwingt. Mit sicherer Auflage trage ich ihm eine Vollmantelkugel an, worauf mir der riesige Flieger, die Kugel kaum quittierend, taumelnd entgegenstreicht und vor meinen Füßen steintot zu Boden fällt, so daß ich ihn nur aufzu heben und zum Lager zu tragen brauche.

Sobald die Sonne hinweggetaucht ist, weht ein bitterkalter Frosthauch über die Steppe, und als ich bei den weltverlorenen Zelten ankomme und von guten Aussichten für die Argalijagd berichte, leuchten die Augen meiner Getreuen, und wir schmieden sogleich den Schlachtplan für den kommenden Tag.

Nach einer unerfreulich kalten Nacht auf hartem Steinboden schweift mein Blick im eisigen Frühwind von den hohen Felsenbastionen weit nach Süden über die flachwannige Talung des Lachenflusses hinweg auf die Hochgebirgsszenerie der Gordamagruppe. Menschenleer, öde und verlassen liegt das weite Land zu meinen Füßen. Selbst die tibetischen Nomadenzelte mit den dunklen Pünktchen der weidenden Yaks und Schafe, die noch vor wenigen Tagen überall das Bild belebten, sind nicht mehr. Nachdem sich ihre Weidegründe erschöpft hatten, sind die Nomaden über Nacht verschwunden, nach Norden abgewandert, um tiefere Lagen aufzusuchen, denn hier oben beginnt es im August schon zu herbsten. Wenige Wochen, und nur noch Sturm und Kälte werden hier herrschen. Alle Bemühungen der Menschen, diesen ödesten

Teilen Nordsikkims spärliches Weideland abzugewinnen, scheitern vom September bis in den Juni hinein an den blanken Wällen des Frostes.

Schon kriechen die letzten Schatten der Dämmerung aus den Tälern empor. Da – ich traue meinen Augen kaum – zieht ein einsamer Kianghengst über die kahlen Grenzberge von Sikkim nach Tibet hinein, ganz so, als ob er mich locken wolle, ihm in die Weiten meines Traumlandes zu folgen. Noch höher emporsteigend, daß Herz und Pulse fliegen, gewahre ich auf einer ausgetrockneten Sumpfoase mitten im roten Wüstenmeer ein ganzes Rudel der stolzen, herrlichen Tiere, die in der roten Umgebung geradezu märchenhaft erscheinen.

Weit im Süden, am Fuße der strahlenden Himmelsberge, die den Himalaja verriegeln, liegen, von steilen Wänden eingefaßt, die sagenumsponnenen Gordamaseen, in deren obersten ein gewaltiger, spaltenreicher Gletscher mit mächtigen Zacken und bizarr geformten Eisbergen endigt, ein überwältigendes, an die grönländische Arktis erinnerndes Bild.

Seit alters her übt die wildromantische Schönheit dieser weltentrückten Gletscherseen eine magische Anziehungskraft auf das gläubige Volk der Sikkimesen und Tibeter aus. Hier soll Padma Sambhawa, der mystische Begründer der lamaistischen Lehre und allgewaltige Dämonenbezwinger, geweilt haben, als er, von Indien heraufkommend, in das Schneeland zog. Sein Geist aber soll heute noch in den tiefen, reinen Wassern zum Wohle der Wallfahrer tätig sein.

Viele Pilger kommen alljährlich hierher, um ihren weisen Gott um Rat zu fragen, in weltabgeschiedener Einsamkeit zu beten und Stunden der Inschau und Meditation zu verbringen. Die Nomaden aber treiben ihr krankes Vieh zu einem heiligen, am See gelegenen, mit Butter beschmierten Felsblock. Sie opfern an den mit Yak-, Schaf- und Blauschafhörnern geschmückten Obos heilige Juniperuszweige, damit ihre Tiere wieder gesunden und fortan mehr Milch geben mögen. Inbrünstig klingen ihre gellenden Dankesbezeugungen durch die erhabene Landschaft. Voll neuer Kraft ziehen die Naturkinder dann wieder zu ihren Zelten und Herden zurück.

Der höchstgelegene See, den der gewaltige Gletscher von Zeit zu Zeit mit schimmernden Eisbergen schmückt, ist von einem männlichen Fruchtbarkeitsgeist beseelt. Zu ihm wallfahren die kinderlosen Frauen, um dort zu verharren, bis der Geist der Fruchtbarkeit zu ihnen tritt. Hoch droben aber, über dem See und dem

Gletscher, wo sich die blanken Eiswände erheben, soll sich in einer Höhle ein märchenhafter Palast mit goldenen Toren befinden, in denen die Reichtümer der Berggötter aufgestapelt sind. Nur ein einziges Mal wäre es einem Sterblichen vergönnt gewesen, die unermeßlichen Schätze zu schauen; aber die Geister hätten ihn noch am gleichen Tage in ein fernes Land getragen. Das Geheimnis des Ortes blieb bis in unsere Tage gewahrt.

Mit schußfertigen Büchsen und Filmkameras, mählich an Höhe gewinnend, ziehen wir in das Reich der großen Schafe. Alle hundert Meter lassen wir uns nieder und suchen mit den Gläsern die Hänge und Seitentäler ab, um das außerordentlich wachsame und flüchtige Wild auszukundschaften. Stunden um Stunden vergehen, ohne daß wir auch nur eines Stückes ansichtig würden. Wie verhext scheint alles, und wenn wir nicht die starken keilförmigen Fährten auf den uralten, ausgetretenen Wechseln fänden, so könnte man glauben, daß in solcher Einöde überhaupt kein größeres Säugetier vorkomme. Endlich aber gewahre ich inmitten einer ziemlich flachen Senke zwei jüngere, etwa vier- bis fünfjährige Argaliwidder, an die wir uns kriechend und robbend bis auf Büchsenschußweite heranpürschen. In Muße können wir beobachten, wie die Tiere sich recken, strecken und schließlich aufstehen, um uns, am schattigen Hange äsend, langsam entgegenzuziehen und talwärts zu verschwinden. Leider reicht das Licht zum Filmen nicht aus; die Gehörne aber sind mir nicht stark genug, und an den Decken hängt trotz der fortgeschrittenen Jahreszeit noch immer die rote Winterwolle in langen Fetzen herab, so daß ich mir den Schuß erspare, um kein anderes Wild zu vergrämen. An den Stellen, wo die Tiere ästen, untersuchen wir den Boden und können kaum ein paar halbdürre Grasbüschel und nur ganz wenige Polsterpflanzen registrieren. Es ist fast unvorstellbar, daß die mächtigen, über zweihundert Pfund schweren Tiere auf solch kärglichem Boden existieren können. Nach weiteren Stunden harter und beschwerlicher Kammpürsch mache ich mir schon Vorwürfe, die erste Chance nicht genutzt zu haben, denn weit und breit ist kein lebendes Wesen zu erblicken. So kriechen wir mit hämmernden Pulsen weiter über die mageren, rot leuchtenden Kämme empor, bis wir die Grenze Tibets erreichen und weit hinausschauen in das unendliche Hochsteppenland, aus dessen weiter Ferne wie ein Schiff auf hoher See die Feste Kampa Dzong herüberleuchtet. Die heißeste Zeit des Tages verträumen wir in urwelthafter Abgeschlossenheit. Wolken wogen in phantastischen Bildern um uns her, bis die Glieder steif werden und uns ein Windstoß zu neuen

Taten weckt. Ich pürsche den anderen weit voraus und habe endlich ein Rudel von acht weiblichen Tieren mit allerliebsten spielenden und sich jagenden Kälbchen vor mir. Aber noch ehe ich meine Begleiter aus sicherer Deckung herangewinkt habe, beginnen wieder dichte Nebelmassen von Süden hereinzuwehen, so daß wir die Tiere nur noch als schemenhafte Silhouetten beobachten können. Dann schlägt der Wind um, und das ganze Rudel verschwindet in raschen Fluchten über den nächsten Kamm. Völlig niedergeschlagen ob des dauernden Mißgeschicks brechen wir unsere Kammpürsch ab und steigen über gefährlich glatte Trümmerhalden steil nach unten.

Plötzlich stehen wir dicht über einem starken Rudel! Gewehre und Kameras hochhaltend, gleiten wir nun in einer tief eingeschnittenen, klammartigen Rinne talab, hoffend, einen mächtigen, Deckung bietenden Felsblock zu erreichen. Kletterschuhe, Strümpfe, Hosenböden reißen entzwei. Scharfkantige Schiefer schneiden uns in die Füße, aber die Pürsch gelingt. Als wir schon den sicheren Erfolg vor Augen haben und die wertvolle Telekamera gerade in Stellung gebracht haben, da, als wenn der Berggeist seine Hand im Spiele habe, erscheint ein zweites Rudel, das dem unseren hochflüchtig entgegenkommt und es hochreißt. Wieder hat sich ein milchiger Wolkenschleier vor die Sonne geschoben, so daß die Konturen verschwimmen und an Filmen nicht zu denken ist. Beide, je von einem Muttertier geführten Rudel stehen sich nun erwartungsvoll gegenüber, bis sich aus jedem der Rudel ein mittelstarkes weibliches Tier herauslöst, um im Stechtrab mit hoch erhobenen Häuptern umeinander zu kreisen, sich mit den Köpfen zu berühren und Wind zu nehmen. Erst nach dieser „Begrüßung" vereinigen sich beide Rudel und preschen, von dem Leittier des zweiten, größeren Rudels geführt, weiter talab, in die Ebene hinaus, wo sie sich bald wieder beruhigen und im fast deckungslosen Gelände zu äsen beginnen.

Obwohl uns die Glieder schmerzen und die Fußsohlen wie Feuer brennen, entschließen wir uns, die Tiere in kilometerweitem Bogen von zwei Seiten zu umschlagen, um sie auf die schußfertige Kamera zurückzudrücken.

Steil geht es hinab. Die Schotterhänge aber können lawinenartig ins Gleiten kommen, so daß wir höllisch aufpassen müssen, um nicht mitgerissen oder eingeklemmt zu werden. Zu allem Unglück aber wird das überscheue Wild wiederum vorzeitig flüchtig und bricht seitlich durch.

Nun ist guter Rat teuer. Da sich die Sonne schon bedenklich neigt und ich es meinen Männern des Filmtrupps mit ihren schweren

Kameras nicht mehr zumuten kann, die Verfolgung der hochflüchtigen Tiere noch einmal aufzunehmen, beschließen wir, uns zu trennen. Jeder mag auf seine Weise versuchen, den Erfolg noch zu erzwingen oder nicht.

Keiner von uns hatte zu Beginn dieser letzten verzweifelten Anstrengungen ahnen können, daß wir nun doch noch alle miteinander auf unsere Rechnung kommen sollten. Dem Kameratrupp gelingt es nach weiteren zwei Stunden tatsächlich, an drei einzelne Schafe heranzukommen, hervorragende Filmaufnahmen zu liefern und das stärkste Stück für die Sammlung zu erbeuten.

Ich selbst nehme die Fährten des flüchtigen Rudels wieder auf, komme in Sichtweite heran und folge bis in die Abenddämmerung hinein. Dann krieche ich mehrere hundert Meter auf allen vieren an, erlege eine starke, mindestens zehnjährige Geltgeiß. Hochbefriedigt kommen wir im Lager wieder zusammen und beschließen, in den nächsten Tagen alles daranzusetzen, um einige schöne Naturkunden der Kiangs, der herrlichen Pferdeesel, einzufangen.

Leuchtend steigt die Sonne über den Eisriesen des Bhutanhimalajas empor, scheucht die Schatten der Dämmerung hinweg und verbreitet weithin den flirrenden und flimmernden Glanz der Hochsteppe. Nur in den tiefen Taleinschnitten liegen noch die dunklen Schatten, als wir um den Thermophor beim Frühstück sitzen und uns die knurrenden Mägen mit längst sauer gewordenem Mehlbrei füllen. Alle warmen Speisen nämlich müssen im Hauptlager gekocht und in Thermosgefäßen das Tschulumpotal hinaufgetragen werden.

Nur von Akey, Pansy und einigen unserer Scherpas begleitet, streben wir bald darauf den höchsten Erhebungen des Grenzplateaus zwischen Sikkim und Tibet zu, um in weiter Runde nach den Kiangs Ausschau zu halten. Der Feldstecher wandert von Hand zu Hand. Jede Geländewelle, jede Bodenerhebung und Mulde wird abgesucht, aber noch ist die Steppe wie ausgestorben und nur der kalte Frühwind singt sein monotones Lied. Kein lebendes Wesen ist zu sehen. So beschließen wir, einen mehrere Kilometer entfernten, weit nach Tibet vorstoßenden Hügelkamm zu erklimmen, hoffend, vom Sebu-La, dem „kalten Passe“ aus, das unstete Wild erspähen zu können. Im verhaltenen Trab reiten wir fast lautlos über die Ebene, daß der Staub unter den Hufen der Tiere aufwirbelt und in langen Schwaden davonzieht. Schweigend reiten wir einher, jeder hängt seinen eigenen Gedanken nach, und alle sind wir voll Hoffnung, denn wir haben einen langen Tag vor uns und werden nicht lockerlassen, bis die Kiangs gefunden sind.

Von meinen früheren Reisen her weiß ich, daß die Kiangs in der eintönigen Hochsteppe eine ausgezeichnete Schutzfärbung besitzen und förmlich in der Landschaft aufgehen, da ihre Umrisse in der matten Umgebung zu verschwimmen pflegen. Manchmal tauchen sie wie aus dem Boden gestampft auf nur wenige hundert Meter auf; bei schrägstehender Sonne aber und im auffallenden Lichte, wenn die unendlichen Weiten des Hochlandes in tiefen Umbra- und Pastellfarben leuchten, kann man die Tiere oft schon auf mehrere Kilometer Entfernung wahrnehmen. Dann will es scheinen, als ob sie die auffallendsten und markantesten Geschöpfe der tibetischen Hochsteppe seien. Brandrot schimmern ihre Rücken. Kontrastreich stechen sie ab gegen die schneeweiß leuchtenden Abzeichen der Unterseiten, der Flanken, Hälse und der hellen Keilflecken, die sich hinter den Vorderläufen hinaufziehen.

Nachdem wir den vor uns liegenden Kamm erreicht und trotz grandioser Fernsicht noch immer keine Kiangs zu Gesicht bekommen haben, reiten wir in einer durchschnittlichen Höhenlage von 5200 bis 5300 Meter in westlicher Richtung weiter. Links der Himalaja hat die Häupter seiner Riesen in dichte, milchweiße Wolkenschwaden gehüllt, rechts Tibet, grell von der Sonne beschienen und von bissig feinem Staubwind durchweht, versinkt in unendlicher Ferne. Eine unaussprechliche, unfaßbare Gewalt und Größe liegt über dieser Landschaft. Weit wie das Meer rollen die roten Berge dahin. Ganz draußen, in Richtung auf Kampa Dzong, zieht eine Yakkarawane wie ein schwarzer, sich windender Wurm durch die maßlose Einöde dahin. Bald auch machen wir Gazellen aus. Die silberhellen, schnellfüßigen Tiere wachsen förmlich aus dem Boden hervor. Vor dem ungewohnten Anblick der Pferde und der Menschen stampfen sie den Boden mit den Vorderläufen, pfeifen durch die Nüstern und jagen, eine feine Staubfahne zurücklassend, in rasenden Fluchten davon. Als nächstes unterhält uns ein wollhaariger Steppenhase, der plötzlich zwischen uns hoch wird und hakenschlagend im nahen Steingeröll verschwindet.

Immer wüster pfeift der Wind. Wie von Sandgebläsen getroffen, prickelt die Haut. Wir können uns kaum in den Sätteln halten, aber da wir uns einen strammen Tag vorgenommen haben, halten wir durch und steigen schließlich im Schutz eines Tälchens in die große weite, von wirbelnden Sandhosen durchraste Ebene hinab, wo alles gleich aussieht und alle Konturen im Einerlei von Staub und Steppe verschwimmen. Um nicht Gefahr zu laufen, uns zu verirren oder im Kreise herumzutappen, präge ich mir die kleinsten Unebenheiten des Bodens ein. Im flitternden Sonnenglanze ist es kaum möglich, Entfernungen zu schätzen. Es ist eine magische Natur, wo klein erscheinende Steine, die die diluvialen Gletscher, welche ehemals das tibetische Vorland des Himalajas mit einem Eisschild bedeckten, irgendwo liegenließen, sich als riesige erratische Blöcke entpuppen, wenn man sie endlich erreicht hat. Obwohl die Trostlosigkeit kein Ende findet und unsere Kehlen schon auszutrocknen beginnen, so werden wir doch immer wieder von der Ungeheuerlichkeit dieses Hochlandes, von seinen flammendroten, pechschwarzen und graugrünen Ödhalden, in beinahe hypnotischen Bann gezogen. In gewaltiger Höhe ziehen riesenhafte Geier mit transparenten Schwingen ihre majestätischen Kreise, und einmal gleiten am blauen Steppenrand sogar große, schwarzhalsige Kraniche vorüber. Von Zeit zu Zeit richten wir uns hoch in den Sätteln auf, um nach Kiangs Ausschau zu halten. Lichttrunken verlieren sich unsere Augen in der unendlichen Ferne, wo sich die Schneeketten in unabsehbaren Kammreihen platinschimmernd mit dem Horizont vereinen.

Die meisten Kleinvögel, die wir sehen, sind dicht vor den Hufen unserer Pferde auffliegende Alpenlerchen. Nicht fähig, Kurs zu halten, werden sie wie willenlose Federbälle vom Winde verweht. Sonst beobachten wir nur einige Goldregenpfeifer, die sich schon auf dem Zuge befinden, pfeilschnell dahinsausende Steppenhühner, rothalsige Schneefinken und gelbschwarze Wüstenschmätzer, die jedoch nur in welligem, von Erosionsrunsen durchbrochenem Gelände am Rande der Wüstensteppe vorkommen.

Dann endlich die ersten Kiangs! Sechs herrliche Hengste sind's, die, einen wahrhaft königlichen Anblick bietend, als dunkle Silhouetten gegen den tiefblauen Himmel stehen. Schon hat uns der Leithengst entdeckt. Schnaubend und tänzelnd wirft er das urige Haupt in die Höhe und wendet sich in schönstem Stechtrab zur Flucht. Die anderen brausen dicht an dicht hinterher, immer am Horizont entlang. Es ist ein grandioses Schauspiel! Abgehend verschwinden sie im wilden Zickzackgalopp hinter der nächsten Bodenwelle. Im großen Bogen umschlagend und die spärliche Deckung nutzend, geraten wir im Eifer der Verfolgung in eines jener tückischen Nakamoore, wie sie sich als Verlandungsbecken eiszeitlicher Seen über weite Flächen Tibets ausdehnen. Förmlich festgesogen werden die Hufe vom schwarzen gurgelnden Sumpf. Mit äußerster Härte müssen wir die schwer arbeitenden, teilweise bis zum Sattelgurt einbrechenden Tiere vorwärtstreiben. Nach Überquerung der Sumpfwüste kommt ein letzter flacher Steppenkamm ... und endlich wimmelt es geradezu von rotweiß leuchtenden Kiangs, die sich an dem spärlich sprießenden Grase gütlich tun. Jetzt im August, da ihre hohe Zeit gekommen ist, finden die Geschlechter auf den besten Äsungsplätzen zueinander, während sie das ganze übrige Jahr meist in getrennten Rudeln stehen. Wunderbar stechen die hellen Zeichen gegen die rotbraunen Decken ab.

Wir lassen die Eingeborenen mit den Tieren hinter der Bodenwelle zurück, bauen die Kamera auf und schieben uns behutsam kriechend nach vorn. Mit hocherhobenen Köpfen machen die vier uns am nächsten stehenden Kiangs in einer Reihe Front, formieren sich in Reih und Glied und traben, die Häupter kreiselnd erhoben, den Wind in die geblähten Nüstern saugend, wie eine wohlgeordnete Kavalkade stets gleiche Abstände haltend, einige hundert Meter schräg an uns vorüber, so daß wir trotz der großen Entfernung in der glasklaren Luft jedes Haar der stolzen, wilden Steppenpferde erkennen können. Bald schon beruhigen sich die Tiere wieder und wechseln auf ein größeres Rudel von etwa zwanzig Stuten und Fohlen zu. Mit äußerstem Bedacht robben wir uns, einen ausgetrockneten Wasserlauf als Deckung nutzend, noch mehrere hundert Meter heran und können nun die ersten Filmaufnahmen der herrlichen Tiere machen. Allerliebst spielen die langbeinigen, wollhaarigen Fohlen um ihre stets aufmerksamen Mütter, die alle Fürsorge darauf verwenden, ihren Nachwuchs nicht aus den Augen zu verlieren.

Während die Kamera schnurrt, ergebe ich mich ganz dem magischen Spiel von Sonne und Wolken, von Licht und Schatten. Je nach Stellung und Bewegung verschwimmen die Kiangs mit ihrer Umgebung oder sie leuchten grell auf in den flutenden Bändern. Da prescht plötzlich ein stattlicher Hengst, der sich bisher äsend abseits gehalten hatte, mit wunderbaren Gängen mitten in den Hauf. Im Augenblick ist das ganze Rudel in eine einzige Staubwolke gehüllt. Mit peitschendem Schweife versucht der Hengst, sich einer jüngeren Stute zu bemächtigen und sie dem Rudel abzujagen. Die Leitstute, anscheinend neidisch geworden, versucht nun, den Hengst mit wütenden Bissen zu vertreiben. Arglistig ist sie darauf bedacht, ihr Rudel vor dem frechen Störenfried zu schützen. In völliger Ruhe schaut die junge Stute zu. Dies Spiel der widerstreitenden Kräfte wird so lange fortgesetzt, bis die Natur doch siegt und sich der Hengst in erneutem Angriff seine Auserwählte in wilder Gier erobert, um sie vom Rudel weg, weitab in die Steppe zu treiben. Ganz drüben steht noch ein zweites großes Rudel mit einer eifersüchtigen Altstute und einigen anscheinend jüngeren Hengsten, die sich in einem fort jagen und bekämpfen, bis einer obsiegt und sich dem Rudel zu nähern versucht.

Wie oft beobachtete ich doch in diesen Tagen und Wochen die wilden Brunftspiele der Kianghengste; aber noch bei keiner Wildart habe ich es stärker empfunden, daß die weiblichen Tiere auch zu ihrer höchsten Zeit so zurückhaltend und entsagend sind wie bei diesen wilden Pferden.

Während wir noch immer in prallheißer Sonne im Anschlag liegen und schon darüber beraten, ob es nicht zweckmäßig sei, das eine oder andere Stück für unsere Sammlung zu erlegen, verdunkelt sich plötzlich der Himmel. Wie jagende Ungeheuer wälzen sich die tintenschwarzen Wolkenrosse heran. Dann hören wir Donner und sind im gleichen Augenblick in einen wilden Wirbel von Staub und Dunst gehüllt. Messerscharf peitscht uns schneidender Hagel in die wie Feuer brennenden Gesichter. Rasend schnell ziehen die Wolken vorüber, und noch ehe wir uns versehen, liegt die ganze weite Landschaft wieder im blendenden Sonnenschein. Nur aufsteigender Dampf, die glitzernden Wassertropfen auf den Polsterpflänzchen und den gelben Läusekräutern zeigen noch an, daß ein Unwetter vor wenigen Minuten über unsere Köpfe hinwegzog. Schon tanzt die Luft wieder und zittert. In schwarzblauer Ferne aber jagen die pechfarbenen Gewitterwolken weiter nach Norden. Unter farbensprühendem Regenbogen braust dort das Wasser in langen Bändern und düstergrauen Schläuchen auf die Steppe nieder. Ihre Entstehung verdanken die sommerlichen Hochlandgewitter im Glauben der Tibeter dem Kampf der himmlischen Drachen und ihrer hetzenden Trabanten, die als Windhosen über die Steppen ziehen. Schnee und Regen, Hagel und Sonnenschein, Windstille und Sturmesbrausen folgen in dieser wilden, extremen Landschaft räumlich und zeitlich oft so dicht hintereinander, daß man in den unendlich weiten, übersichtlichen Hochlandsteppen häufig alles zur gleichen Minute erleben und beobachten kann.

Inzwischen hat der Wind gewechselt. Unsere Witterung ist den Kiangs entgegengeschlagen. Da stehen sie nun wie bronzene Statuen in langer Reihe, mißtrauisch, unbeweglich, mit hoch erhobenen Häuptern und wehenden Schweifen. Sie wittern und winden, sie stampfen den Boden... und nun traben sie, sich reihenweise formierend, in unvorstellbar eleganten Bewegungen, die Vorderschenkel bis zur Waagerechten erhoben und die Schweife in sanfter Biegung ausgestreckt, im Halbkreis. Dann wieder Stehen, wieder Stampfen, bis die Führerin unter lautem, weithin vernehmbarem

Schnauben und Prusten in Galopp springt, worauf alle folgenden Tiere blitzartig in die gleiche Gangart verfallen, um in genau innegehaltenen Abständen davonzujagen. Immer, wenn sich zwei Tiere in der tollen Hatz zu nahe geraten, keilen sie, ohne an Geschwindigkeit zu verlieren, mit beiden Hinterläufen hoch, wie fliegend, aus. So bleibt die Rudelordnung selbst in voller Flucht musterhaft und beispiellos.

Da ich nun doch noch einige Kiangs für die Sammlung erbeuten muß, trenne ich mich von dem Filmtrupp, und als der Abend herniedersinkt, komme ich mit leerem Magen, völlig steif und bis zum letzten ausgepumpt im Lager an, während meine Eingeborenen, die die Schädel und Felle der am späten Nachmittag erbeuteten beiden Kiangs zu tragen haben, erst in der Dämmerung halbtot hereinkommen.

Am darauffolgenden Tage, der wiederum den wilden Steppenpferden gewidmet ist, erlebe ich etwas sehr Merkwürdiges. Nach einem gesunden Schlaf bin ich schon wieder früh auf den Beinen. Die kleinen Maushasen, die im wärmenden Frühlicht aus ihren unterirdischen Wohnungen hervorkommen, und die hellen Schneefinken, die die Höhlen der Maushasen als Brutplätze und Wohnstätten benutzen, vertreiben mir während der ersten Ansitzstunden die Zeit. Der Mangel an Nistplätzen auf diesen sturmumwehten, deckungslosen Hochsteppen ist wohl der Grund für diese seltsame Lebensgemeinschaft von Vogel und Nagetier. Mißtrauisch und bedächtig schleicht ein alter Steppenfuchs in sicherer Entfernung vorüber.

Dann geht es wieder in die flirrende Weite der Steppe, wo es mir schon in den ersten Morgenstunden gelingt, auf zirka dreihundert Meter Entfernung einen Haupthengst mit nur einer wohlgezielten Kugel zu erlegen und, nachdem die Präparationsarbeiten beendet sind, weitere Kiangbeobachtungen anzustellen. Ich kann sie nicht genug bewundern, die schönsten Tiere des asiatischen Hochlandes, wie sie im Schritt, im Trabe und im wildesten Galopp als freie Beherrscher der endlosen Steppe spielend jede Entfernung überbrücken. Und immer, wenn ich einen Kiang erbeutet habe, komme ich mir wie ein Mörder vor. Auch auf Gazellen jage ich heute und erlege zwei starke Böcke, die gleich zum Lager zurückgetragen werden. Im glühenden Sonnenglast pirsche ich an durch totes Land. Über öden Tonschieferhängen mit ihren dumpfen, satten Farben stehen in blendender Reinheit die Eiskämme des Himalajas. Nur der kalte Wind und ein einsamer Himalajageier sind meine Begleiter. Abermals halten mich die unglaublich täuschenden Entfernungen zum Narren. Wieder tobt der Sturm, und wieder jagen Staubhosen und Gewitterböen vorüber. Stunden um Stunden ziehe ich bis zum späten Abend über die einsame Hochsteppe.

Als die kalte Dämmerung über die Berge schleicht, das Land im fahlen Graudunst verschwimmt und die Wolken in langen, weißumrandeten Bändern über die Schneepässe hereinwehen, erblicke ich am Rande des Hochplateaus einen einzelnen Punkt, einen starken, alten Kianghengst. In letzter verzweifelter Pirsch, die trügerische Bodengestaltung, so gut es eben geht, ausnutzend, gelingt's mir, auf gute Schußweite heranzukommen. Aber mein Atem fliegt derart, daß ich den kinderleichten Schuß verreiße und der Kiang, waidwund geschossen, hangan in Richtung auf das Lager flüchtet. Im Dauerlauf die Verfolgung aufnehmend, gewahre ich plötzlich die aufgeregte Herde unserer Mulis, und vor ihnen steht erhobenen Hauptes der kranke Kiang. Ich stehe wie gebannt. Die beiden feindlichen Gattungen haben sich erspäht! Dann, mit geblähten Nüstern und vor Gier laut schreiend, umkreisen die Mulis den todwunden König der Steppe. Noch ehe ich's nur ahnen kann, dringen die Maultiere in massiertem Angriff auf das Wildpferd ein. Der Kiang macht schnaubend kehrt, versucht bergwärts zu entkommen, die Mulis aber galoppieren hinterdrein. Es ist ein unbeschreiblich grausamer Anblick, das kranke, feingliedrige Wildpferd von den plumpen Mulis im Abendgold der verdämmernden Steppe verfolgt zu sehen. Schließlich wird der Kianghengst im wilden Getümmel von den hysterisch schreienden Mulis völlig umzingelt. Nun aber geschieht etwas Furchtbares. Alle Maultiere bilden Kruppe an Kruppe einen immer enger werdenden Kreis und stoßen den zitternden, todwunden Kiang nieder. Sie rasen mit weit geöffneten, gräßliche Töne ausstoßenden Mäulern um ihr Opfer. Als sich der Kiang laut klagend wieder zu erheben versucht, stürzen sich die schaumgeifernden Mulis in wahrhaft teuflischer Besessenheit erneut auf ihn, schlagen ihn wieder zu Boden, verbeißen sich in ihm, halten ihn mit gespreizten Rachen am Boden fest und versuchen, ihn in Stücke zu zerreißen.

Genug! In grimmiger Wut springe ich, die entsicherte Büchse in der Faust, mitten in den kämpfenden Haufen hinein, erhalte einen Schlag gegen den Schenkel und kann endlich den Fangschuß anbringen. Nachdem ich die sich in dem Leichnam des Kiang noch immer verbeißenden Mulis mit Steinwürfen endlich vertrieben habe, wende ich mich voll Ekel ab – und strebe dem nahen Lager entgegen.

DIE ENTDECKUNG DES SCHAPI

Monate vergehen. Inzwischen ist es Herbst geworden drunten in den sikkimesischen Dschungeln. Der Monsun mit seinen verheerenden Regengüssen weht nicht mehr.

Schon vor langer Zeit hatten mir die Eingeborenen von einem seltsamen Wesen berichtet, einem großen Tier, das sie den „Schapi" nannten. Den Blicken der Menschen verborgen, soll es in den weltabgeschiedenen Zinnen und Schroffen an den Ostabhängen des Kangchendzöngamassives seinen Einstand haben. Viel mehr war nicht zu erfahren, denn selbst die Kräutersammler und Hirten hatten es nie gesehen und sie scheuten sich, seinen Namen zu nennen aus Angst vor den Geistern der Berge. Eine alte Sage der Leptschas berichtet, daß der große Berggott das sagenhafte Tier einem seiner Vasallen als Brautgeschenk übergab, als er ihm seine Tochter vermählte, und der Fluch der Götter soll auf jedem liegen, der sich anmaßt, das Geheimnis des rätselhaften Bergbockes, des Schapi, zu lüften.

Jetzt erst, da ich das Vertrauen der abergläubischen Leptschas gewonnen habe und auch meine biologischen Erfahrungen das Vorkommen eines neuen, seltenen Großsäugers in diesen Regionen im höchsten Grade wahrscheinlich machen, will ich alles daransetzen, den Schleier zu lüften. Der Vorstoß in das von Weißen nie betretene Reich des Sagentieres ist nun mein nächstes Ziel. Eine Art rauschhafter Besessenheit hat von mir Besitz ergriffen, ein intuitives „Vorwissen", das sich über alle „Vernunft" hinwegsetzt und alle rationalen Zweifel!

Wir schreiben Mitte November. Mein Begleiter, den ich für das Schapiunternehmen vorgesehen habe, wirbt tief unten in Chungtang eine kernige Mannschaft von Leptschaträgern an. Da der Anstieg von Lachen aus zu beschwerlich erscheint – der undurchdringlichen Alpenrosendickungen wegen – ziehen wir es vor, den Angriff vom tiefen Haupttale der Tista aus vorzutragen. Nach einigen Tagen sorgfältigen Sichtens und Wägens – Gepäck und Proviant nämlich müssen auf ein Minimum an Gewicht reduziert werden – treffen wir uns auf der kleinen Urwaldebene von Manschitang. Rücklings hingebettet, schauen wir mit scharfen Gläsern über gähnende Schründe, Schluchten, Urwälder, Bambusdschungel und unabsehbare Rhododendronwälder senkrecht hinauf, Tausende von Metern in das hohe, felsige Reich der Schapis, wo sich die letzten Wolkenfetzen um die Gipfel jagen und die Wände hohl widerklingen vom tosenden Donnern des Steinschlags. Nachdem die Anstiegsmöglichkeiten erwogen und alle Vorsichtsmaßnahmen genauestens festgelegt sind, kann das Abenteuer beginnen.

Allein die dreitägige Kletterarbeit durch steglose Wildnis gestaltet sich weit schwieriger, als es vom sicheren Talboden aus schien. Nach Überquerung einer schwankenden, lianengeflochtenen Hängebrücke schlagen wir uns als erstes einen halben Tag mit den langen, breiten Haumessern – wie sie alle Leptschas am Gürtel tragen – durch weglosen, stellenweise stark versumpften und mit höllisch brennenden Riesennesseln überwachsenen Mooswald. Nun kommt eine durch Bergrutsch geschlagene Lichtung, wo wir in ein wildzerklüftetes Seitental einbiegen und dem felsigen Bett des tosenden Sturzbaches steil nach oben folgen. Von Felsen zu Felsen klettern wir springend über glattgeschliffene, mit Lebermoosen und schleimigen Algen bedeckte Stein- und Geröllblockaden empor, ringen nach Luft, sinken oft völlig in Schweiß gebadet vor Erschöpfung zusammen, kämpfen uns durch dichte Wirrnisse von Weiden und Erlen hindurch und überwinden die schwierigen Wasserfälle und Kaskaden, indem wir lebende Brücken bilden. Dabei keilen wir uns fest, steigen uns gegenseitig auf die gekrümmten Rücken und benutzen die Lasten der Kulis als willkommene Treppenstufen. Aber je mehr wir an Höhe gewinnen, desto schauriger wird das Engtal, in dessen tiefste Schründe nur in den Mittagsstunden einige zaghafte Sonnenstrahlen gelangen. Doch unsere Herzen frohlocken, denn über den himmelragenden Wänden leuchten uns schon die unberührten Gipfel der im gleißenden Neuschnee prangenden Schapiregion entgegen. Mögen die Träger auch fluchen und ächzen und stöhnen! Wohl hundertmal wird der brausende Wildbach springend überquert. Jetzt wieder folgen gefährlich glatte Steilstürze und noch immer nicht zur Ruhe gekommene Muren und lavaähnliche Schlammströme, in denen wir bis an die Waden versinken. Als es schließlich kein Weiterkommen mehr gibt im Schluchtboden, steigen wir seitwärts in die hohen Felsenbastionen hinein, überwinden Stemmkamine, Schroffen und Zacken und erreichen am späten Nachmittag, da nur noch die allerhöchsten Zinnen im feinsten Purpur erstrahlen, das Ende der Schlucht. Aber das Tal weitet sich nicht, sondern verengt sich noch stärker. Links schlüpfrig glatte Felsbastionen, rechts eine senkrechte Wand... und vor uns, kalt und nebelsprühend, ein mehrere hundert Meter senkrecht niederdröhnender Wasserfall. Das ist das Ende der Welt? Hier kann es nach menschlichem Ermessen kein Weiterkommen mehr geben. Für geübte Bergsteiger, die nur ihren Rucksack tragen, mit Hacken und Seilen vielleicht... ob aber für unsere Träger mit ihren riesigen Lasten? Der morgige Tag wird die Entscheidung bringen. Ziemlich niedergeschlagen errichten wir auf einer nur wenige Quadratmeter großen, vor Steinschlag gesicherten Fläche, neben dem rauschenden Wildbach, unser kleines, rings von hochstrebenden Wänden umgebenes Felsenlager.

Nach kalter, sternfunkelnder Nacht, die wir alle wegen der übergroßen Anstrengung des gestrigen Tages im seligsten Schlaf verbrachten, rüsten wir schon in aller Herrgottsfrühe, da die hohen Felsen über uns wie Feuer erglühen, zum entscheidenden Kampf mit den glattgeschliffenen Wänden des Schluchtbogens. Die schwere bevorstehende Aufgabe hat alle Lebensgeister wieder wachgerufen. Wie lange Bärte hängen von den Rändern der Wände wallende weißbereifte Grasfäden, an denen sich tropfsteinähnliche Gebilde aus den allerorten entspringenden Mineralquellen angesetzt haben. Überall rinnt und sickert das Wasser aus dem Labyrinth der Felsen hernieder. Nacktfüßig, mit weit gespreizten Zehen, stemmen die Leptschajäger ihre muskelgepanzerten Beine in die Felsritzen; sie klammern sich fest, sie geben sich Hilfen, sie rucken empor, sie finden eine Rinne und hängen plötzlich wie kleine Insekten mitten in der senkrecht abfallenden Wand. Es wird kaum ein Wort gesprochen, denn jede Störung, jede Ablenkung, jedes leichte Ausgleiten würde den sicheren Tod bedeuten. Da fasse auch ich mir ein Herz, schließe für Sekunden die Augen, hole tief Luft und klettere nach. Schon nach den ersten festen Griffen weicht das erbärmliche, nur mühsam unterdrückte Gefühl hilfloser Angst und Unsicherheit dem jubelnden Bewußtsein, daß wir's schaffen, daß wir die Wand nehmen werden. Die Leptschas lächeln mir zu. Um wieviel mutiger, um wieviel unbekümmerter sind doch diese Urmenschen. Ein letzter Ruck, ein letzter Klimmzug ... dann bin ich bei meinen Eingeborenen angelangt. Wir krallen unsere Hände fest ineinander, gehen leicht in Beuge, heben den führenden Leptschajäger empor. Der federleichte Kerl tritt mir auf die Schultern und Kopf... dann ein rasches Federn... erleichtert atmen wir auf. Der affengewandte Dschungelmensch hat den ersten Bambusstengel erreicht und sich wie ein hangelnder Gibbon in Sicherheit geschwungen. Nachdem ich auch dem zweiten Jäger zum Dschungelrand emporgeholfen habe, werfen mir die beiden rasch zwei wohl fünf Meter lange, gut verankerte Bambusgurte zu, an denen ich mich fast gefahrlos nach oben hangeln kann.

Und nun kreischen die Haumesser der Leptschas lustig im splitternden Bambus, bis ein ganzer Haufen von Stengeln gespalten und mit Lianen verknotet über die Wand hinausgeworfen werden kann. Nach kurzer Belastungsprobe erwarten wir die Träger, die sich, auf ihren Lasten sitzend, unterhalb der Wand wie Wichtelmännchen ausnehmen. Doch als das entscheidende Wort gefallen ist, vollbringen sie mit ihren zentnerschweren Lasten eine wahre Meisterleistung. Trotz vieler kleiner Zwischenfälle sind nach Verlauf einer Stunde sämtliche Träger, Diener und Präparatoren am sicheren Urwaldrande oberhalb des Felsens angekommen – und das Schwerste ist geschafft. Nach einer Aufmunterungszigarette geht die abenteuerliche Bergfahrt weiter. Über glatten, schlüpfrigen Boden winden wir uns in steilen Serpentinen immer höher empor. Oftmals überqueren wir wilde Wasserrinnen, die in aalglatten, metertief eingeschnittenen Steinkanälen in unabsehbare Tiefen stürzen, bis uns die Region des dichten Bambusdschungels aufnimmt. Wie ein riesenhaftes, wogendes Kornfeld schließen sich die von gewaltigen Tannen und Tsugen überragten Fiederkronen über unseren Köpfen. Unsäglich langsam kommen wir nur voran in diesem „Wald der tausend Dolche", wo wir jede Sekunde gewärtig sein müssen, uns zentimeterlange Dornen und eisenharte Spitzen unter Gerank und Lianengewirr verborgener Bambussparren in den Leib oder die Füße zu rennen. Obwohl wir an den gefährlichsten und steilsten Stellen alle fünfzehn bis zwanzig Meter eine kurze Atempause einzulegen gezwungen sind, trotzen wir dem Berg in stundenlanger Arbeit die Höhe ab. Und wenn wir im modrigen Halbdunkel von der strahlenden Sonne auch nichts weiter bemerken als ihre grellen, durchs wehende Bambusdach spielenden Reflexe, so wissen wir doch, daß uns die Spursicherheit unserer Leptschas nicht im Stiche lassen wird. Nach Überwindung der Bambusstufe nimmt uns dumpfer Rhododendronurwald auf. Diese Riesenalpenrosen mit ihren baumartigen, halbmeterdicken Stämmen und wunderlichen, in sich gedrehten und verschrobenen, nach allen Richtungen gewundenen Ästen verbreiten die düstere Atmosphäre eines verwunschenen Märchenwaldes, in dessen Flechten und Wurzeln man Trolle und Gnomen vermutet. Inmitten dieses finsteren Waldes stoßen wir gegen Abend, als die Sonne sich schon zu senken beginnt und nur noch die höchsten Lederblätter mit feinem Goldfiligran überzieht, auf eine feuchte, dunkle Höhle unter einem mächtigen, vor undenklichen Zeiten abgerollten Felsblock. Während ich zum Zwecke der Rekognoszierung noch weiter vordringe und, um Überblick zu gewinnen, einige hohe Bäume besteige, von deren Kronen ich Einsicht in unser kommendes Arbeitsgebiet nehme, beginnt die Mannschaft zu roden, zu pickeln und zu schaufeln, um wenigstens einen einigermaßen ebenen Zeltplatz herzurichten. Als ich nach ausreichender Orientierung bei Einbruch der Dämmerung wieder zum Lager zurückkehre, steht dort unter dem dicht schirmenden Dach der Alpenrosenbäume im Glutschein des knisternden und sprühenden Lagerfeuers unsere luftige, halb höhlen- und halb pfahlbaumäßige Behausung, nach der steil abfallenden Talseite zu auf einem rasch errichteten Holzgerüst. Inzwischen haben sich's die Leptschas in ihrer mit dicken Lagen von Alpenrosenblättern ausstaffierten Höhle bequem gemacht. Sie sitzen mit großen, sanften Augen wie hungrige Tiere um die tanzenden Flammen; die knallenden Stämme zaubern wundersam hüpfende Gestalten auf die dunklen Felsen, und hoch darüber schimmern in seidigem Glanz die Sterne. Duft von Tannen, Harz und aromatischen Alpenrosenknorren mischt sich mit dem Geruch von Mann und Schweiß und Leder. Nach dem kärglichen Mahl krieche ich in den Schlafsack, lausche den Stimmen der Wildnis und schaue noch lange in die dunkel verglimmende Glut.

Der dritte Anstiegtag soll die beiden vorangegangenen noch an Beschwerlichkeit übertreffen. Da ich es als meine wichtigste Aufgabe betrachte, mir so bald wie möglich Klarheit über das vermutete Vorkommen der Schapis zu schaffen, trenne ich mich mit meinen beiden Jägern von der übrigen Mannschaft. Erst am Abend will ich versuchen, auf das um siebenhundert bis tausend Meter höher an der Rhododendrongrenze zu errichtende Lager zu stoßen. Da es eben so leicht wie gefährlich ist, sich in diesen wilden Berggegenden zu verlieren, gebe ich dem Trägertrupp, auf Grund der am gestrigen Abend genommenen Geländekenntnis, haargenaue Instruktionen, ehe wir in verschiedene Richtungen aufbrechen.

Was gibt es Schöneres auf Erden, als in solcher Wildnis allein zu sein! Die Mittel richtig wählen und richtig einsetzen, darauf kommt alles an. Schon nach wenigen hundert Metern steiler Dschungelkletterei beginnen die Bestände sich zu lichten, die Kampfzone mit ihren meterlangen Flechtenbärten beginnt, dann bleibt die Baumgrenze in scharfer Linie zurück und ein wildes, chaotisches Felsengelände, das bis zur Schneelinie hinaufreicht und in einem mächtigen Kar endet, tut sich in makelloser Reinheit vor meinen geblendeten Augen auf. Ununterbrochen dröhnt und donnert Steinschlag von den berstenden Bergen hernieder und ganz oben, wo die schneebedeckten Felsengipfel wie die Zähne einer scharfzackigen Säge in den Himmel stoßen, kreist in ruhiger Majestät ein Adler. Dicht am Rande einer übersteilen Erdrutschbahn winden wir uns nun keuchend nach oben, bis auch die letzten Rhododendronhorste mit ihrem unförmigen, wuchtenden Ästegewirr zurückbleiben und die gähnende Schlucht, die wir am vorgestrigen Tage im harten Kampf überwanden, nur noch wie ein kleiner Bergriß erscheint.

Mit äußerster Vorsicht, immer darauf bedacht, nicht ins Rutschen zu kommen, klettern wir über Nadelkämme, Geröllblockaden und kurze Strecken grasiger Matten. Um nicht Gefahr zu laufen, von den tonnenschweren Steinblöcken, die schluchtwärts dauernd in die Tiefe sausen, erfaßt und zermalmt zu werden, halten wir uns beharrlich an die aufstrebenden Rippenkämme, gewinnen stetig und ständig an Höhe, suchen Fährten, finden Losung ... und das erste dunkle Schapihaar! Die Jäger, bis dahin nur mit Kletterarbeit beschäftigt, recken die Hälse, machen krumme Rücken und lassen ihre Falkenaugen gipfelwärts wandern. Einer wischt sich den Schweiß von der Stirn und deutet nach oben.

Dort, wo der Erdrutsch unter einer jähen Wand beginnt, zwischen hochtürmenden Felsen und dem ersten schimmernden Schnee, sollen die Schapis ihre Einstände haben!

Bald darauf häufen sich die keilförmigen im harten Boden stehenden Fährten und, als wir gerade wieder einen steilen Kamin überwinden, erblicken wir droben, wo nahe der Schneegrenze ein kleines Rinnsal aus dem Felsen bricht, einen dunklen Punkt! Wir sinken zusammen, kriechen gebückt in Deckung. Der Punkt bewegt sich – jetzt ist er verschwunden. Fiebernd fliegt das Glas an die Augen ... Da ist er wieder! Der erste Schapi! Helle Freude, tiefe Dankbarkeit wallt auf. Ich könnte alle Leptschas umarmen. Nun liegt es nur an mir allein, ob wir siegen werden oder nicht!

Herrlich schwarzes Bergwild! Silhouettenartig scharf hebt es sich ab gegen das helle Gefels. Und nun wimmelt das Kar, erst zähle ich neun Tiere, aber dann tauchen aus allen Schründen und Rinnen und Tälchen immer neue ungeschlachte, schwere Gestalten auf, die sich zusammenrotten wie eine Perlschnur, um in langer Reihe den Bergrutsch zu überqueren und im Geschröff der nahen Felswand unterzutauchen, während uns die unter den eisenharten Schalen der noch fast Kilometer entfernten Schapis jäh gelösten Steine entgegenrollen und stäubend zerplatzen, springen die Felsentiere mit wunderbarer Geschicklichkeit durch die senkrecht erscheinende Wand. Nun stehen sie in gerader Linie ausgerichtet, schwarz wie kleine Bergteufel, gegen den stahlblauen Himmel. Unverwandt sichern sie auf uns herab. Trotz der großen Entfernung kann ich im sechzehnfachen Zeißglas deutlich mehrere starke Böcke ausmachen. Allem Anschein nach hat die Brunftzeit begonnen. Die Paschas tragen seltsam ausgeschweifte, knuffige Gehörne und lange weiße Mähnen, die bis über die Vorderläufe herabwallen. Einer Anzahl von Muttertieren folgen halberwachsene, lichtkaffeebraun gefärbte Kälbchen. Die Böcke sind fast doppelt so stark wie die weiblichen Tiere. Ihre gedrungenen, vierschrötigen Gestalten erwecken den Eindruck, als ob die hochgetragenen Köpfe direkt in den langbehaarten, muskelstarken Körper übergingen. Sie jagen einander wie treibende Gams. Eifersüchtig darauf bedacht, die sich nähernden Rivalen abzukämpfen und in die Flucht zu schlagen, entwickeln die auf den ersten Blick so schwerfällig erscheinenden, fast bärenartig anmutenden Tiere eine geradezu verblüffende Gewandtheit. Selbst in fliegender, schaumstäubender Flucht sind sie fähig, die glattesten Wände spielend zu durcheilen. Wie durch unsichtbare Zugfäden gehalten, überspringen sie die steilsten Abgründe, tiefe Schluchten ... und stehen dann wieder wie angewurzelt über dem Rudel.

Im Gegensatz zur Gemse und ihren asiatischen Verwandten besitzen die Schapis nur wenig spreizbare, aber um so spitzer und eckiger zulaufende Schalen, die sie zu geradezu erstaunlichen Kletterleistungen befähigen, wie ich sie vorher und nachher bei keinem anderen Bergwilde der asiatischen Hochgebirge habe beobachten können.

Während sich die nur ab und zu nach unten sichernden weiblichen Stücke ziemlich indifferent verhalten, sind die Böcke mit Elektrizität geladen. In ständiger Bewegung treiben sie einzelne, wahrscheinlich brunftige Geißen mit hocherhobenen, zurückgelegten Köpfen im Kreise herum.

Nachdem sich die erste Aufregung gelegt hat, setzt kalte, nüchterne Überlegung ein. Von unten angehen, ist der Deckungslosigkeit wegen unmöglich. Also wollen wir, den günstigen Wind nutzend, versuchen, das etwa sechshundert Meter über uns stehende Rudel kammwärts zu übersteigen, um von oben herab die entscheidende Pirsch zu wagen. Da sich in den tiefen dunklen Tälern die Wolkenmassen schon wieder zu ballen beginnen und die Gefahr des Einnebelns mit jeder Minute größer wird, beginnen wir einen Wettlauf mit dem Nebel, holen das Allerletzte aus uns heraus und kommen bald schweißgebadet auf dem ersten Seitenkamm an.

Vorsichtig, in Deckung kriechend, lugen wir hinüber. Da, urplötzlich, ein unvergeßlich imponierender Anblick, steht ein starker Schapibock an der gleichen Stelle, wo das große Rudel vorher über die Felsen zog. Seine langen Mähnenhaare flattern im Wind.

Unfähig, die Entfernung richtig abzuschätzen, entschließe ich mich zum Schuß, gleite zum Boden nieder, suche kriechend eine Auflage, fasse ganz ruhig Ziel... und jage auf den erst stehenden und dann in wilder Flucht davonjagenden Schapibock sechs Kugeln... sechs in eisiger Ruhe gefeuerte, sehr wohlgezielte Kugeln... die alle wirkungslos in dem Felsen zerschellen. Hol's der Teufel! Mitleidig lächelnd schaut mich mein Jäger an! Sollten die Schapis wirklich unter dem Schutz der Götter stehen und, wie die Leptschas sagen, gegen alle Kugeln gefeit sein? Der Verzweiflung nahe, völlig deprimiert, schwindelig, erschöpft und niedergeschlagen, steigen wir weiter, nur um festzustellen, daß auch das große Rudel längst in unerreichbare Höhen gezogen ist.

In der Tiefe aber kommt das weiße Meer in wogende Bewegung. Düstere Bänder und Streifen ziehen die Schluchten hinauf. Sie wuchten näher und näher... und dann geschieht das Schlimmste, das dem Bergjäger begegnen kann: in wenigen Minuten sind wir von dichtem, feuchtem, mit Windeseile emporjagendem Nebel dick eingehüllt. Alle Sicht ist dahin. Eiskalt läßt uns der Bergwind erschauern. Was bleibt uns übrig, als, böser Ahnungen voll und mit Blindheit geschlagen, wieder bis zur Baumgrenze hinabzusteigen. Dort lassen wir uns in dichter, flechtenverhangener Alpenrosendickung nieder, hören das dumpfe, schauerliche Rollen des Steinschlages und warten... warten... Als sich die Wolken nach Stunden noch immer nicht gelichtet haben, unternehmen wir in stumpfer Apathie den Versuch, uns durch die wilden Massen wirr verschrobener Rhododendronstämme in jene Richtung durchzuschlagen, wo wir den nun zu errichtenden Lagerplatz vermuten. Ein schweres Stück Arbeit. Unsicher tasten wir uns voran, bis wir, gänzlich unerwartet, auf einen überhängenden Kamm stoßen, von dem wir einen grausigen Blick in die nebelverhangenen, unabsehbar abfallenden Wände genießen. Da der Nebel sich hier etwas lichtet, geht's sprungweis von Fels zu Fels, von Moospolster zu Moospolster. Plötzlich ein Zittern, Schwanken, Krachen... und der Leptschajäger vor mir sinkt in die Tiefe. In allerletzter Sekunde noch gelingt es mir, den Jäger zurückzureißen. Uns gegenseitig packend, finden wir noch Halt, spannen ruckartig alle Kräfte an ... und schwingen uns am Rande des eingebrochenen Kamms von der Gleitbahn empor. Mit einem peinlich dumpfen Gefühl in den Knochen kriechen wir wieder in die tropfnasse Rhododendrondickung hinein, finden eine Felsenhöhle, lassen uns dort nieder und horchen – zur Untätigkeit verbannt – mit gespannten Sinnen nach unten. Als ich mich schon beinahe mit dem Gedanken abgefunden habe, die hereinbrechende Nacht in dieser nicht gerade einladenden Umgebung zu verbringen, klingt gedämpfter Axtschlag an mein Ohr ... Oder sollten's nur die Tropfen sein, die von den Wänden niederfallen? Flach liegen wir dem Boden angepreßt! Da wieder! Deutlicher nun trägt der Bergwind die rettungverheißenden Töne durch den Nebel herauf. Kein Zweifel mehr. Dort drunten irgendwo muß sich das Lager befinden. Hoffnung auf Zelte, Nahrung, prasselndes Feuer und wohlig warme Schlafsäcke. Welche Seligkeit! Wie Schiffbrüchige, die die rettende Insel erspähen, ruhig und in absoluter Sicherheit steigen wir nach unten, durch blockende Wolken, durch knietiefen Altschnee, über hohe Felsblockaden und mächtige Quader, bis uns zwei zu unserer Hilfe ausgesandte Träger freudestrahlend entgegenkommen und uns der heimelnde Rauch des Lagerfeuers in die Nasen sticht. Worte werden kaum gewechselt. Als wir die zwischen Alpenrosenbüschen friedlich hingebetteten Zelte erreichen und auf Decken lang am Feuer hingestreckt den warmen Tee schlürfen, fühlen wir uns geborgener als zu Haus.

Die Nacht ist dumpf und kühl und unsere Stimmen klingen hohl am nächsten Morgen. Die Leptschas hocken wie eine Herde Affen ums Feuer. Winzig kleine Wassertropfen sitzen ihnen in den Haaren. Verriegelt, verschlossen, wie in Watte gebauscht, liegt das Schapilager. Rundum eisige Stille. Kein Vogellaut, kein Steinschlag, noch nicht einmal das Pfeifen einer Maus. Nur hin und wieder ein Windstoß, ein leichtes Aufdämmern und neue düstergraue Züge. Fast den ganzen Tag über und leider auch den nächstfolgenden sitzen wir fröstelnd, frierend und tagebuchschreibend im tropfnassen Zelt ... oder wir verkriechen uns in den Schlafsäcken. An Jagd ist nicht zu denken. Wie sollen wir den Schapis auch in diesem mörderischen Gelände zu Leibe rücken? Oft kann man kaum von einem Zelt zum anderen sehen. Wir wollen die Götter nicht versuchen.

Dann, am dritten Tag, setzt Regen ein, ein feiner kalter Nieselregen, der alles durchdringt. Unsere Gummimatratzen schwimmen in großen Lachen.

Gegen Abend aber ändert sich der Tropfenfall ... und die Zeltdächer biegen sich durch. Schnee! Als der neue Tag heraufgraut, liegen schon fünfzehn bis zwanzig Zentimeter und es treibt noch immer. Wir sind gefangen, aber den Humor verlieren wir nicht. Wenn nur die Nahrungsmittel nicht so rapid abnähmen!

Fünf grauenvolle Tage vergehen. Wenn die Leptschas, Decken um die Schultern geschlagen, wie Kobolde am Feuer sitzen, erzählen sie die wunderlichsten Geschichten, die alle darin gipfeln, daß uns der Berggott den Schapi letzten Endes doch verweigern werde. Nach ihrer Ansicht brauchen wir uns gar keine Mühe mehr zu geben. Wir sollten ruhig unsere Kräfte sparen, denn der rachsüchtige Pimpokangchen würde höchstens unser Leben fordern. Aber solange sie zu essen haben, halten sie durch, und trotz aller Schwarzmalerei sind sie immer zufrieden. – Wir dagegen bleiben die alten Optimisten.

Als es endlich einmal aufreißt und die heiße Sonne durch die nebelverhangenen Berge bricht, daß alles dampft und kocht, bin ich auch schon unterwegs und arbeite mich, oft brusttief zwischen den Felsen einsinkend, durch tiefverschneite Alpenrosendickungen bis zum großen Erdrutsch vor. Hier sitze ich, kalt, schlotternd und von Hustenanfällen gepeinigt, Stunden um Stunden über den Wolken, beobachte rosenrote Karminfinken und himmelsfarbene Grandalas, bis vier pechschwarze, mit langen Mähnen bedeckte Schapis aus den grauen, wallenden Massen tief unter mir auftauchen. Auf etwa achthundert Meter Entfernung, meiner Büchse unerreichbar, ziehen sie, dem gleichen Wechsel folgend, wo ich sie schon beim Aufstieg sah, vom donnernden Steinschlag umtost, durch die überzuckerten Wände. Die kurzen Augenblicke, die ich des sagenhaften Wildes ansichtig bin, genügen, mir erneuten Auftrieb zu geben. Was sollen mir da all die konfusen Geschichten der kleinen, abergläubischen Bergmenschen? In Hochgefühlen schwelgend, schleiche ich im Abenddämmern auf schlüpfrig steilen, halsbrecherischen Pfaden zum Lager zurück. In dieser Nacht habe ich im Traum eine Erscheinung. Ein Schapibock, schwarz wie der Satan, steht ganz frei auf ragender Felsspitze, ich liege vor ihm ... und schieße ... schieße ... schieße, aber alle Kugeln steigen ganz langsam, so daß ich sie sehen kann, und fallen vor ihm in den Schnee. Der Schapi schüttelt sich nur ... und ist in einer Wolke verschwunden.

Als ich schweißgebadet erwache, liegt der Schnee schon meterhoch und es stürmt noch immer. Die kleinen grauen Kerle aber hocken noch immer ums Lagerfeuer. Nach dem Frühstück ziehe ich mich mit dem „Faust“ in mein Zelt zurück, und durch den Flockentanz klingt das Koboldgelächter der Leptschas. Leicht machen es uns die Berggeister wirklich nicht. Weiß der Teufel, was das alles auf sich hat.

Als das Wetter sich gar nicht bessern will, steige ich tagelang in verzweifelter Stimmung durch Dschungel und Felsen. Ich führe einen stillen, unverzagten, ergebnislosen Kampf, und wenn ich ins Lager zurückkehre, schauen mich die Leptschas nur mitleidig an und nicken mit den Köpfen.

Das Zeltdach leckt. Abwechselnd lese ich im „Faust“ oder liege, apathisch die Tropfen zählend, im feuchten Schlafsack. Dann versuche ich, Tagebuch zu schreiben.

Plötzlich klingen schnelle Schritte an mein Ohr, die Plane schüttert, das Zelt wird aufgerissen und mein Jäger berichtet in hellster Aufregung, daß in der großen Wand dicht überm Lager ein starker Schapi stünde. Wie elektrisiert springe ich hoch, greife zum immer bereitliegenden Glas, stürze hinaus. Barfuß, das Fernglas in der Hand, stehe ich im Schnee ... aber der Wolkenriß hat sich schon wieder geschlossen. Wo der Jäger auf Kilometerentfernung den schwarzen Berggeist in den Felsen sah, branden wieder die Nebel! Und trotzdem. Wir müssen's wagen. Des bösen Wetters ungeachtet, beginnt nun eine mörderische Kletterei mit stundenlangem Ansitz in bitterer Kälte und dichtem Schneegestöber. Natürlich sehen wir nichts. Meine beiden Jäger klappern mit den Zähnen, mir selbst beginnt das Kreuz zu schmerzen. Hexenschuß, das fehlte gerade noch. Also entschließe ich mich, noch vor Einbruch der Dämmerung, zu qualvollem Abstieg. Ich bin am Ende meiner Kraft. Mit schmerzendem Rücken, mit Schnee bedeckt, die Hände fast abgefroren, von innen wie von außen völlig durchnäßt, Bart und Gesicht vereist, so komme ich im Lager an. Jetzt sollen mir alle Schapis gestohlen bleiben ... Tee, Tee ... und am Feuer vorgewärmte Wäsche, nichts weiter. Ich will nichts mehr hören von den Schapis! Da kommt mir unser Leptschakoch mit sanfter Stimme und listigem Lächeln entgegen und verkündet, daß, als wir das Lager am Nachmittage kaum verlassen hatten, ein mächtiger Schapibock auf kaum fünfzig Meter Entfernung ganz langsam dicht an den Zelten vorüberparadiert sei. „So, ... so“, mehr kann ich nicht sagen. Aber dann krieche ich doch mit krummem Rücken wieder hinaus, untersuche die Fährte. Es stimmt! Nun soll mich nichts mehr erschüttern. Sollen sie mich ruhig zum Narren halten, diese Schapis, sollen sich ihre Berggeister mit Schnee und Nebel, Steinschlag und Lawinen gegen mich verschwören, sollen selbst unsere Leptschas noch argwöhnischer werden und zu meutern beginnen! Nichts wird mich zur Umkehr bewegen können. Nun gerade nicht! Ich schwöre mir, bis zum endgültigen Erfolge durchzuhalten.

Die Schapifährten, die wir in den nächsten Nebeltagen finden, stehen meist steil nach unten und es scheint, als ob die Tiere, die während der regenreichen Sommermonate ihre Einstände oberhalb der Baumgrenze in den unzugänglichsten Felsenwirrnissen zwischen 4300 und 5000 Meter Höhe gewählt hatten, durch die stark einsetzenden Schneefälle langsam in die tieferen Regionen unterhalb der Baumgrenze herabgedrückt würden. Schon die alte Losung, die ich beim Anmarsch tief unten am Rande der Bambusdschungel fand, schien darauf hinzudeuten, daß die Schapis im Zyklus der Jahreszeiten starken Vertikalverschiebungen unterworfen sind. Im Winter scheinen sie zuweilen sogar zur unteren Grenze der subtropisch temperierten Bambusstufe (2500 Meter) hinabzusteigen. Weiter aber sagen mir die Zeichen, die wir in diesen schweren Tagen finden, daß die – offensichtlich recht wärmebedürftigen – Tiere eine große Vorliebe für sonnenexponierte Wände sowie für sich aus den Rhododendronwildnissen steil heraushebende Felsgrate besitzen, wo sie während der warmen Mittagsstunden zu ruhen und zu rasten pflegen. Überhaupt scheinen die Schapis den eigentlichen Urwald nur höchst ungern anzunehmen und selbst bei meterhohem Schneebehang steile Felshalden, offene Hänge und kahle Erosionsschrunde als Äsungs-, Tummel- und Brunftplätze vorzuziehen. Auch steigen die gleichen Rudel, die nachts tief nach unten in den warmen Dschungeln stehen, morgens früh wieder bergwärts, um die Mittagsstunden weit oberhalb der Baumgrenze zu verbringen. Nach den Fährtenbildern zu urteilen, sind die alten, langbemähnten Schapiböcke klimahärter und standtreuer als die weiblichen Tiere und Kälber. Weiter deuten die trotz dichten Wolkenbehanges in mühevoller Sucharbeit gewonnenen Spürergebnisse darauf hin, daß die Paschas bestimmte Reviere ganz für sich beanspruchen, nämlich die steilsten und unzugänglichsten, in unmittelbarer Nähe gewaltiger Felsdome und weit über die Baumgrenze hinaufreichenden Rhododendron- und Zwergbambusdickungen. Zudem scheinen die Böcke, soweit sie nicht bei den Brunftrudeln stehen, ausgeprägte Dämmerungstiere zu sein, die die schützende Deckung trotz der extremen Steilheit des Geländes nur in den frühen Morgen- und Abendstunden verlassen.

Beim Schapi handelt es sich um die östlichste Form des himalajanischen Thar, einer bemähnten Bergantilope, die ihre Entstehung mutmaßlich der strengen Isolation auf die unzugänglichsten Gebirgsstöcke verdankt. Die stammesgeschichtlich uralte, weit in die Tertiärzeit zurückreichende Gattung gehört zu jenen längs der alpido-himalajanischen Faltungsgebirge vorkommenden Reliktformen, die – wie uns Fossilfunde in Österreich und Südfrankreich lehren – in früheren erdgeschichtlichen Perioden, lange bevor die bioklimatische Katastrophe des Eiszeitalters hereinbrach, sogar bis nach Westeuropa hinein verbreitet waren. Die heutigen reliktär zerrissenen Verbreitungsgebiete der Hemitragusformen beschränken sich auf eine kleine Kolonie im Omangebirge am Persischen Golf, auf die Nilgiriberge der vorderindischen Halbinsel und auf den westlichen Himalaja, wo der Thar von Kaschmir bis Nepal verbreitet ist. Die vierte und östlichste Reliktenkolonie aber ist diejenige des „Schapi", der anscheinend nur an der steil abfallenden Ostflanke des erst in jüngster geologischer Vergangenheit zu seiner gewaltigen Höhe von 8600 Metern emporgehobenen Kangchendzöngamassives vorkommt. Eingekeilt zwischen den unübersteigbaren, nordsüdlich gerichteten Hochgebirgsblockaden im Westen, der die orientalische und die paläarktische Faunenprovinz scharf trennenden Längsschlucht des Zemuflusses im Norden, dem gewaltigen Durchbruchstale der Tista im Osten und dem dicht bewaldeten, subtropisch geprägten Talungtal im Süden, beschränkt sich der Lebensraum unseres Tieres auf ein von dichten Dschungelmauern umgürtetes, bis in Höhen von 5500 Meter hinaufreichendes, wildzerklüftetes Gebirgsmassiv. Die isolationsbedingte Eigenentwicklung des Schapis, dessen Verbreitungsgebiet vor der endgültigen Hebung des höchsten Erdengebirges sicherlich mit demjenigen des westhimalajanischen Thars in direktem Zusammenhang stand, wurde daher durch die klimatische Sonderstellung des, im Vergleich zu Nepal im Westen und Bhutan im Osten, außerordentlich humiden Sikkimhimalajas ebenso begünstigt wie durch die starke, jugendliche Erosion der genannten Himalajaflüsse.

Nach den wenigen Beobachtungen, die ich anstellen konnte, ist das Spürvermögen der Schapis nicht sonderlich hoch entwickelt. Dies gilt übrigens für die einzeln lebenden älteren Böcke beinahe in noch höherem Maße als für die in großen Rudeln gesellig lebenden Muttertiere, die ständig Umschau halten und schon bei der geringsten Beunruhigung flüchtig werden, um aus dem Gefahrenbereich zu entkommen. Gesichts- und Gehörsinn der Schapis sind ohne Zweifel gut ausgebildet, während sie, wie alle Hochalpentiere, gegen Steinschlag und Lawinengepolter verhältnismäßig unempfindlich sind.

Aufstieg ins Schapirevier

Schapilager

Wieder vergehen Tage ... noch immer klatscht die Nässe in schweren Tropfen vom Zeltdach nieder.

Viele Stunden sitze ich täglich auf der nahen Lagerwarte und blicke in den wirbelnden Hexenkessel von treibendem Schnee und ziehenden Wolken. Die Untätigkeit ist zum Auswachsen. Die mangelnde körperliche Betätigung raubt mir den Schlaf.

Doch eines Nachts, als ich vor Kälte erwache und durch den Zeltritz spähe, erblicke ich zum ersten Male seit langer Zeit wieder den gestirnten Himmel über mir und kann vor Aufregung keinen Schlaf mehr finden. Lange vor Tagesgrauen sind wir hoch, sitzen ums prasselnde Feuer, würgen unseren mit Rhododendronasche vermischten Reisbrei hinunter. Beim ersten Dämmerschein brechen wir auf. Voll freudiger Erwartung schlagen wir uns zum abermalten Male durch die kalten schneeverhangenen Dickungen bis zu einem knorrigen, weit ausladenden Rhododendronbaum, den ich ersteige, um, die Füße in Astgabeln gestemmt, die Gebirgslandschaft nach unserem Traumwild abzusuchen. Drüben am Steilhang jagt ein alter Steinadler vorüber. Plötzlich legt er die Schwingen an; wie ein Torpedo saust er in die Tiefe, senkrecht, als ob er jeden Augenblick auf den Felsen zerschellen müsse. Dann jähe Schwenkung, Aufschlag, Wirbel ... und schon wuchtet der stolze Flieger mit einem herrlichen, in allen Farben schillernden Glanzfasan in den weit herabhängenden Fängen davon. Weitab trägt er seine Beute in die Felsen ... und dann spielen funkelnde Federn im hellen Morgenlicht. Sie gleiten hinaus ... und verwehen.

Mählich steigt die Sonne von den höchsten Felsbastionen hernieder. Da werden auch die Kleinvögel, die ich in den Vortagen für ausgestorben hielt, wieder überall lebendig: kecke kleine Zaunkönige stellen ihre Stummelschwänzchen in die Höhe und können sich vor Aufregung kaum lassen, bunte Alpenrotschwänzchen tummeln sich auf ausladenden Halden, Schneefinkenschwärme kreisen mit transparenten Schwingen, Lerwahühner beginnen zu locken, und schließlich mache ich auf ganz geringe Entfernung dicht am Dickungsrand noch zwei weitere, fast auerhahngroße Glanzfasanhähne aus, jene schönsten aller Alpenvögel des hohen Himalaja und des östlichen Tibet. Wie Bälle von Glut und Feuer erscheinen sie mit ihren Federkronen, den roten Stößen, dem wie Atlasseide schimmernden schneeweißen Rücken und der ganzen Märchenpracht ihres übrigen Gefieders. Lange beobachte ich die stolzen, herrlichen Vögel, wie sie mit ihren breiten Gräberschnäbeln unter dem Schnee stochern und schaufeln. Nach einiger Zeit kommen auch noch zwei graue Hennen dazu und dann lassen die Hähne mit hocherhobenen Köpfen ihre warmen, volltönenden Flötentöne erschallen, bis die ganze Gesellschaft in der Rhododendrondickung untertaucht.

Nun, da alle Schründe und Schroffen von der Sonne beschienen sind, klettern wir behutsam weiter, finden bald einige schon ausgetaute Schapifährten und machen, als die Sonne ihren höchsten Tagesstand längst überschritten hat, in einer steilen Wand einen verdächtigen schwarzen Punkt aus, der sich beim Näherpürschen bald darauf als starker Schapibock entpuppt.

Jetzt kommt's darauf an! Mit aller Vorsicht krieche ich noch weitere fünfzig bis siebzig Meter durch das Felsengewirr heran, dann aber kommt eine wohl zweihundert Meter tiefe, sehr steile und völlig deckungslose Rinne, so daß ich mich wohl oder übel zum Handeln entschließen muß, zumal auch mein Leptschajäger, der ein näheres Herantasten ebenfalls für unmöglich hält, mit unmißverständlicher Zeichensprache zum Schießen ermutigt. Da ich die Entfernung bis zum Wilde für höchstens dreihundertfünfzig bis vierhundert Meter halte, lege ich mich nieder, suche mir eine bombensichere Auflage und nehme in aller Ruhe Ziel. Etwa zwei Handbreit über die Rückenlinie haltend, schieße ich. Wie angewurzelt steht der Bock. Ich repetiere, schieße wieder ... der Bock steht noch immer; ich schieße ein drittes Mal, und abermals rührt sich der schwarze Berggeist nicht von der Stelle. Während das Echo noch in den Bergen rollt, höre ich Koboldsgekicher! In wilder, aufschäumender Wut mich wendend, sehe ich den Leptscha, wie er in aller Ruhe die abgeschossenen Patronenhülsen aus dem Schnee klaubt. Sein spitzmausartiges Gesicht ist ganz ruhig, als wenn er sagen wollte: „Nur weiter so, die blanken Dinger kann ich gut gebrauchen ... aber den Schapi bekommst du nie!"

Der Verzweiflung nahe, haue ich nun noch zwei weitere Kugeln, hoch über das Ziel haltend, hinüber. Da sehe ich, wie der Felsen tief unter dem Schapi spritzt. Und nun wirft sich der Bock, wie ein Gummiball federnd, in rasender Flucht die senkrechte Wand hinunter. Von zwei weiteren, verzweiflungsvoll hingeworfenen Kugeln verfolgt, jagt er in Lagerrichtung hangab. In Wolken zerstäubenden Schnees entschwindet er unseren Blicken.

Zum Teufel auch, das geht nicht mehr mit rechten Dingen zu. Ich habe doch immer eine saubere Kugel geschossen! Und nun? Ich zweifle an meiner Schießkunst, zweifle an allem.

Während ich sitze und grüble und brüte, spielt der Leptscha neben mir mit den blanken Messinghülsen. Genug! Ich durchquere die Rinne und muß schließlich feststellen, daß doch alles mit rechten Dingen zugegangen war. Oder? Jedenfalls hatte ich, den Maßstab der gigantischen Landschaft mißdeutend, die Entfernung um mindestens hundertfünfzig bis zweihundert Meter unterschätzt. Aufatmend steige ich zum Lager ab, nur um zu erfahren, daß ein zweiter Schapibock wohl eine halbe Stunde lang auf zweihundert Meter über dem Lager gestanden habe. Also doch! Man könnte sich wirklich vom Gruseln der Leptschas anstecken lassen!

Der folgende Morgen: Nach einer unruhig im Halbschlaf verbrachten Nacht sitzen wir draußen am Feuer, um unser „lukullisches" Mahl im Morgensonnenschein zu verzehren. Ich denke noch immer an das wilde Ungetüm von kohlschwarzem Schapibock, den ich gestern fehlte, und nehme mir fest vor, nur noch auf kurze Entfernungen zu schießen. Ab und zu greife ich zum Feldstecher, um die hohen Wände oberhalb des Lagers abzusuchen, und springe plötzlich, wie von der Tarantel gestochen, auf. Dort oben, genau, nein haargenau an der gleichen Stelle, wo ich den Bock am gestrigen Abend fehlte, steht wieder ein schwarzer Punkt! Und diesmal bewegt er sich. Wie uns zu höhnen, hat der Bock die gleiche unzugängliche Felsenwarte bezogen. Sofort wird der Schlachtplan entworfen. Mein Begleiter soll den Bock von unten angehen, um ihm im Notfall den Weg abzuschneiden, während ich diesseits der bauschenden Rinne über das Labyrinth der Felsen nach oben klettern will, um in die gleiche Höhe des Wildes zu gelangen und direkte Pürsch zu wagen.

In rasender Eile steigen wir an, brechen mehr als einmal bis zur Brust in mürbe Schneematten ein und gelangen nach etwa halbstündiger scharfer Kletterarbeit an eine steilabfallende Felsennase, von wo wir den Bock noch immer an der gleichen Stelle beobachten können. Die Leptschas zurücklassend, krieche ich nun, die Büchse hochhaltend, aber sonst fast im Schnee versinkend, Meter für Meter voran, bis ich mein Traumwild endlich auf gute Schußentfernung von kaum zweihundert Metern vor mir habe und ihm abermals in aller Ruhe das Maß nehmen kann.

Im Schuß reißt's den Bock fast senkrecht in die Höhe, dann keilt er aus, torkelt, kommt wieder auf die Läufe und rast, genau wie am gestrigen Abend, mitten in die spaltenreiche, unter ihm sich auftuende Wand hinein, wo ich ihn an einem Zwangspaß in voller Flucht zum zweiten Male packen kann. Lautlos rollt er in den Schnee, überschlägt sich und saust – ein grausiger Anblick – fast dreihundert Meter über die Wand hinab, um, in eine wegrollende Schneelawine gehüllt, in einer tiefen Schlucht zu verschwinden. Das Eis ist gebrochen. Laut schallen unsere Waidrufe durch die einsame Landschaft. Fern vom Lager her, wo die ganze Mannschaft Zeuge der aufregenden Jagd war, werden sie beantwortet.

In wildem Übermut steige ich nun, gegen den Rat meiner Eingeborenen, steil nach unten, willens, die Schlucht auf der Todesbahn meines ersten Schapi zu durchklettern. Mit den Fingernägeln nach Halt in den eisigen Wänden suchend, mich rettungslos im greulichen Felsengewirr versteigend und in tiefen Schneemulden bis an die Achseln versinkend, komme ich, ohne auch nur noch einen trockenen Faden am Leibe zu haben, nach einer guten Stunde bei meiner kostbaren Beute an! Es ist ein starker, wohl zweihundert Pfund schwerer Bock, der ein knuffig kurzes, weit ausgeschwungenes Gehörn trägt. Mit aufgeworfenen Lippen, Rammsnase und riesenlanger Mähne, ein wahrhaft vorsintflutliches Geschöpf! Bis die Mannschaften vom Lager herangekommen sind, halte ich ihm die Totenwacht ..., dann geht die letzte Zigarette reihum, und die schweren, viele Stunden in Anspruch nehmenden Bergungsarbeiten können beginnen.

Nun, wo wir den ersten „glücklichen Schlag" geführt haben und auch keine Magensorgen uns mehr bedrücken, sehen wir fast täglich Schapis, und auch das Wetter bleibt, von einigen schweren Hagelwettern abgesehen, sonnenklar und beständig. Schon am nächsten Tage gelingt es mir, den zweiten, noch kapitaleren Bock sozusagen vom Lager aus zu erlegen. Während wir nach mühseliger Tagespirsch im Dämmerlicht einträchtig ums Feuer sitzen, um uns aufzuwärmen, steht er plötzlich in einer übersteilen, mit Zwergbambus bewachsenen Wand, wo ich ihn, von Block zu Block springend, verhältnismäßig leicht anpürschen kann. Doch als ich ihn schon auf kinderleichte Schußentfernung von kaum zweihundert bis zweihundertsechzig Metern „angesprungen" habe, ist er wie vom Erdboden weggewischt – in einer von meinem Stand aus nicht wahrnehmbaren Höhle untergetaucht. Nach minutenlangem nervenkitzelndem Warten entschließe ich mich angesichts des immer schlechter werdenden Lichtes zum Anruf und mache mich, die gestochene Büchse in der Faust, zum Schuß auf den flüchtigen Schapi fertig ..., aber weit gefehlt! Es geschieht gar nichts! Auch der zweite, lautere Anruf bleibt unbeachtet. – Sollten wir uns alle getäuscht haben? Ein Opfer unserer überreizten Nerven, einer Massensuggestion geworden zu sein?

Und dann brülle ich aus Leibeskräften hinüber, daß es von der kalten Felswand dröhnend widerhallt. Ein-, zweimal ... Pause ... und noch einmal ... Nichts regt sich! Nur droben fegt der Nachtwind über die Kämme und läßt leis rauschende Lawinenschleier ganz langsam über die Wände herniederfallen. – Als das Geriesel beendet und die Sicht wieder offen ist, steht er plötzlich da. Wie mich deucht, an der gleichen Stelle. Stark und schwarz wie ein Bär ... und ganz frei. Mitten in die weiße Mähne haltend, bringe ich ihn mit dem ersten Schuß zu Fall. Auch dieser Bock fliegt mehrere hundert Meter, von Fels zu Fels schlagend, durch die Luft nach unten, reißt Steinlawinen mit und bleibt in gähnender Klamm mit dumpfem Aufschlag liegen. Die begeisterte Mannschaft bringt ihn noch am gleichen Abend herein. Leider ist eines seiner starken Hörner abgebrochen. Nach Aussetzen einer hohen Belohnung wird es am folgenden Morgen von unseren tapferen Leptschas unter höchster Gefahr geborgen.

Aber nicht alle Schapis machen's uns so leicht wie dieser. Einmal folgt mein Kamerad den nagelfrischen Fährten zweier starker Böcke in eine der abgründigen Wände hinein. Vom Jagdeifer gepackt, kriecht er immer steiler nach oben, findet im zwergenhaften Bambus viele frische Äsungsplätze und nimmt zeitweise sogar den unangenehmen, ziegenartigen Geruch wahr, der den starken Böcken namentlich während der Brunftzeit anhaftet. Er muß also dicht vor seinem Wilde stehen. Als die Fährten sich teilen, folgt er der stärkeren und gerät in geradezu unmögliches Gelände hinein, wo er sich auf kaum fußbreiten Felsbändern, den Abgrund unter sich, voranarbeitet. Dann rutscht er ab und entgeht um Haaresbreite Absturz und sicherem Tod. Schließlich stößt er sich zu allem Überfluß noch einen eisenharten Bambusstab durch den Kletterschuh hindurch in die Fußsohle. Als er die Wunde gerade verbunden hat und sich mit aller Vorsicht weitertastet, hört er plötzlich ein leichtes Brechen und macht sich schußfertig. Im gleichen Augenblick ertönt vom Lager herüber ein Schuß ... und kaum fünfzig Meter vor ihm saust der Bock wie eine in Schneewolken gehüllte Kugel pfeilschnell zu Tal. Die ganze harte Schinderei war wieder einmal umsonst. Da es ein Zurück nicht gibt, durchsteigt er die mörderische Wand und kommt bei Dunkelheit im Lager an, nur um zu erfahren, daß einer unserer Präparatoren, denen ich nach Erbeutung der ersten Schapis Kleinwild freigegeben hatte, im entscheidenden Augenblick einen Vogel vorbeigeschossen hatte.

Während der nächsten sonnenklaren Tage stellen wir überall auf den hohen Zacken und Zinnen Beobachtungsposten aus und verabreden Zeichen und Winke, die es uns ermöglichen, in kurzer Zeit zur Stelle zu sein, um die Pürsch beginnen zu können, sobald einer unserer Eingeborenen etwas erspäht hat. Nachdem ich drei mächtige Böcke zur Strecke gebracht habe, geht es mir zum Zwecke der Vervollständigung der Sammlung darum, auch noch eine entsprechende Anzahl von weiblichen und jüngeren Tieren zu erbeuten.

Wir sitzen im Lager, trinken Tee und reinigen unsere Waffen. Da flammt vom nächsten Beobachtungsstand, aus der Krone eines knorrigen Rhododendronbaumes, das verabredete Zeichen „Schapis in Sicht". In wenigen Sekunden sind die Büchsen geschultert. Stoßweise atmend geht's steil hinan. Nach halbstündiger scharfer Kletterarbeit erklimme ich den Rhododendronbaum, und der Leptscha zeigt mir ein Rudel von fünf Schapis, die noch etwa achthundert Meter entfernt in verteufelt schwierigem, fast deckungslosem Gelände stehen. Ich selbst begnüge mich mit einer Riegelstellung, während mein Kamerad in weitem Bogen durch Schründe und Dickungen nach oben steigt und ein wahres Meisterwerk vollbringt, indem er nicht nur drei Stücke mit sauberen Kugeln erlegt, sondern mir auch noch die beiden anderen zutreibt. In toller Fahrt flüchten sie einen steilen Bergrutsch hinab, verschwinden, tauchen wieder auf und kommen mir schließlich auf kaum hundertfünfzig Meter breit ... und ein glänzendes Ziel bietend. Der erste rollt im Knall, während ich den anderen erst mit der dritten Kugel hochflüchtig auf die Decke legen kann. Mit Ausnahme zweier von meinem Kameraden erbeuteten Stücke, sind alle Schapis tief abgerollt, so daß unsere gesamte Mannschaft bis in den Abend hinein zu tun hat, das schwere Wild zu bergen und zum Lager zu schleppen.

Die nächsten Tage sind den Präparationsarbeiten gewidmet. Es werden Untersuchungen angestellt, Maße und Gewichte genommen, die Decken gespannt und gesalzen, bis wir zum Endspurt rüsten und es uns in gemeinsamer Anstrengung gelingt, noch drei weitere starke Schapis der Sammlung einzuverleiben.

Während der letzten Tage besteht unsere Nahrung fast nur aus odiösem Schapifleisch; aber wir würgen es hinunter, indem wir uns Wattepropfen in die Nasenlöcher stopfen, um den widerlichen Bockgeruch wenigstens auf ein erträgliches Maß zu beschränken.

Abscheulich sehen wir aus in diesen letzten Tagen des Schapiunternehmens. Unsere Kleider sind zerrissen, die Bärte verfilzt, die Gesichter zerkratzt und die Hände voll blutiger Schrammen und Risse. Aber stolz, froh und von ganzem Herzen dankbar sind wir doch, daß wir siegen durften gegen die Dämonen dieser Berge.

Als wir am Tage des Aufbruches die Lagerfeuer löschen und die Bergwelt im Glanz der Morgenfrühe noch einmal auf uns wirken lassen, steigt ein letzter Schapibock durch die Wände dicht über dem Lager. Aber unsere Büchsen liegen gesichert neben uns. Wir beobachten das wunderbare Tier, wie es in majestätischer Ruhe bergwärts steigt, hoch und höher, bis es nur noch als schwarze Silhouette gegen den strahlenden Himmel steht.

„DIE GÖTTER HABEN GESIEGT!“

Über den Natu La-Paß nach Tibet

Es geht nun Schlag auf Schlag. Schon am nächsten Tage, als wir uns gerade auf dem Marsche nach Lachung befinden, wo ich die ganze Expedition wieder versammeln möchte, erreicht uns die sehnsüchtig erwartete Einladung der hohen tibetischen Regierung, und der Jubel kennt keine Grenzen.

Während der nächsten Tage werden die laufenden Arbeiten zum Abschluß gebracht und die Zelte in Nordsikkim endgültig abgebrochen.

Bläulichvioletter Dunst liegt über dem schönen Tale von Lachung, und rosarot leuchten die Felsendome im Frühlicht, als wir gen Süden ziehen, um alle weiteren Vorbereitungen in Gangtok zu treffen und die neue, große Karawane dort zusammenstellen.

Nachdem in Chungtang der Rückzug bis in alle Einzelheiten besprochen wurde und ich einem meiner Kameraden die heikle und schwierige Aufgabe überlassen habe, Troß und Leute zurückzuführen, entschließe ich mich, die fast sechzig Kilometer lange Strecke bis zur sikkimesischen Hauptstadt im Gewaltmarsch an einem einzigen Tage zurückzulegen.

Nur von dem unverwüstlichen Akey und dem kleinen zähen Mandog begleitet, breche ich, nach Erledigung der wichtigsten Geschäfte, um neuneinhalb Uhr von Chungtang zum großen „Marathonlauf“ auf. Von fieberhafter Unruhe gepackt, geht es über Stock und Stein, immer dem Lauf der Tista folgend, von Stufe zu Stufe in die Tropen hinab. Ohne Rast und Ruh messen wir gegenseitig unsere Kräfte und hetzen voran. Immer düsterer wird der Dschungel und immer dichter, je tiefer wir steigen. Von Stunde zu Stunde nimmt die Hitze zu, der Schweiß rinnt in Strömen, und die Adern pochen bis zum Halse hinauf.

Aber was hilft's, wir müssen das Tempo halten. Uns in der Führung gegenseitig ablösend, jagen wir weiter zwischen den Dschungelwänden dahin. Als ich auf schmalem Engpaß, wohl zweihundert Meter fast senkrecht über der rauschenden Tista, gerade um eine scharfe Felsennase biege, wälzt sich ein mächtiger armdicker Schlangenleib auf dem kaum meterbreiten Steig. Zu Stein erstarrt, mit bebenden Pulsen, erkenne ich zu meinem größten Schrecken, daß es sich um eine riesenhafte Königskobra handelt, um die „gefährlichste Giftschlange der Welt". Kaum zehn Meter trennen mich von dem züngelnden Reptil, das als einziges seiner Familie in dem Rufe steht, bei der geringsten Reizung zu tödlichem Angriff und Verfolgung überzugehen! Akey, der weit zurückblieb, trägt meine Waffe. Ich stehe wie angewurzelt ... Ein gelinder Schauer läuft mir über den Rücken. Jetzt schiebt die unheimliche Giftschlange in aller Ruhe ihren flachen, dreieckigen Kopf auf einen Stein und schaut mich aus kleinen, tückischen Augen unverwandt an.

Die Flucht ergreifen? Nein, das wäre zu gefährlich. Also warten, ganz ruhig verhalten und keine Bewegung machen. Schließlich, die Sekunden werden mir zu Ewigkeiten, fasse ich Mut.

Da die Schlange zum Angriff offensichtlich nicht gelaunt ist, wende ich ganz behutsam den Kopf und rufe aus Leibeskräften nach meinem Gewehr. Darauf schlängelt sich die Königskobra wie eine Schraube ohne Ende langsam über den Weg. Wieder vergehen bange Sekunden. Als mir Akey endlich, wie ein Panther hinter meinem Rücken anschleichend, die Waffe zureicht und ich aufatmend den kühlen Schaft fühle, komme ich mir wie erlöst vor. Blitzartig werfe ich die Schrotgarben beider Läufe mitten auf den olivfarbenen Körper des Reptils.

Im Donner des Doppelschlages schießt die Schlange meterhoch empor und schnellt sich mit unheimlicher Geschwindigkeit schluchtwärts durch die Büsche. Dann noch ein leichtes Rauschen und wieder Grabesstille.

Aus begreiflichen Gründen verzichten wir auf die Nachsuche. Ohne Aufenthalt geht es nach Mangen, wo wir die erste kurze Rast einschalten, die rasch gekochten Eier jedoch schon wieder im Laufen verzehren. Als tiefster Punkt wird gegen sieben Uhr am Abend Diktschu, das auf nur sechshundert Meter gelegen ist, erreicht. Hier halten wir in einer Nepalihütte Einkehr, trinken Tee und vertilgen ein paar Maisfladen, um uns zur letzten, gewaltigsten Anstrengung des Tages zu rüsten. Über eintausend Meter Höhenunterschied gilt es noch zu überwinden. Das ist nicht leicht, nach vierzig, im Dauerlauf zurückgelegten Kilometern. Trotzdem wird uns der große Anstieg beim Schein des vollen Tropenmondes zu einem unvergeßlichen Erlebnis.

Die Nacht ist schon zu vollem phantastischem Leben erwacht. Blaues Licht fällt über die Schluchten, silberne Reflexe geistern durch den Dschungel, von fernher bellt ein Muntjakhirsch, und um die Häuser heulen die Schakale. Gierig saugen wir die kühler werdende Luft in die Lungen. Dumpf dröhnen Tuben und rasselnde Gongs aus verborgenen Siedlungen. Vielleicht stirbt in dschungelverwobener Hütte ein Mensch ... und Lamas helfen ihm, ins Nebelreich des Bardo einzugehen. Es ist ein von unheimlichen Eindrücken erfüllter Gespenstermarsch, so ganz nach meinem Sinn und Geist. Höher steigt der runde Mond; heller noch werden die Dichtungen, schwärzer der tunnelartige Weg im Wald.

In Schweiß gebadet steigen wir und steigen. Selbst der unverwüstliche Akey ist nahe am Zusammenbrechen. Mir selbst dröhnt der Schädel. Schließlich aber wird auch der 1900 Meter hohe Penlong La in gemeinsamer Anstrengung genommen. Auf der Paßhöhe verschnaufen wir ein letztes Mal, dann humpeln wir die letzten vier Kilometer nach Gangtok hinunter und sind Punkt 22 Uhr im Gästehaus des Maharadschas.

Um fünfeinhalb Uhr am nächsten Morgen aber sind wir schon wieder auf den Beinen. Um Dilkuscha blühen die Kirschbäume. Es ist eine seltsame Welt. Seine Hoheit ist reizend wie immer. Alle Hilfe und Unterstützung läßt er uns angedeihen. Wenige hatzbunte Tage vergehen im Wirbel letzter Vorbereitungen. Tag und Nacht wird geschuftet, verhandelt, gepackt und gerüstet. Dann endlich ist es so weit. Am Morgen des 20. Dezember 1938 steht die neue Karawane abmarschbereit.

Überall leuchten mir stolze, freudige Gesichter entgegen. Voller Zuversicht und inniger Befriedigung schweift mein Blick über die Herde ungebärdiger, strammer, schwer bepackter Maultiere, die vor Tatenlust beißen und schlagen.

Wir haben es also erreicht! Was nun zu tun bleibt, ist Technik und Routine. Wir werden die ersten Deutschen in Lhasa sein; aller Kälte, allen Stürmen und aller gespannten Lage zum Trotz werden wir es sein!

„Zufall" wird das Gesetz nun wieder heißen, auf das ich meine Unternehmungen baue. Aber ich habe ein unbändiges Vertrauen! In wenigen Tagen schon werden die Wälder hinter uns liegen. Kampf mit den Elementargewalten der winterlichen Hochlandsteppen wird folgen, und Staubfahnen werden wieder unter den Hufen unserer Tiere in die graue Unendlichkeit verwehen.

In dieser Stunde des Abschieds von Ruhe und Sicherheit ergreifen die geheimnisvollen Geister wieder ganz Besitz von mir, mit einer Gewalt, die all mein Sehnen aus dieser satten, grünen Lebewelt hinwegreißt in den magischen Zauber der kargen, kahlen Hochlandwildnis. Wer Tibet nicht mit eigenen Augen geschaut, wird meine Gefühle an diesem zartblauen Dezembermorgen in Gangtok nur schwerlich verstehen!

Ehe ich den Abmarschbefehl erteile, begeben wir uns allesamt zum Palast hinüber, um dem Maharadscha ein letztes Lebewohl zu sagen. Während unsere Diener zu Boden fallen und den Segen ihres Landesherren erflehen, empfangen wir neben den besten Wünschen für die beschwerliche Reise jeder als Talisman einen blütenweißen Zeremonienschleier. Dann schwingen wir uns auf die Pferde und reiten zur britischen Residenz, um auch dort Abschied zu nehmen. Dem wohlwollenden Verständnis von Leo Basil G. Grual, des im indischen Kolonialdienst ergrauten politischen Offiziers von Sikkim, verdanke ich mehr, als ich an dieser Stelle mit Worten zu sagen vermag. Herzliche Worte, Händedruck ... Good Luck! Und langsam setzt sich die Karawanenschlange bergwärts in Bewegung.

Welch glückseliges Gefühl, wieder an der Spitze zu reiten und alle Getreuen, hoch zu Roß, von der gleichen Sehnsucht erfüllt zu wissen! In steilen Serpentinen winden wir uns empor, beobachten mit Freude, wie der Atem leichter fliegt, der Weg abgründiger wird, wie sich die anfängliche Ordnung der Karawane verliert. Links die mit zunehmender Höhe freier werdenden Kuppen, rechts schaurig tiefe Abstürze und Schluchten, aus deren unsichtbarer Tiefe der Donner stürzender Wildwasser heraufdringt. Noch aber steht der eisengeländerte Steg in krassem Widerspruch zu der farndurchwucherten, lianenverschlungenen Wildnis, bis nach einigen Kilometern die „Straße“ endlich in einen jener holprigen, namenlosen Karawanenpfade übergeht.

Noch vor Einbruch der Dämmerung erreichen wir das in schluchtartigem Talausgang zwischen hohen Felsen gelegene Rasthaus von Karponang, wo wir uns zur Nacht einrichten.

Tagebuchschreibend sitze ich am Feuer, sauge die wohlige Wärme und sehe die eisenharten Alpenrosenäste in Rotglut zerplatzen – draußen beginnt es zu dunkeln. Graue Wolken schieben sich zwischen uns und die Welt der Menschen drunten in den Wäldern.

Nach kalter Nacht ein wundervoller Morgen. Noch im fahlen Nebeldämmer brechen wir auf, um Changgu, unsere nächste, ungefähr 1500 Meter höher gelegene Station möglichst frühzeitig zu erreichen und die Vorbereitungen für den geplanten Grenzübertritt zu treffen.

Es ist ein scharfer, aber herrlicher Ritt aus den immergrünen Dschungeln hinaus bis zur oberen Grenze der düsteren, im Blau verschwimmenden Koniferenwälder.

Kein Wölkchen ist am azurblauen Himmelszelt zu sehen. Weit in der Runde streben die nadelscharfen, wildzersägten Gipfelgrate empor, und in violetter Ferne prangen die Schneeketten des Kangchendzöngamassives über den gähnenden Schründen. Eine Szenerie von unheimlicher Wildheit und Romantik tut sich vor mir auf. Förmlich zwischen Himmel und Erde schwebt der Pfad dahin. Ohne Zweifel gehört diese Karawanenstraße zu den eindrucksvollsten Wegstrecken des gesamten Himalajagebirges. An vielen Stellen, wo der Weg über gähnende Abgründe führt, wird er durch glatte, spiegelblanke Eisstürze versperrt, und oft genug hängt das Leben unserer keuchenden Tiere nur noch an einem Faden. Aufregend aber wird es erst, als uns mehrere tibetische Wollkarawanen an besonders engen Wegstellen begegnen und die wettergegerbten, selbstbewußten Hochlandssöhne sich noch bei weitem bockbeiniger anstellen als ihre wollhaarigen Mulis. Sie denken gar nicht daran, auszuweichen und würden ihre Karawanen wohl lieber in den Abgrund stürzen sehen, als auch nur einen Schritt zur Seite zu gehen. Als sich die Mulis auf beiden Seiten des schwindenden Steiges zu stauen beginnen, weiß sich Akey in äußerster Bedrängnis nicht anders zu helfen, als einem dieser starrköpfigen Gesellen seinen Bambusknüttel mit aller Macht über den Schädel zu schlagen, worauf der Tibeter nur grinst und langsam die Hand zum Schwertknauf führt. Erst als ich rasch dazwischentrete, streckt er in devoter Verbeugung die Zunge heraus. Zögernd gibt er den Weg frei.

Am Ende der Rongnitschlucht, deren Steilhängen wir seit gestern folgen, fallen die stahlschimmernden Wände noch einmal Hunderte von Metern in die Tiefen der subtropischen Urwälder.

Inmitten dieses grünen Ozeans liegen, an den tieferen Hängen spärlich eingestreut, die hellen Flecke der menschlichen Siedlungen. In der Allgewalt der Berge muten sie wie verlorene Oasen an. Noch einmal genieße ich einen geradezu überwältigenden Blick auf Gangtok, dessen Maharadschatempel aus der Tiefe heraufleuchtet wie eine goldene Krone aus verwunschenem Meer. Dahinter reihen sich die immer schroffer werdenden Kulissen des mittleren Himalaja, über denen die gewaltigen Schneehäupter wie Elfenbeinkronen schimmern.

Befriedigt schaue ich ein letztes Mal auf das helle Fädlein des meisterhaft angelegten Weges zurück, wie er die schroffen Klüfte überwindet, die kaminartigen Rißtäler überspannt und sich wie eine Quarzader durch die dunklen Wände zieht. Drunten erscheint gerade die Vorhut unserer Hauptkarawane, deren Tiere wie Marionetten minutenlang in der Luft zu hängen scheinen, bis sie wieder von den engen Schründen verschluckt werden.

Nach Überwindung dichter Busch- und Bambusdschungel lassen wir das subtropische Tallabyrinth unter uns liegen und treten am

Übergang von der Schlucht zum flacheren Wannental in die Zone der bartflechtenverhangenen Nadelwälder ein. An der Grenze zwischen den beiden scharf gegliederten Vegetationsgürteln weht uns scharfer Bergwind entgegen. Damit ist eine neue, höhere Stufe in der Wendeltreppe des Himalajas erreicht. Bald schon überwiegen dunkle, knorrige Rhododendronarten den gelbgrünen Bambus, eine üppige Hochstaudenflora bedeckt den Boden, Wacholderbäume werden häufiger, und die ersten Vertreter der alpinen Avifauna treten auf. An der kaum merklichen, „Lagjap La" genannten, Paßscharte treten wir zwischen dem Einschnitt zweier Längskämme in das hohe, paläarktisch geprägte Gletschertal, an dessen oberem Ausgang auf 3400 Meter Changgu liegt, unser heutiges Ziel.

Immer ausladender werden die Bergformen, immer flächiger das Tal, und dann stehen wir plötzlich vor den ersten schindelbedeckten Häusern im heimatlich anmutenden Baustil.

Beinahe fühle ich mich in die heimatlichen Wälder der Alpen versetzt. Irgendwo im Salzburger Lande könnte alles sein: die schönen klaren Berge, der rauschende Wildbach, die duftenden Tannen- und Fichtenbestände und die gespenstisch silberweißen Stämme abgestorbener Urwaldriesen. Nur die Maßstäbe sind um vieles gewaltiger.

Von Kilometer zu Kilometer lichtet sich der Wald, der Gürtel der Buschrhododendren beginnt, und die kahlen Hochalpen mit ihren karstigen Formen rücken näher und näher heran. Der erste Kolkrabe, Tibets Wappenvogel, begrüßt uns mit tiefer, klangvoller Stimme und zwei riesenhafte Himalajageier schweben, silbernen Kreuzen vergleichbar, mit weitklafternden Schwingen über unseren Häupten. Ein letzter Moränenwall wird in freudigem Ansturm genommen, und wir stehen am Ufer eines einsamen Sees.

Mit diesem Wechsel von Landschaft und Vegetation tut sich wieder eine völlig veränderte Welt vor unseren erstaunten Blicken auf. Tief, unergründlich, kristallklar liegt das Wasser. An seinen Ufern türmen sich gewaltige Klippen und Geröllblockaden inmitten einer hochalpinen Landschaft. Weiße Wolken ziehen leise über schimmernde Gipfelpyramiden dahin. Das würzig-herbe Aroma der längst vergilbten Alpenmatten und der dicht verfilzten Rhododendronbüsche, das blanke Eis am Wegesrand, die grasenden Yaks auf den vertrockneten Weiden, die gnomenhaften Bärte der im Winde wehenden Hängeflechten an den letzten sturmzerzausten Wetterfichten und die wie Schleppen wirkenden Moosbehänge auf Stein und Fels schaffen eine Atmosphäre von Abgeschlossenheit und Einsamkeit. Schwermütig klingt von irgendwoher der melodische

Doppelpfiff des Glanzfasans, der hier oben zwischen wirren Felsenabstürzen und den höchstgelegenen Alpenrosendickungen ein stilles Dasein führt und sein leuchtendes Prachtgefieder vor den scharfen Fängen des Adlers verbirgt.

Über Felsen und Geröll geht's am Ufer entlang. Das Wasser plätschert ganz leise und drüben, auf der anderen Seite des Sees, hängen die untersten Äste des Alpenrosenteppichs tiefdunkel und girlandenhaft bis zur Wasserfläche herab. Dann öffnet sich das Hochtal muldenförmig und steigt in leichter Terrassierung bis zum kleinen Rasthaus an.

Rasch treibe ich mein Tier zwischen See und Felswand zum letzten Galopp und werde gleich darauf mit zeremonieller Wichtigkeit mit einer Tasse heißen Tees empfangen.

Wenig später aber sitze ich wieder draußen, sinne vor mich hin und blicke hinab auf den schweigenden See.

Alte, längst verklungene Erinnerungen werden wieder wach. Ich sehe mich nochmals als kaum Zwanzigjährigen im unendlichen Reich schimmernder Rhododendren, als ich zum ersten Male nach Tibet vordrang. Wie rasch sind doch die Jahre vergangen – Expedition und Ausarbeitung – Reise und Schreibtischarbeit. Und nun der Vorabend der größten Erfüllung, die einem Asienforscher zuteil werden kann. Diese Stunde der Besinnung im freudigen Vorwärtsstürmen, diese Einsamkeit inmitten der erhabenen Natur, lassen mein Herz höher schlagen. Leis schweben die Wolken empor, hauchfein umgarnen sie hohe Bergesketten und fliegen weiter in den unermeßlichen Raum.

Heut abend wird ein Feuer lodern, und morgen in aller Frühe soll die tibetische Grenze überschritten werden; ich empfinde tiefen, demütigen Dank.

Feierlich inmitten des felsgekrönten Amphitheaters liegt der heilige See, von dem die Sage erzählt, daß er die Ruhestätte armer Seelen sei. Vor einigen Jahren, so berichtet mir Akey, beging einer der fortschrittlich gesinnten politischen Offiziere von Sikkim die Unvorsichtigkeit, Forellen in den Changgusee auszusetzen, worauf die stillen Wasser zu kochen und schäumen begannen und eine schwere Überschwemmung verursachten. In dunklen Nächten hörte man den See jämmerliche Schreie ausstoßen, bis der Maharadscha zwölf auserwählte Lamas nach Changgu sandte, um die erzürnten Geister zu beschwören. Sieben volle Tage und sieben Nächte saßen die zwölf Priester an den steinigen Ufern, murmelten ihre Gebete und gaben den Geistern die Ruhe zurück. Die Forellen aber verschwanden, und kein lebender Mensch hat je mehr eine Spur von ihnen gesehen. Nur wenn der Vollmond über den Bergen steht, erscheinen noch immer die silbernen Bäuche mächtiger Fische im geisterhaften Licht, und helle Flämmchen zucken über den See.

Als der Abend langsam herniedersinkt, ist es, als ob sich das verschwiegene Wasser direkt mit dem Himmel verbinde, denn hinter den Moränenwällen fällt das Tal in die Tiefen Sikkims und man weiß nicht, ob der See den Himmel oder der Himmel den See im Schein der letzten Sonnenstrahlen widerspiegele.

Dahinter aber werfen die purpurüberhauchten Bergflanken des Himalajas unheimlich schwarze Schatten über den See. Grellgelb und brandrot flackert das Abendrot über den westlichen Himmel, und die Wolkenstimmungen wechseln von Minute zu Minute, eine immer eindrucksvoller und gewaltiger als die andere. Mählich verschwimmen die düsteren Silhouetten der Berge, und seltsame Fabelwesen, Riesen und Zwerge, Gnome, Trolle, Nixen und Elfen werden lebendig. Die ganze Natur ist belebt und erfüllt von heimlich schaffenden Wesen. Je dunkler es wird, desto traumhafter und unergründlicher wird der langgestreckte Kessel des Sees. Nebelbänke senken sich hernieder. Sie bilden dichte graue Vorhänge und trennen uns von der übrigen Welt.

Dann schichten wir Stämme und Scheite und, als es Nacht geworden ist, nehmen wir beim Schein der Kerzen einen prächtigen Festschmaus ein. Dann wandeln wir durch die kalte, stille Sternennacht hinunter zum See. Von einem Felsblock schleudere ich die Fackel in den mächtigen Holzstoß. Lange sitzen wir im Scheine der hochaufschlagenden Flammen, und wir geloben, uns bis zur Erfüllung der Aufgabe die gleichen zu bleiben. Wir lauschen dem Schicksalswind, wir schauen zurück und spinnen neue Pläne.

Am nächsten Morgen ist alles schon vor Tagesgrauen auf.

Der Sturm auf Tibets Grenze kann beginnen. Es ist ein Tag für Götter.

Mit wolkendurchschießenden Strahlenbündeln hat sich die rote Sonne erhoben und die nächtlichen Schatten aus den Tälern verjagt.

Klar und unbestechlich schimmern die Berge, und der Himmel bläut in seidigem Glanz. Maßlos und weit liegt die Welt zu unseren Füßen. Die Kämme und Grate leuchten. Die märchenhafte Helligkeit der Sonne des Himalajas ist nur schwer vorstellbar für jeden, der solche himmelsnahe Pracht mit eigenen Augen nie geschaut. Über dem tiefen Violett der Felsmassive erscheinen die sonnenumkränzten Gipfel und die ungeheuren Kumuluswolken wie von mächtigen Feuern durchglüht.

Der Karawane vorausmarschierend, schreite ich aus durch die hellhörige, frostklirrende Landschaft. Die Rhododendren haben ihre Blätter zusammengerollt, aber mir ist warm und wohl, trotz der grimmigen Kälte. Die Stimme des Glanzfasans klingt wie aus anderer Welt, und ich möchte es dem Lämmergeier gleichtun, der hoch droben, einem fliegenden Drachen vergleichbar, den Aufwinden folgt und sein herrliches Gefieder im Frühlicht badet.

Bevor wir uns zur eigentlichen Paßhöhe emporarbeiten, vergehen noch Stunden schwierigen Marsches in großer Höhenlage. Kurz hinter Changgu steigt der Weg durch die höchsten Ausläufer des Rhododendrongürtels hinan, über eine kaum hundert Meter hohe, geröllbesäte Bodenwelle hinweg und führt über einen kleinen Paß. Dann tut sich tief unter uns ein gewaltiges, mit Alpenrosen und Koniferen dicht bestandenes Schluchttal auf, dessen zackigem Verlauf wir, immer gleiche Höhe haltend, oberhalb der Baumgrenze folgen, bis es am Massiv des Natu La, des großen Gipfelpasses zwischen Sikkim und dem Tschumbitale, in wilden, hoch sich türmenden Felsblockaden ausläuft. Während dieser ersten Stunden begegnen uns mehrere riesige Karawanen, deren jede aus mehr als zweihundert schwer mit tibetischer Schafwolle beladenen Maultieren besteht. Die finsteren, in verwitterte Pelze gehüllten und von schweren Mastiffrüden umgebenen Karawanentreiber beachten uns kaum. Verwegen tragen sie ihre Fuchspelze um die Köpfe geschlungen. Selten, daß sie an abgründigen Wegstellen eine Miene verziehen, wenn unsere Karawanentreiber über ihren Unbedacht in flammende Wut geraten. Obwohl wir stets versuchen, die Bergseite zu gewinnen, um unsere wertvollen Lasten zu schützen, rumpeln die sich begegnenden Tiere doch immer wieder aneinander, nur weil die rothäutigen Söhne der Wildnis einfach nicht nachgeben wollen. Feindselig stieren sie uns aus schwarzen Glutaugen an, als ob sie alles Fremde vernichten wollten.

Leider läßt es sich nicht vermeiden, daß zwei tibetische Wollmulis von unseren eigenen Tieren über den Wegrand hinausgedrückt werden. Unter Flüchen und Verwünschungen beider Parteien stürzen die Tiere ab. Da gibt es wilde Szenen; wie tollwütige Hunde stehen sich beide Parteien in instinktivem Haß gegenüber, und unsere sikkimesischen Mulitreiber, die wir von Yatung im Tschumbitale zurücksenden wollen, schlottern vor Angst, bei ihrer Rückkehr von der Überzahl der erbosten Tibeter aus dem Hinterhalt überfallen und erstochen zu werden.

Über den aufstrebenden Talflanken, die zur Rechten von den dunkelgrünen Samtteppichen der Rhododendrondickungen begrenzt werden, tritt der riesig gefaltete Fels mit immer größerer Klarheit hervor. Glitzernd und kalt streben die Wände bis zum stählernen Himmel empor, dessen Bläue in Worten nicht zu beschreiben ist. Während wir uns in etwa 4000 Meter Höhe befinden, scheint die Sonne so heiß, daß man meinen könnte, im Hochsommer zu leben. Zwar wird der Weg oft durch kleine, aalglatte Eisbänke und Miniaturgletscher unterbrochen und auch die Luft ist noch kalt, aber die Strahlungsintensität ist unvorstellbar gewaltig. Daher liegt auch nirgends eine zusammenhängende Schneedecke. Nur hin und wieder tritt ein Schneefleck auf; sonst schauen überall die meterhohen Samenstände der Alpenmohne und die kleineren unzähliger Primeln zwischen den mit dichten Erikapolstern überzogenen Felsen hervor. An manchen Stellen, wo steile Abstürze überwunden werden müssen, verläuft der Pfad in dreifach dicht übereinander liegenden Windungen. In der Tat ist's ein faszinierendes Bild, in dieser statischen Landschaft größter Maßstäbe die winzigen, wie Ameisen erscheinenden Tiere zur gleichen Zeit auf sich zu- und davonziehen zu sehen. Es ist wie eine Schraube ohne Ende. Ein unvergeßlicher Anblick, Sinnbild des Lebens, des Wanderns gleichsam, der ewig ziehenden Karawanen!

Weiter voraus klettert der Weg über Geröllhalden und Felsblockaden, den sich verengenden Schründen folgend, steil nach oben. Tiefer und immer tiefer versinken die Täler im duftigen Blau; rückschauend bietet sich ein wildes Panorama. Nun liegt die Paßscharte schon greifbar nahe vor uns. Zitternd und keuchend kämpfen die Tiere gegen die Atemnot, und auch wir spüren das erregte Klopfen unserer Herzen. Freudig, alles vergessend, stürmen wir voraus, den Paß, die Grenzscheide, im Ansturm zu nehmen.

Rechts und links säumen teils frische, von Raubtieren zerfressene, teils alte, verrottete Tragtierkadaver und viele gebleichte Pferde- und Maultierschädel den Weg. Die gefallenen Tiere, die hier den Berg- und Erschöpfungstod fanden, blieben liegen, so wie man sie vom Weg schob. Das übrige besorgten Sonne, Geier und Wölfe.

Steiler, immer steiler wird der Pfad. Pfeifend stoßen Mensch und Tier den verbrauchten dünnen Atem aus. Triefend vor Schaum und Schweiß bleiben die schwerbeladenen Tiere mit hängenden Köpfen und schlagenden Flanken minutenlang stehen, ehe sie die harten Läufe wieder einstemmen in den Fels.

Zwei stille Bergseen, die wir am Fuße des Paßmassives liegenließen, sind klein geworden wie ein müdes Augenpaar, und der einsame Pfad, der die Verbindung zum Jelep La, dem wichtigen, von Kalimpong heraufführenden Paß herstellt, wirkt wie ein

Kianghengste

Der stärkste Schapibock

Zum Trocknen aufgespannte Schapifelle

Großer Tibetgeier

Spinnenfädlein, das sich silberhell durch kahle Felsenlandschaft zieht.

Letzte Kräfte werden eingesetzt, Eis knirscht, kalter Gratwind pfeift, Alpendohlen kreischen, der tiefe Glockenton der Kolkraben erschallt. Dann stehen wir oben. Der Natu La-Paß ist erreicht!

In die hochgetürmte Opferpyramide aus Stein und Fels sind Stangen und Pflöcke gerammt, an denen gebleichte Pferdeschädel und Hunderte von bunten, roten, gelben, grünen und blauen Gebetsfahnen im Höhenwinde flattern und knattern. Sturmzerfetzt und bebend gleicht der geschmückte Lazahaufen einem trotzig gegen alle dämonischen Mächte sich erhebenden Wetterbaum – einem letzten Vorposten des Lebens gleichsam gegen die ehernen Bastionen von Fels und Eis. „Lha-gyal-lo, Lha-gyal-lo!" – Die Götter haben gesiegt! – gellen unsere wilden, jauchzenden Jubelrufe in die Unendlichkeit des Raums. Dann opfern unsere Eingeborenen Steine und weiße Seidenschleier auf dem gipfeltürmenden Obo.

Immer mehr Tiere gewinnen die Paßhöhe, immer größer wird die Freude, und immer lauter jubelt der Dank zu den Göttern empor.

Der Natu La ist einer der schönsten Pässe, die ich je überwunden habe. Hier, wie nirgends am Rande des Daches der Erde, fühlt man die Schwäche des Menschen jenen ungezähmten Gewalten gegenüber, jener harten Willkür einer grausam herrischen Natur.

Schweigend verharren wir und lassen die Stimmen der Freude verrauschen, bis es wieder ganz still um uns wird.

Vom Eiswind umbraust, ersteigen wir die umliegenden Gipfel. Unsere Worte werden verweht. Es bleibt uns nichts — als zu schweigen. Das ganze Land liegt ausgebreitet, und ein unfaßbar wunderbares Bild offenbart sich unseren Blicken. Von den höchsten Gipfelstellen des sikkimesischen Himalajas laufen in grandiosem Stufenbau, nur durch wenige Hochpässe zerteilt, jene gewaltigen Bergsysteme bis an den Rand der heißen indischen Ebene. Kaum vorstellbar ist die Vielfalt der kreuz und quer verlaufenden Kämme.

Ein solches Labyrinth von Massiven, Gipfeln und dazwischenliegenden Scharten, zu denen auch der die Tscholakette durchbrechende Natu La gehört, trennt Sikkim nach Osten vom Tschumbiterritorium.

Im Süden und Westen fließt, unendlich bis in die weitesten Fernen Indiens sich breitend, ein sanft gewelltes Wolkenmeer von milchig-weißer, ganz zarter Farbgebung.

Im Osten aber liegen das tief gefurchte Tschumbital und die riesenhaften Berge Bhutans, über denen weiße Wolkenbänder in ruhigem Gleichmaß den Hochsteppen entgegenziehen.

Im Norden wachsen die Berge höher und höher, bis sie von der strahlenden Pracht des majestätischen, 6900 Meter hohen Chomolhari feierlich gekrönt werden. Er ist der Eckpfeiler des Götterlandes, ein unvorstellbar schöner Berg. Mit ungeheurer Wucht emporgerissen, schießt seine Gipfelpyramide weiß und makellos in das azurne Blau. Nur eine weiße Cirrusfahne weht ihm wie ein königlicher Schleier ums kristallene Haupt. Es ist die schützende Tarnkappe, die die heilige Wachtgöttin des tibetischen Landes nur selten von sich weist.

Kahle Bergeswüsten, tiefgefurchte Täler und schneegekrönte Zinnen, hundertfach von wilden Schluchten durchbrochen und in Einzelsysteme zerrissen, weisen gen Norden. In der Unendlichkeit der Hochsteppen erst laufen sie aus. Dort, hinter dem Chomolhari, in fernsten Fernen, in den blauen Räumen der Unendlichkeit, in der schimmernden Klarheit des gewaltigsten Gebirgslandes der Erde, liegt unser Ziel, liegt Lhasa, die Stadt der Götter, noch fünfzehn bis zwanzig Tagesritte entfernt.

Das „Dach der Erde“, meine nie vergehende Sehnsucht, von dem wuchtigsten aller Felsfundamente getragen und von der reinsten aller Sonnen überstrahlt, wird nun bald wieder mein sein.

Erst aber gilt es, das Tschumbital, jenen nach Süden spitz zulaufenden Keil tibetischen Landschaftscharakters, in seiner ganzen Länge von Süd nach Nord zu durchqueren. Während die nördlichen Pässe Sikkims, die wir im feuchten Hochlandsommer überschritten, meist von November bis März zuschneien und oft wochenlang unpassierbar sind, bleiben der Natu La und der nur wenige Kilometer südlicher gelegene Jelep La beinahe das ganze Jahr über für den Karawanenverkehr geöffnet.

Wenn auch die physiogeographische Hauptgrenzscheide zwischen beiden Ländern auf der Zentralachse des Himalajas verläuft, so sind wir doch eben im Begriffe, eine der klassischen, politisch hochbedeutsamen Eingangspforten Tibets zu überschreiten. Die Tatsache, daß Lhasatibet seine Machtposition im tiefgeschnittenen, äußerst fruchtbaren Tschumbital mit allen ihm zu Gebote stehenden Mitteln aufrechtzuerhalten bestrebt ist, gründet daher auch im wesentlichen in seiner äußerst günstigen geopolitischen Lage.

Noch ganz benommen von der Großartigkeit des Erlebten, nehmen wir unsere wackeren Pferdchen am Zügel und geleiten sie in unzähligen Schlangenwindungen den östlichen Steilhang hinab. Der steinübersäte, wildwechselartig aufgespaltene Pfad führt nun wieder durch meilenweit sich dehnende Rhododendrondickungen schluchtwärts in die Zone der Tannen-, Wacholder- und Fichtenwälder hinab. Die finster-üppigen, paläarktisch geprägten Koniferenwaldungen besitzen im semiariden Tschumbitale eine weit größere Ausdehnung als im humideren Sikkim, wo die subtropischen Verhältnisse vorherrschend sind. Im übrigen erinnert das ganze Tschumbital mit seinen flacheren Bergformen und machienähnlichen Trockenhängen stark an das Gebiet der meridionalen Stromfurchen im östlichen Tibet. Nach Überwindung des steilsten Gefälles geht es an verhältnismäßig flachen Berglehnen im gestreckten Galopp nach Tschambitang, das inmitten herrlicher Urwälder gelegen ist.

Am Abend sitzen wir in bester Eintracht tagebuchschreibend um das flackernde Kaminfeuer, besprechen das Erleben des Tages und sind froh, nun endlich im eigentlichen Tibet Fuß gefaßt zu haben.

Zu später Stunde noch blättere ich im vergilbten Hüttenbuch, schlage Seite für Seite um und finde die Initialen zahlreicher britischer Forscher und Offiziere, die ich bisher nur aus ihren Büchern kannte, von Männern, die in den Gang der Geschichte dieser fernen Gegenden im Dienst für ihr Empire eingriffen und die heute zum Teil schon nicht mehr unter den Lebenden weilen. Zwischen den Zeilen dieses alten Buches lese ich nun besser als in jeder Historie von den vielen wechselvollen Ereignissen, die das Tschumbital durchlief.

Eingekeilt zwischen Sikkim im Westen und Bhutan im Osten, nimmt das klimatisch begünstigte, dicht besiedelte Tschumbiterritorium eine absolute Sonderstellung ein. Es hat bei den mannigfaltigen Beziehungen zwischen Tibet und Indien, Sikkim und Bhutan schon von alters her eine wichtige Rolle gespielt und wurde seiner Lage entsprechend zum idealen Verbindungsweg, zum Durchgangsgebiet und Verkehrsknotenpunkt zwischen den genannten Ländern.

Mitten durch das sich in südlicher Richtung trichterförmig verjüngende Erosionstal hindurch führt die kürzeste und zugleich auch die bequemste Karawanenstraße von Indien nach Lhasa und umgekehrt.

Erst nach der chinesischen Revolution 1912, die das Mandschukaiserhaus hinweggefegt und den Tibetern die so lange herbeigesehnte Gelegenheit geboten hatte, sich endgültig von der chinesischen Bevormundung zu befreien, konnte sich das tibetische Regime im Tschumbitale nach vielen politischen Schwankungen endgültig durchsetzen. Es hat sich im besten Einvernehmen mit den britisch-indischen Behörden bis zum heutigen Tage erhalten.

Einer kalten, fast schlaflosen Nacht folgt der frostklare Morgen des 23. Dezember. Wir brechen wieder früh auf, um Jatung, die größte und bedeutendste Ortschaft des unteren Tschumbitales, wo wir unser Weihnachtsfest verleben wollen, noch am gleichen Tage zu erreichen. Aus den kleinen, schindelbedeckten, mitten im Fichten- und Tannengrün gelegenen Häuschen Tschumbitangs steigt senkrecht der Rauch. Auf holprigen Pfaden geht's durch domhohen, flechtenverhangenen Wald der Kulturzone entgegen.

Nur wenige hundert Meter an Höhe verlierend, kommen wir, die ersten Stunden im blendenden Sonnenschein reitend, gut voran, bis die dunklen Koniferenbestände mit den schönen, glanzblättrigen Rhododendronbüschen zurückbleiben und das eigentliche „Tromo", die Schlucht des Tschumbitales, sich in wundervoller Fernsicht zu unseren Füßen ausbreitet.

Nie im Leben habe ich ein Hochtal in solcher Farbenpracht geschaut. Die milde Lieblichkeit unserer heimatlichen Alpen vereinigt sich hier mit der Wucht und Größe des Himalajas in geradezu vollendeter Harmonie. Vom Tiefblau des Himmels spielen die Farben über das Blaugrün der dumpf wuchtenden Urwälder bis zum Meergrün der langnadeligen Kiefernbestände der Tief- und Trockenhänge, in deren Mitte der smaragdfarbene Amofluß in völliger Ruhe dahinfließt. Hauchzarte Dunstschleier, wie ich sie bisher nur aus chinesischen Landschaften kannte, liegen über dem Ganzen, und die Farbskala der Felsen, Schluchten, Wälder, Feldbreiten und Hänge wechselt in den zartesten Pastellen vom feinsten Graugelb bis zu weinroten und purpurfarbenen Abstufungen.

Tief in der Schlucht, wo sich die Straße vom Jelep La mit der unseren vereinigt, werden die trutzigen, fortartigen Ruinen einer längst verfallenen chinesischen Zollstation sichtbar, die einstmals beide Paßstraßen beherrschte.

Auf der östlichen Kammseite, deren schroffe Gipfelgrate blendendweiß schimmern und leuchten, verläuft in nordsüdlicher Richtung die natürliche Grenze zwischen Bhutan und dem Tschumbiterritorium. Dort oben liegt in weltentrückter Bergeseinsamkeit ein festungsartiges Steingebäude. Grau und verlassen hält es die Wache zwischen beiden Ländern. In seinem Innern soll sich ein buddhistischer Reliquienschrein, ein Tschorten, befinden, mit dem es eine besondere Bewandtnis hat.

Als die „Tromopas", die Bewohner des Tschumbitales, noch alljährlich von den blutigen Raubzügen der Bhutanesen heimgesucht wurden und viel Leides zu erdulden hatten, wollten sie Tschag dor, den donnerkeilschwingenden Kriegsgott, durch ein großes Opfer versöhnen und bauten das Fort mit dem heiligen Tschorten an jener Stelle, wo die endgültige Grenze zwischen „Tromo", dem „Weizenlande", und Bhutan festgelegt und für immer besiegelt werden sollte.

Darauf schlachteten sie einen achtjährigen Knaben und ein achtjähriges Mädchen, gossen ihr Blut in eine kupferne Urne und betteten die sterblichen Überreste der Geopferten in den Tschorten. Der Geruch der Leichen und des Blutes aber lockte die rachsüchtigen Berggeister herbei, die alle guten Wünsche der Tschumbibewohner wieder zunichte machten, so daß die Blutfehden bis zum Eingreifen der Engländer kein Ende nahmen.

Die Tiere auf schmalem Saumpfad talwärts führend, treten wir noch vor Erreichen der ariden Kiefernwaldstufe in ausgedehnte, mit mannshohen Wildrosen, Berberitzen, Prunusarten und Spiräen bewachsene Buschgebiete ein, stehen plötzlich vor einem auf weit vorstoßender Felsterrasse erbauten prächtigen Kloster der Kargyütpasekte, dessen weißleuchtende, schindelbedeckte Monumentalbauten weit in die Lande schauen.

Da die lamaistische Sekte der Kargyütpas in Bhutan ihre weiteste Verbreitung gefunden hat, so deutet das landschaftsbeherrschende Kloster darauf hin, daß die Kultur der Tschumbibewohner auch heute noch stark mit bhutanesischen Einflüssen durchsetzt ist.

An malerischen „Manikangs", kleinen, tschortenartigen, schon stark im Verfall begriffenen Schreinen vorbei, steigen wir in außerordentlich steilen, hohlwegartigen Serpentinen durch die Kiefernbestände der Trockenzone nach Rinchengang hinab, das an der Abzweigung des Paßtales malerisch zwischen fruchtbaren Ackerbreiten gelegen ist.

Unzählige, rotschnäbelige Alpenkrähen, die in der milden Weihnachtssonne herrliche Flugspiele aufführen, beleben den Talgrund.

Wir „fallen" sozusagen von oben her in die Ortschaft hinein, aber die größte Überraschung ist doch, daß es in Rinchengang auf den ersten Blick nur wenig gibt, was diese friedliche, saubere Siedlung von einem Tiroler Alpendorf unterscheidet. Die mit Schindeln gedeckten, steinbeschwerten, flachen und weit vorspringenden Dächer der großen sauberen Häuser mit ihren wunderbar geschnitzten, trotz der kalten Jahreszeit mit Blumen geschmückten Fensterrahmen muten so heimatlich an, daß man eigentlich nur die freundlichen Wirtshäuser vermißt. Es ist, als ob wir aus dem rauhen Tibet plötzlich um viele tausend Kilometer ins alte Europa hinein versetzt seien.

Mitten durch die Ortschaft sprudelt der kristallklare Wildbach, und zu beiden Seiten der schweren, soliden Holzbrücken erheben sich leuchtend bunte, mit wundervollen Fresken und Heiligenbildern bemalte Häuserfronten, ganz wie in unseren katholischen Landen. Neben festgefügten Fachwerkbauten gibt es wuchtige, weißgekalkte Steingebäude, die an Burgen erinnern könnten, wenn ihnen die aufgesetzten Schindeldächer nicht doch wieder eine freundlich-friedliche Note verliehen.

Was wir hier erleben, ist nichts weiter als der zeitlose alpine Baustil, den wir ebenso in den Alpen, im Kaukasus, in Kaschmir und bei den Lolos in Westchina und Osttibet wiederfinden. Rinchengang besteht aus etwa vierzig bis fünfzig eng zusammengebauten Häusern und mehreren Weilern, die im weiteren Umkreise verstreut liegen.

Und die Tromopas selbst? Erinnern sie uns nicht, wenn man vom mongoliden Rassentypus absieht, an unsere Dinarier der Alpen? Haben sie nicht das gleiche springlebendige Blut? Tragen sie nicht das gleiche selbstbewußte Wesen und dieselben stolzen Gebärden zur Schau? Und erst der Schmuck der Frauen und die Farbenfreudigkeit ihrer Festtagsgewänder! Diese schönen und beglückenden Gemeinsamkeiten alpenländischer Kultur und alpinen Wesens sind schwer zu deuten. Bloße Konvergenzen, sagen die einen, und von der Gemeinsamkeit vorgeschichtlicher Völkerschicksale – oder von früheren Wanderungen, reden die anderen.

Wir wissen es nicht und werden es wahrscheinlich nie erfahren. Für den Anthropogeographen, den Volks- und Völkerkundler aber eröffnen sich bei der bloßen Berührung mit derlei Problemen noch ungeahnte und faszinierende Perspektiven.

Fast die gesamte Einwohnerschaft Rinchengangs hat sich auf den engen Gassen zusammengefunden, um die „Dschärmens“ unter Augenschein zu nehmen, unsere Lasten zu begutachten und uns den Weg durch die von Maultieren und Pferden, Rindern und Schweinen, stattlichen Haushähnen und kläffenden Hunden wimmelnden Straßen zu weisen.

Junge, schalkäugige, kaum den Kinderschuhen entwachsene Tromopafrauen halten ihre Sprößlinge in den Armen und suchen unseren Blicken zu entfliehen, während uns die Damen älterer Jahrgänge mit unverhohlener Neugierde betrachten. Mit dem Mannsvolk jeglichen Alters zusammen geben sie uns ein freundlich-fröhliches Geleit.

Der Eintritt in das breite Haupttal des Amoflusses wird am Ausgang der Ortschaft durch eine schöne Reihe blendend weißer Tschorten, lamaistischer Heiligenfiguren und bunt bemalter Steinmauern gekennzeichnet. Mächtige, wohl zehn Meter hohe Gebetsmasten säumen den verhältnismäßig breiten Weg. Zwischen brusthohen, die Felder schützenden Steinmauern führt er dahin, so daß man halb gedeckt und doch mit bester Fernsicht reitet.

Dicht an dicht liegen Ortschaften und Einzelhäuser. Letztere, oft drei Stockwerke hoch, machen mit ihren reichgeschnitzten hölzernen Balkonen und dem hellen Anstrich einen wohlhabenden, beinahe bürgerlichen Eindruck.

Weiter geht der Ritt. Der Fluß rauscht, die wilden Wasser quirlen, und tausend, über massive Holzbrücken gezogene Gebetsfahnen spielen im Sonnenwind. So rollt die winterlich milde Landschaft des so ganz an osttibetische Verhältnisse erinnernden Tschumbitales wie ein schönes Märchen an unseren Augen vorüber.

Neben den schweren Steinbauten der alteingesessenen Tschumbibewohner finden wir allenthalben noch chinesisch erbaute Gehöfte und sogar eine ganze Ortschaft mit den in China üblichen bretterverschlagenen Kaufläden zu beiden Seiten der gradlinigen Straßenzüge, so daß man sich plötzlich im Roten Becken von Szetschwan vermutet. Selbst ein verwahrlostes Amtsgebäude, ein regelrechter „Yamen", wo noch immer die Peitschen, Nagelstöcke, Dornenbüschel und andere Züchtigungswerkzeuge an den staubigen Portalen hängen, ist vorhanden. Hier soll vor wenigen Jahrzehnten noch der „Ling-schi", die furchtbarste aller Todesmartern, geübt worden sein, indem man die Körper der Verurteilten bei lebendigem Leibe langsam in „tausend Stücke" zerschnitt.

Höchst merkwürdig ist es, daß die seit dem Zusammenbruch der Mandschudynastie von den Chinesen verlassenen Verwaltungsgebäude wegen des tiefverwurzelten Hasses der Tibeter gegen ihre früheren Usurpatoren heute überhaupt nicht mehr bewohnt werden. Man sagt, daß es ein hochstehender Tibeter niemals über sich brächte, von Chinesen verlassene Wohn- und Amtssitze für seine Geschäfte in Anspruch zu nehmen oder gar zu beziehen.

Schneller als der Wind verbreitet sich die Kunde von unserem Kommen. Sobald wir in eine Ortschaft einreiten, haben sich schon sämtliche Bettler der Umgegend zusammengefunden, werfen sich vor uns auf den Boden, flehen um Almosen und sind froh, einige Kupferlinge zu erhaschen.

Um so freundlicher aber werden wir überall von den höher gestellten Tromopas empfangen. Mit ihrem stets lustigen, natürlichheiteren Naturell sind sie grundlegend verschieden von den viel indifferenteren Sikkimesen, den weichlich-femininen Leptschas und den hochmütig abweisenden Hirtennomaden des nördlichen und östlichen Tibet. Nur mit dem Photographieren hat man auch bei ihnen manchmal seine liebe Not. Sie sind sehr abergläubisch, fürchten den „bösen Blick“ der Kamera und meinen, die bösen Geister könnten Macht über sie gewinnen, wenn ihr Abbild in unrechte Hände gelange.

In Phema halten wir bei den Tsönjes, einer der angesehensten und wegen ihrer beinahe sprichwörtlichen Wohlhabenheit weit über Tromos Grenzen bekannten Sippe des unteren Tschumbitales, Einkehr.

Man empfängt uns mit größter Ehrerbietung und bewirtet uns geradeso, als wenn wir die ältesten Freunde wären.

Nach Durchquerung des großen, sauber gepflasterten Hofes, an den sich die Viehställe zu ebener Erde reihen, erklimmen wir steile Stiegen und werden in ein blitzsauberes, geräumiges Gemach, eine Art Wohnzimmer, geleitet. Hier erwarten wir die Herrschaft und überreichen die weißen Zeremonienschleier, da es im ganzen tibetischen Lande zum guten Ton gehört, nie eine Aufwartung mit leeren Händen zu machen. So verlangt es das höfliche Zeremoniell, als Zeichen ehrlichen Freundschaftswillens wenigstens einen blütenweißen Chadakh zum Geschenke darzubringen.

Unser in Gangtok neu geworbener und zum „Zeremonienmeister“ bestimmter, adeliger Dolmetscher Rabden Kazi trägt daher immer einige dieser meterlangen Schärpen in der Brusttasche bereit, damit wir selbst auf dem Marsche niemals in Verlegenheit geraten können, Sitte und Anstand zu verletzen.

Sodann nehmen wir hinter buntbemalten, hübsch geschnitzten Miniaturtischchen auf weichen Polstern Platz und harren hier des landesüblichen „Buttertees“, einer emulsionartigen, aber recht wohlschmeckenden Brühe aus chinesischem Ziegeltee, ranziger Butter und Salz. Erst nachdem die freundliche Aufforderung dreimal an uns ergangen ist, ergreifen wir mit schnalzenden Zungenlauten die mit hübsch ziselierten Silberdeckeln versehenen, henkellosen Tassen mit beiden Händen, blasen unter höflicher Verbeugung die Butterhaut zur Seite und schlürfen die tiefbraune Flüssigkeit in langen Zügen. Nach Beendigung des Teezeremoniells wird klarer köstlicher „Tschang“ kredenzt, eine Art obergärigen Gerstenbieres, das in den großen tibetischen Haushaltungen fast täglich frisch hergestellt wird. Dazu gibt es getrocknete Früchte, Aprikosen, Pfirsiche, Rosinen und dergleichen sowie schmackhafte Spezereien und Buttergebäck.

Die Diener des Hauses zeichnen sich durch besondere Aufmerksamkeit aus. Sie sollen übrigens allesamt in der südtibetischen Schigatse-Provinz, in Tsang beheimatet sein. Im Gegensatz zu den Lhasadienern, die als schwatzhaft und unzuverlässig gelten, stehen die Schigatsetibeter nämlich in dem Ruf, sich durch besonderen Fleiß auszuzeichnen. Sie werden gut behandelt, zählen mit Kind und Kegel zur „Familie“ und belohnen die großmütige Haltung, die sie von seiten ihrer Brotgeber erfahren, durch Stetigkeit und hingebungsvolle Treue.

Sklaverei, wie sie heute nur noch in entlegenen Gegenden Bhutans gebräuchlich ist, gibt es im Tschumbitale schon lange nicht mehr, zumal es den meisten Sklaven nach Eröffnung der Handelsroute gelang, nach Sikkim oder Britisch-Indien zu entkommen.

In Tibet selbst gibt es ja bekanntlich nur verschiedene Formen der Leibeigenschaft, die für die Betroffenen jedoch zumeist keine besonderen Härten mit sich bringt. Für gewöhnlich dürfen sich die tibetischen „Leibeigenen“ sogar völlig frei bewegen, und viele von ihnen besitzen das Recht, Schwerter zu tragen.

Selbst das erkrankte Familienoberhaupt, ein schon betagter, überaus liebenswürdiger und geistig regsamer Patriarch, hat es sich nicht nehmen lassen, uns während des Imbisses, an dem er sich jedoch selbst nicht beteiligt, Gesellschaft zu leisten und die Unterhaltung zu führen. So erfahren wir vom Tsönjeältesten die hübsche Legende vom segenspendenden Hauslama, der, mit den tantrischen Zauberkulten vertraut, das Glück und den Reichtum der Familie begründete. Als der Meister der okkulten Wissenschaften sein irdisches Dasein beendet hatte und im Begriffe stand, in ein anderes Leben einzugehen, verwandelte er sich in einen barmherzigen Geist, der nächtlicherweise viele Säcke voll Gold und Silber hereinschleppte, so daß die Tsönjefamilie bald eine der reichsten und wohlangesehensten im ganzen Tschumbitale wurde.

Selbst der 13. Dalai Lama hatte auf seiner Flucht vor den Chinesen nach Indien im Jahre 1910 im Tsönjehause Station gemacht und sogar einen Gottesdienst abgehalten. Zur ehrenden Erinnerung an den Besuch des Gottpriesters ließ die Tsönjefamilie in der Hauskapelle nachträglich einen reichgeschnitzten hölzernen Thron errichten, um den Mitmenschen zu zeigen, daß der längst verblichene Gottkönig einst in ihrem Hause gerastet habe. Wir halten auch den Atem an, gehen auf Zehenspitzen, flüstern anerkennende Worte und erweisen dem verehrungswürdigen Möbel, das der Dalai Lama zwar selbst nie gesehen, unsere höfliche Reverenz.

Mit herzlichen Worten und von den besten Wünschen begleitet, nehmen wir von unseren Gastgebern Abschied und ziehen weiter durch dieses friedliche Tal des Reichtums und der Geborgenheit. Gutgekleidete, behäbig dreinschauende Männer, lustige Kinder und saubere, hellhäutige Frauen, die die Wintertage in süßem Nichtstun verstreichen lassen, sehen aus ihren Häusern hervor und freuen sich des schönen Tages. Wie im Traum reiten wir durchs herrlich schöne Land, schauen beglückt zu den leuchtenden Farben des Himmels empor, bewundern das unendlich klare Licht, die weißgebauschten Wolken, die rauschenden Wälder, die ansteigenden Felsendome und schlängeln uns durch steingesäumte Felder am silbersprudelnden Flusse entlang.

Auch am heutigen Tage begegnen uns wieder viele Hunderte, schwer mit Wolle und Teppichen beladene Maultiere, die nach Indien ziehen. Viele Pilgermönche in ihren roten wallenden Lamagewändern haben sich den wandernden Karawanen angeschlossen, um der Besuchsstätte Gautama Buddhas den Besuch ihres Lebens abzustatten. Da sie unser ansichtig werden, beginnen sie sogleich ihre Gebete zu murmeln oder blicken uns mit großen, mißbilligenden Augen an.

Pappeln und Weiden säumen die belebte Straße. Dann und wann gibt es auch dichte Hecken von Berberitzen und Wildrosen, an deren Früchten sich lärmende Scharen von Alpenkrähen und Tannenhähern laben. Manchmal tritt der kristallklare Fluß bis dicht an die Straße heran, und dann schauen wir in tiefgrüne Becken oder lassen den Blick über den weißen Schaum des rastlos wandernden Wassers weit in die Ferne schweifen.

Um die spiegelblank geschliffenen Granit- und Gneisgerölle an den Ufern tummeln sich grellbunte Weißkappenrotschwänzchen und behäbig dicke Wasseramseln, die lustig spielend minutenlang untertauchen, wie Gummibälle wieder emporschießen und trotz der winterlichen Jahreszeit ihre frohen, silberhell quirlenden Liedchen singen. Auch schön gemeißelte Gebetssteine stehen am Wegrand, „Möndongs" mit bunten Bildern von Buddhas, Boddhisattwas und Heiligen der lamaistischen Kirche, und überall die in Stein gemeißelte Gebetsformel, das stereotype: „Om Ma Ni Pad Me Hum." Gebetsflaggen mit dem Windpferd darauf flattern, um dem Wanderer Glück zu verheißen, und viele Skulpturen sind angebracht zu Ehren Tschagdors, der den Donnerkeil schwingt und Unfälle verhindert; Manjusris, der die Weisheit verleiht; Tschenresigs, der Barmherzigkeit walten läßt, und Amitajus, der ein langes, glückliches Leben vermittelt. Dies ist für alle Tibeter der Weisheit letzter Schluß, ihr höchstes und schönstes Ziel, obwohl es nach den Gesetzen Buddhas doch eigentlich ganz anders sein sollte. Sie sind ein lustiges Völkchen, das sich Gesetze gibt, um sie bei der ersten Gelegenheit zu brechen, und Regeln aufstellt, um sich im Ernstfalle doch nicht darum zu kümmern. Sie sind wirklich zu beneiden in ihrer göttlichen Harmonie und Freiheit.

Eine Schlucht nimmt uns auf. Himmelragende Felswände türmen sich empor. Kurz vor Yatung, unserem Tagesziel, wo sich die Bergeshänge wieder verflachen, steht einsam und verlassen der alte Sommerpalast der Sikkimkönige auf einer Terrasse hintereinander gestaffelter Hügel. Es ist ein dreistöckiges großes Gebäude mit vergoldeter Kuppel, das von vielen kleineren Baulichkeiten für die Dienerschaft umgeben ist. Früher pflegte die königliche Familie Sikkims die in Gangtok kaum ertragbaren Monsunmonate regelmäßig im idyllischen Tschumbitale zu verbringen, wo es zwischen Juni und September weder Regenkatastrophen noch die Pest der blutsaugenden Egel gibt. Der kleine Palast ist heute leider fast völlig verfallen.

Schon nach kurzer Zeit leuchten uns die roten Dächer der englischen Garnison, des Postgebäudes, der Residenz des Handelsagenten und des schmucken, auf der westlichen Seite des Flusses gelegenen Dak Bungalows von Yatung entgegen.

Yatung, die Hauptsiedlung des Tschumbiterritoriums, wird auch „Nadong" genannt, das „Ohr", weil es als Austauschort der Meinungen der verschiedenen Völkerschaften sowie als Spitzel- und Gerüchtezentrale einen recht zweifelhaften Ruf genießt.

Die biogeographisch noch in dem semiariden subalpinen Klimagürtel liegende Ortschaft bildet die physiogeographische Grenze zwischen dem landschaftlich wilden, hochalpinen „oberen" Tschumbitale und dem eigentlichen „Tromo" oder Weizenlande.

Vor der Younghusband-Expedition war Yatung noch ein völlig unbedeutender Ort, nichts als eine fruchtbare Ackerbauoase am Südausgang des gewaltigen Schluchttales, das von hier durch die Felsbastionen der himalajanischen Hauptachse nach Phari und Hochtibet hinaufführt.

Als die Engländer nach siegreich beendetem Feldzuge (1904) einsehen mußten, daß das 4500 Meter hoch gelegene Phari, wo die indischen Sepoys dem harten Klima erlagen, das Atmen Beschwerde machte und das ganze Jahr über bitter kalte Winde wehten, als Bleibe für ihren Handelsagenten nicht geeignet war, verlegten sie den Schwerpunkt ihrer Geschäfte nach Yatung. So wurde aus dem Militärlager der Handelsknotenpunkt und ist es bis zum heutigen Tag geblieben.

England unterhält hier zum Schutze seiner Interessen noch eine kleine Garnison von Sikhs. Früher waren es nepalesische Gurkhas gewesen, die jedoch auf Grund erblichen Rassenhasses, der immer wieder Zwischenfälle auslöste und nicht geeignet erschien, ein erträgliches Verhältnis mit den Tibetern herbeizuführen, später durch die stattlicheren Punjabsoldaten abgelöst wurden, obwohl die kleinen, derbknochigen Gurkhas für den schweren Dienst im tibetischen Hochgebirge physisch weit besser geeignet waren als die langen, schlanken, hochaufgeschossenen Sikhs.

Die tibetischen Verwaltungsbeamten folgten, obwohl sie weder unter der gewaltigen Höhenlage noch unter dem bissigen Klima Pharis zu leiden hatten, aus naheliegenden Gründen dem englischen Beispiel und verlegten den Amtssitz ihres Handelsbevollmächtigten und Zolloffiziers ebenfalls nach Yatung ins liebliche Weizenland. Diesen höchsten Beamten der Lhasaregierung steht auch eine, von einem Obersten (Rupon) befehligte „Schutztruppe" zur Verfügung, deren wackere Kämpen, in Ermangelung anderer militärischer Aufgaben, heute jedoch größtenteils Dienerdienste versehen. Einge von ihnen haben sich sogar im Basar als Geschäftsleute selbständig gemacht, da sie als gläubige Lamaisten für den Handel offensichtlich größere Sympathien bekunden als für rauhes Waffenhandwerk.

Das gesamte Tschumbiterritorium gliedert sich in fünf Verwaltungsdistrikte mit eigenen, von Lhasa bestellten Magistratsbeamten, deren wichtigste, die beiden Dzongpon oder Burghauptleute von Phari, dem tibetischen Handelsbevollmächtigten in Yatung als Berater zur Seite stehen.

Im unteren Tschumbitale gedeihen alle erdenklichen Feldfrüchte: Kartoffeln, Weizen, Gerste, Buchweizen, Bohnen, Peluschken, zahlreiche Gemüsearten, aber auch Äpfel, Birnen, Pfirsiche und Aprikosen, die auf der Tafel der hohen Lhasatibeter seit jeher gesuchte Leckerbissen darstellen.

Auch steht das „Weizenland" in dem Rufe, das reichste, fruchtbarste und gleichzeitig am dichtesten besiedelte Gebiet ganz Tibets zu sein. Dies ist sicherlich zutreffend, weil die großen osttibetischen Ackerbaugebiete von Sungpan, Tatsien-lu, Kanze, Derge, Batang und so weiter seit langer Zeit unter chinesischer Oberhoheit stehen. Bezeichnenderweise soll ein großer Teil des Tschumbitales nach dem Schisma der lamaistischen Kirche im 14. und 15. Jahrhundert, als die unreformierten Niyngmapas von den die offizielle Staatskirche verkörpernden Gelugpas in die südlichen und südöstlichen Randgebiete zurückgedrängt wurden, von Osttibet aus besiedelt worden sein.

Anthropogeographisch kann man die Bewohner des Tschumbitales, deren physische Merkmale, wie helle Haut und starker Bartwuchs, zu einer gesonderten Betrachtung rechtfertigen, unter dem Sammelbegriff der Tromopas zusammenfassen. Im Vergleich mit den derben, reinblütigen Tibetern und den muskulösen Bhutanesen scheinen die Tschumbibewohner schmächtiger und feingliedriger, was übrigens auch für die Einwohner Lachungs und Lachens in gleicher Weise zutrifft.

Wie schon angedeutet, blicken die heute so friedlichen Tromopas auf eine recht bewegte völkische Vergangenheit zurück. Trotz hoher beiderseitiger Blutanteile sind sie weder reine Tibeter noch echte Bhutanesen, obwohl sich auch zahlreiche rassische und kulturelle Übereinstimmungen gerade mit dem östlichen, parallel zum Tschumbitale verlaufenden Hochtale Bhutans nachweisen lassen.

Auf Grund der früheren Zugehörigkeit zu Sikkim sind auch Leptschaeinflüsse vorhanden, so daß das abgeschlossen lebende Tschumbivölkchen beinahe schon als eine durch Neukombination und Inzucht entstandene Einheit für sich betrachtet werden könnte, deren ursprüngliche Komponenten sich aus Tibetern, Bhutanesen, Sikkimesen und Leptschas zusammensetzen.

Im ganzen Tschumbitale, besonders aber in Yatung, fällt die Häufigkeit der Kropferkrankungen auf, die nach meinen Erfahrungen für die in sich abgeschlossenen Schluchttäler aller peripher gelegenen Teile Tibets besonders charakteristisch sind, während sie in den oft dicht benachbarten Hochsteppengebieten viel weniger häufig auftreten. Während die Laienbevölkerung das Kropfleiden als körperliche Verunstaltung ansieht, gelten die oft baumeligen Säcken gleichenden Kröpfe zusammen mit Glatzen und Schulterverkrümmungen bei den Lamas allgemein als höchste naturgegebene Ehrenzeichen, auf deren Pflege man in den Klöstern sogar große Sorgfalt verwendet.

Begünstigt durch die geographische Lage, sowie durch Anbau- und Kulturfähigkeit ihres tiefgründigen Alluvialbodens, haben die Tromopas einen viel intensiveren und ertragreicheren Ackerbau, ein besseres Sozial- und Wohnwesen und eine weit höhere „Zivilisation“ entwickelt als eines der drei Nachbarvölker im Norden, Osten oder Westen.

Heutzutage macht sich nach Lage der Dinge im Tschumbitale natürlich eine starke Vermischungstendenz kultureller Güter bemerkbar, so daß es dem Ethnologen in den meisten Fällen recht schwer fällt, zu entscheiden, ob es sich bei den gesammelten Gegenständen um autochthones Kulturgut handelt oder nicht.

Eine besondere Anziehungskraft für den Besuch und die Einwanderung fremder Bevölkerungselemente haben von jeher die weit über die Grenzen des Landes berühmten Thermen und Heilquellen ausgeübt, die im oberen Kangbutale, welches sich nördlich Yatungs mit dem Haupttale des Amoflusses vereinigt, gelegen sind.

Die Geistlichkeit behauptet, daß es sich alles in allem um hundertundacht solcher heilkräftiger Quellen handeln solle. In Wirklichkeit sind es natürlich viel weniger, aber die Zahl Einhundertundacht spielt in Tibet nun einmal eine mystische Rolle.

Besonders Frauen und Mädchen, denen die Mutterschaft versagt blieb, wandern dorthin, um von den der barmherzigen Göttin Dolma geweihten Wassern, an deren Ufern heilige Steine in Form von Phalli übereinandergetürmt sind, zu trinken und die Erfüllung ihrer innigsten Wünsche zu erbitten.

Da die Ehe im Tschumbitale wie in ganz Tibet im wesentlichen eine wirtschaftlich bedingte Angelegenheit ist und mit den intimen Liebesbeziehungen nicht unbedingt im Zusammenhange zu stehen braucht, da Sitten- und „Moral"-Begriffe – nach europäisch-christlichem Maßstab gemessen – locker sind, Unschuld wenig gilt und uneheliche Kinder überall willkommen geheißen werden, sehnen sich die tibetischen Mädchen auch viel eher nach einem Kinde als nach einem Mann. Mutterschaft und Kindersegen sind ihnen höchstes Glück und schönste Erfüllung.

So kommt es, daß auch im Sozialleben der Tromopas der Vaterschaftsnachweis eine weit größere Rolle spielt als anderswo. Und man hat sich die schönsten Mittelchen erdacht, um unter den jungen Burschen einen herauszufinden, der die pekuniären Pflichten der Vaterschaft übernimmt. Häufig ruft der Ortsälteste alle in Frage kommenden jungen Männer, und das sind oft gar nicht wenige, zusammen, läßt sie einen Kreis bilden, setzt das „vaterlose" Kindchen hinein, wartet, bis es zu krabbeln beginnt und auf seinen „Erzeuger" zurutscht. Der erste beste, den das Kindchen dann berührt, wird vom Ortsvorstand sogleich zum Vater erklärt und nolens volens verpflichtet, für den Lebensunterhalt des Kleinen zu sorgen.

In religiöser Beziehung nimmt das Tschumbital ebenfalls eine gewisse Sonderstellung ein, da es als eines der letzten Bollwerke des alten, vorbuddhistischen Bönpoglaubens gilt, der in den weltabgeschiedenen Klöstern von Obertschumbi besonders gepflegt wird. Diese uralte Religionsform Tibets und Zentralasiens ist bisher noch wenig erforscht und ihre Geheimliteratur harrt noch immer der Erschließung. Sie stellt ein noch ungeklärtes Gemisch von möglicherweise manichaeischen Elementen mit Schamanenkulten dar, ist aber im Laufe der Zeiten so stark vom Lamaismus überdeckt worden, daß es schwer fällt, ihre verschiedenen Elemente auseinanderzuhalten. Für uns mag die Feststellung genügen, daß die meisten Hexenmeister und Zauberer – die übrigens auch in der gelben Staatskirche geduldet werden oder gar als „lebende Buddhas" in sie aufgenommen sind – dieser überaus interessanten und merkwürdigen Religionsform angehören. Von den gläubigen Lamaisten der gelben, reformierten oder roten, unreformierten Sekten unterscheiden sich die Anhänger der Bönpolehre in der Ausübung des täglichen Rituals wesentlich dadurch, daß sie ihre Gebetsmühlen nach links drehen, die Häkchen des glückverheißenden Swastika nach links gewendet haben und die Heiligtümer in umgekehrter Richtung des Sonnenlaufes, also von rechts nach links umkreisen. Trotz des starken Bönpoeinflusses gibt es im Tschumbitale aber auch noch eine Reihe von Klöstern der reformierten Staatskirche, der Gelugpas, der alten unreformierten Niymapas und – wie wir schon hörten – der aus Bhutan stammenden Kargyütpas.

AUF URALTER KARAWANENSTRASSE NACH PHARI

Heiligabend und der erste Weihnachtstag vergehen, wie Expeditionsweihnachten nur vergehen können. Natürlich gibt es einen Lichterbaum und auch ein Festessen, aber sonst will keine Stimmung aufkommen. Alles ist künstlich und gemacht, trotz schöner Reden und bester Vorsätze. So kommt es, daß wir am 26. Dezember schon wieder mit einer neuen Karawane auf dem Wege nach Norden sind, nach Phari und dem kalten Hochsteppenlande, dem eigentlichen Tibet entgegen.

Die ersten Kilometer fliegen förmlich unter den Hufen unserer schnellen Pferdchen dahin, dann engt sich das Tal zwischen gewaltigen Klippen ein, und der rauschende Fluß wird zu wildem, donnerndem, von dichten Buschdschungeln umsäumtem Wildwasser. Im engen Felsentale erheben sich die verfallenen Überbleibsel eines mächtigen Verteidigungswalles, den die Chinesen erbauen ließen, um die Handelsbeziehungen zwischen Tibet und Indien zu unterbinden. Hunderte von Metern türmen sich die nackten senkrechten Felsen zur „Burg der Geier" empor, drängen den Fluß in engen Erosionsschründen zusammen und haben einen natürlichen Engpaß geschaffen, der, nur von einem schmalen Torweg durchbrochen, in der Hand geschickter Verteidiger eine schwer zu nehmende Widerstandslinie bedeuten würde. Hier, am natürlichen Sperriegel, verpaßten die Tibeter, als im Jahre 1904 die Younghusband-Expedition nach Norden vordrang, ihre erste Gelegenheit, indem sie das Engtal unbesetzt ließen. Auch wenn es nicht gelungen wäre, die „Burg der Geier" längere Zeit gegen die erdrückende Übermacht modernen Kriegsmaterials zu halten, so hätten die Tibeter den Briten hier doch empfindliche Verluste beibringen können.

Auf holprig schmalem Felspfad winden wir uns nun zwischen anstrebenden Wänden und brodelndem Fluß durch die Enge hindurch, steigen wieder mählich an und schalten in Galinka, einer großen, idyllisch gelegenen Ortschaft, die erste Rast ein, um zu filmen und zu photographieren. Die nach Charakter, Bauart und Vegetationsverteilung als nördlichster Vorposten des „Weizenlandes" sich empfehlende Siedlung ist ringsum von fruchtbaren, teilweise künstlich bewässerten Feldbreiten umgeben. Hohe, leiterartige, zum Trocknen des Getreides und der Feldfrüchte bestimmte Gerüste verleihen der gepflegten Terrassenlandschaft ein ganz besonderes Gepräge.

Auffällig ist, daß sich die Frauen Galinkas ihre oft recht hübschen Gesichter durch Bespritzen mit rötlichen, mahagonifarbenen Tinkturen verunzieren, ähnlich wie viele echte Tibeterinnen aus den Kreisen des einfachen Volkes durch den Anstrich von Ruß und schwarzer Farbe ein geradezu schauderhaftes Aussehen besitzen. Neben dem Aberglauben, daß allzu große Sauberkeit das Recht auf höhere Wiedergeburten und künftigen Reichtum verwirke, halten es die Praktiker des Lebens für ausgemacht, daß die Unsitte hauptsächlich als Schutzmaßnahme gegen Sonnenbrand, Kälte und Trokkenheit geübt werde. Andere wieder behaupten, die Frauen beschmierten sich ihre Gesichter mit Ruß und Fett, um die Lamas, die im Zölibat leben müssen, nicht in Versuchung zu führen, zumal geschichtlich nachgewiesen werden konnte, daß ein Regent, im Hinblick auf die verhängnisvolle Zuneigung zum schönen Geschlecht, ein entsprechendes Gesetz erließ, um die natürliche Schönheit der Frauen zu vermindern.

Von Galinka führt der Weg über einen alten mächtigen, die Talung völlig ausfüllenden Bergrutsch steil nach oben, bis sich die Ebene von Lingma unter uns breitet. Vom Scheitelpunkte des etwa zweihundert Meter hohen, blockierenden Dammes genießen wir einen dreifach herrlichen Ausblick auf die Ackerbauoase im Süden, die sumpfige Lingmatang im Norden und die beide verbindende Erosionsschlucht, die der in zahlreichen Kaskaden dahinstürmende Fluß in den Staudamm sägte, um sich einen neuen Abfluß zu suchen. Also halten wir drei überaus charakteristische Bilder der Himalajamorphologie: die Terrassensiedlung, die durch Bergrutsch entstandenen Sumpfebenen und das geologisch junge Erosionstal in einem Blicke gefangen.

Nachdem wir die steilen Böschungen bis zum Rande der Ebene hinabgestiegen sind, finden wir tonige Ablagerungen auf der brettflachen, etwa vier Kilometer langen und einen Kilometer breiten wannenartigen Ebene, die darauf hindeuten, daß sich hier einst ein stiller Bergsee befand, ehe der Fluß den Damm des Bergrutsches durchsägte. Heute ist die Langmatang eine idyllische Alpenwiese, die bezeichnenderweise nicht als Anbaufläche genutzt wird, sondern nur den rastenden Karawanen als willkommene Weidefläche dient.

Völlig ruhig, mit tiefen, schweigenden Kolken und vielerorten unterhöhlten Ufern mäandert der tiefe Fluß in verschiedenen Armen durch die Ebene, bis er sich urplötzlich verengt, um in eine schäumende Sturzflut überzugehen.

Alles in allem erleben wir auf der Lingmatang einen der bemerkenswertesten und abruptesten Zonenwechsel, die ich je kennengelernt habe; während Galinka nämlich noch subalpin war, stoßen wir am Rande der rund zweihundert Meter höher gelegenen Wiesenebene schon überall auf rein paläarktisch geprägte Fichten- und Tannenbestände von alpinem Charakter.

Neben dieser allgemeinen biologischen Bedeutung der Lingmatang ist sie vor allem dadurch bekannt und berühmt geworden, daß sich die einzigen bekannten Einstände des gewaltigen Tschumbihirsches in ihrer weiteren Umgebung befinden. Der Tschumbihirsch steht mit dem auf früheren Reisen in Osttibet aufgefundenen weißen Macneillshirsch und dem Kaschmirhirsch in engster verwandtschaftlicher Beziehung und leitet direkt zu den echten europäisch-westafrikanischen Rothirschen über.

Sobald unsere Pferde den flachen, weichen Boden der Lingmatang unter ihren Hufen fühlen, fallen sie wie von selbst in Galopp und jagen durch die mit erhobenen Schwänzen nach allen Seiten auseinanderspritzenden Yaks hindurch, daß die langen Gräser nur so fliegen. Obwohl einem von uns der Sattelgurt reißt, geben unsere feurigen Gäule im wilden Rennen das Letzte her. So erreichen wir den Nordrand der Ebene in wenigen Minuten. Von hier genießen wir einen herrlichen Blick auf das alte, mächtige Donkarkloster, das, am westlichen Berghang gelegen, die Ebene völlig beherrscht. Der aus Bhutan stammende, erst im Jahre 1935 verstorbene Abt von Donkargompa soll zu seinen Lebzeiten viel Segen gestiftet und eine Reihe von Klöstern gegründet haben. Sein guter Geist erfüllt das Tschumbital, und seine sterbliche Hülle wird, ausgeweidet, getrocknet, mumifiziert und vergoldet, in einem Tschorten des Klosters aufbewahrt.

Nun geht es auf der westlichen Talseite über gewaltige Geröllblockhalden und scharfes Trümmergestein wieder steil bergan. Eine wilde Schlucht nimmt uns auf. Immer kühner und düsterer werden die Bergformen, immer dichter drängen sich die Felswände an den sprühenden Fluß heran, und der Weg windet sich im Zwielicht zwischen gewaltigen Bergbastionen dahin. Das Chaos abgerollter Geröllquader hat den Spurpfad an vielen Stellen so eingeengt, daß wir uns im Zickzackkurs von Biegung zu Biegung winden müssen und in diesem wildzerrissenen Tale, das sich die beschwingteste Phantasie nicht romantischer ausmalen könnte, eine Sensation nach der anderen erleben.

Im Widerstreit wissenschaftlichen Registrierens und schwärmerischer Empfindungen reite ich durch eine Welt von Fabelwesen und bin beinahe enttäuscht, als die Gigantenburgen wieder zurücktreten, eine hölzerne Auslegebrücke über den Fluß führt und ich Gautsa, unsere Tagesstation, vor mir liegen sehe.

Allein der Name „Gautsa", die „Wiese der Glückseligkeit", könnte nicht besser gewählt sein. Nach all dem Bedrückenden, Großen und Gewaltigen, empfinde ich es wie eine glückliche Fügung, wieder ein paar offene Fleckchen Erde und menschliche Behausungen vor mir zu sehen. Erleichtert atme ich auf.

Zwischen ungeheuerlichen Schründen, von deren oberen Rändern schon die offenen Grashalden der Blauschafregion herabschimmern, liegt der kleine Karawanenstützpunkt noch im Bereich des Baumwuchses. Obwohl das Übermaß der vertikalen Linienführung keine größeren Waldbestände mehr gedeihen läßt, treten in unmittelbarer Nähe des Flußufers und an den wenigen Seitentalmündungen mit Rhododendron schon stark vermischte Koniferenwaldungen auf, deren Einzelbäume noch immer eine prächtige Entwicklung zeigen.

Dank des großzügigen Entgegenkommens Leo G. Gruals übernachten wir wieder in der englischen Unterkunftshütte und wollen am kommenden Morgen schon in aller Frühe aufbrechen, um den großen Sprung aus den Engtälern des Himalajas hinaus in die freien tibetischen Hochsteppen zu tun.

Gegen fünf Uhr am Morgen weckt uns der unverwüstliche Geophysiker, der die halbe Nacht hindurch wieder an seinen Instrumenten stand, um die astronomischen Positionen zu sichern. Er hat's nicht leicht, da alle seine Beobachtungen heimlich durchgeführt werden müssen. Tagsüber zieht er meist in gemessenem Abstand hinter der Karawane her, setzt alle paar Kilometer seine Messungen ab und wird von uns in regelmäßigen Zeitabständen informiert, ob die Luft auch rein ist.

Sollte er aber doch einmal von Eingeborenen ertappt werden, so tritt sein treuer Scherpadiener lächelnd in Aktion, baut sich vor der Feldwaage auf und täuscht eine photographische Aufnahme vor. Auf solche Weise kommt eine makellose Kette von erdmagnetischen Stationen zustande.

Schon gegen sieben Uhr reite ich im dumpfen Schatten des dämmernden Felsentales bergan, willens, die Baumgrenze so rasch wie möglich hinter mich zu bringen, um in der Hochalpenzone Blauschafe auszuspionieren.

Es ist ein herrlicher Ritt durch die einsame Stille des kalten glitzernden Wintermorgens. Noch ist die Sonne nicht hinter den Bergen hervorgekrochen, aber ganz oben, Tausende von Metern über mir, erscheinen die scharfen Zacken und Grate schon wie mit goldenem Pinsel bemalt. Der zum Wildbach gewordene Tschumbifluß, der gestern noch lustig quirlend zu Tal sprang, ist in diesen Höhenlagen teilweise schon mit einer festen Eisschicht überzogen. Nur in der Mitte, wo er am reißendsten ist, schimmert die dünne Decke noch glasig grün oder wird vom sprudelnden Wasser durchbrochen. Da treiben dann in der Flutrinne überall die blinkenden Eisschollen, stoßen klirrend an und spielen mir die schönste Morgenmusik. Die Gerölle am Ufer haben allesamt dicke, bläulich-weiße Eishauben aufgesetzt, und von den Felsen rundum hängen armdicke Eiszapfen wie vielmeterlange Harfen reihenweis herab. Gelbleuchtende Lämmergeier kreisen in den Lüften, rosarote Karminfinken locken mit hellen Stimmen, und aufgeplusterte, dicke, jämmerlich frierende Lachdrosseln sitzen am Wegrand. Sie lassen mich auf wenige Schritte vorüberreiten, ohne sich zum Forthüpfen oder Davonfliegen zu bequemen.

Die Kälte beißt empfindlich in den Händen, die die Zügel halten. Schließlich aber steigt die Sonne langsam zu Tal und wirft ihre goldenen Strahlenbündel wie Feuergarben über die schroffen hohen Felsen. Im gleichen Maße aber, wie die wärmende Flut herniederdrückt, beginnt ein bissigkalter Wind von Norden her zu wehen und bläst mir schneidend ins Gesicht. Es ist der Vorbote des tibetischen Hochsteppenlandes, das sich nun mit Macht ankündigt. Je höher ich mich hinaufwinde, desto schwieriger, steiler und steiniger wird der Weg; desto schärfer aber werden die aus dem Untergrund hervorstechenden Felsenrippen, die bis an den Weg heranreichen oder ihn mit Geröllfächern aus hartem Eruptivgestein überschütten. Die Zwischenräume aber sind oft glatt und schlüpfrig mit riesigen, phantastischen Eishöckern von gefährlicher Rundung ausgefüllt. So muß man eine Art von „Hoher Schule" reiten, um über solch einen Weg voranzukommen, und der Zügel, im wahrsten Sinne das fünfte Bein des Pferdes, ist eine unerläßliche Hilfe. Massenweise liegen abgeschlagene Hufeisen am Wege, ab und zu auch weißbleichende Knochen und ein abgestürzter Gaul.

Sobald die hohen Koniferen zurückbleiben, erheben sich die kantigen Klippen von Gneis und Granit in den leuchtendblauen Tibethimmel. Zerrissener und immer eindrucksvoller wird die flechtenbehangene Baumvegetation der Kampfzone. Immer mehr schrumpfen die zusammenhängenden Alpenrosenkomplexe zusammen. Schließlich sind nur noch einige spärliche Weidengebüsche und schneegedrückte Rhododendronflecken übriggeblieben. Nur hier und dort leuchten die schlanken Stämme letzter Himalajabirken auf.

Dann sind auch sie verschwunden: Dokang, die „Steinebene“, öffnet sich, und zur Rechten fällt fünfzig Meter hoch ein zu phantastischen Formen gefrorener Wasserfall in blaugrünem Spiegelglanz zu Tal. Gleichzeitig gewahre ich überall in den kahlen Hängen, zur Rechten wie zur Linken, die ersten kreuz- und querlaufenden Blauschafwechsel.

Als ich gerade um eine jähe Felsennase biege, offenbart sich meinen Sinnen und Blicken ein unerhörtes Erlebnis. Da, wo sich sonnenbeschienene stahlschimmernde Wände zu beiden Seiten himmelhoch türmen, stehe ich plötzlich inmitten eines gerade zur Tränke ziehenden, wohl fünfzig Kopf starken Blauschafrudels. In heilloser Verwirrung fluten die scheuen Hochgebirgstiere, wirr durcheinanderjagend, in überstürzter Flucht der Steilwand entgegen, und dann – ein unglaublich imponierendes Schauspiel – nehmen sie, trotz des halsbrecherischen Geländes, schon nach wenigen Sekunden geradezu meisterhafte Ordnung an. Die weiblichen Tiere mit den Kälbchen voraus, die herrlich gezeichneten Widder folgend, formieren sie sich in zwei auseinanderstrebende Ketten, die Sprung auf Sprung, einer so gewagt wie der andere, hintereinander rasen, klettern und springen, bis sie immer kleiner werden und vom blauen Himmel über mir förmlich hinweggesogen werden.

Ich reite nun langsamer, bedächtiger bergan, koppele das Pferd an geeigneter Stelle und klettere mit aller Vorsicht einige hundert Meter in die Felsbastionen hinauf, bis das nächste Rudel ausgemacht ist und ich, den Filmtrupp erwartend, die erhabene Einsamkeit der Bergwelt in mich aufnehmen kann.

Vor mir erhebt sich als Abschluß der himalajanischen Bergwelt auf hohem Felsengrat ein verlorener Gebetssteinhaufen mit Tausenden im Winde wehenden bunten Fähnchen daran. Dahinter aber, zum Greifen nahe, wie es scheint, reckt der gewaltige Tschomolhari sein ehernes, von Cirrusschleiern umwehtes Haupt empor. Im Norden verebbt der wilde, gewaltige Aufruhr der Berge. Dort weitet sich der abgründige Talschrund zu einer mächtigen Ebene, der Steppe von Phari, die am Tang La in das rollende Hochland übergeht.

Dieses Bild der aus dem tiefen Schluchttal jäh sich entfaltenden Ebene mit der funkelnden Eispyramide des majestätischen Berges ist einem schimmernden Blütenkelche vergleichbar, der sich zu strahlender Pracht entfaltet. Der Unterschied zwischen den düstertiefen Schründen des Tales und der Reinheit der im Sonnenlichte flimmernden, gelb, rot und violett leuchtenden Hochsteppe hämmert sich in dieser Stunde der Verinnerlichung wie eine symphonische, leidumwehte Tondichtung tief in meine Seele ein.

Noch viele schöne Stunden verleben wir an diesem strahlend kalten Sonnenmorgen in den Blauschafbergen am Ausgange des Tschumbitales. Wir klettern und reiten an den steilen Felsen entlang, filmen die herrlichen Gebirgstiere und erleben reinste Freude.

Einmal jedoch wäre es wieder beinahe schiefgegangen, als ich, die Telekamera mit dem langen Stativ daran in der Hand haltend, über einem Abgrund entlang reite und der Gaul plötzlich den Boden unter den Hufen verliert. Rasch aus dem Sattel springend, kann ich mich und die wertvolle Kamera nur mit knapper Not retten, während das Pferd, sich vielmals überschlagend, in die Tiefe poltert, bis es uns in gemeinsamer Anstrengung gelingt, das schwere Tier wieder auf die Beine zu stellen und auf den Wechsel heraufzulotsen. Diese tibetischen Gebirgspferde sind ja glücklicherweise zäh wie Katzen und halten solch kleine Püffe meist unbeschadet aus.

Als wir nach vollbrachter Arbeit die Karawanenstraße wieder erreicht haben, geht es im sprühenden Galopp über die letzten Steigungen hinweg, der schimmernden Weite entgegen. Wieder begegnen uns Hunderte schwer mit Wolle beladener Maultiere, Pferde und selbst Eselchen, die, mit den größeren Gattungsverwandten tapfer Schritt haltend, aber unter den unförmigen, fast auf dem Boden schleifenden Lasten aussehen, als ob sie jeden Augenblick zusammenbrechen würden. Noch ehe die großen Karawanen ins Blickfeld rücken und die einzelnen Tiere klar unterscheidbar werden, sehen wir lange Schwaden graugelben Staubes unter den Hufen emporwirbeln und im eisigen Winde verwehen. Dann erst wälzen sich die Heerwürmer heran. Die silberbeschlagenen Waffen der Karawanentreiber blitzen in der Sonne, wenn sie grußlos vorüberreiten. Es sind immer die gleichen hochmütig-stolzen Gestalten, und man kann ihnen die bodenlose Verachtung, mit der sie uns Fremdlingen begegnen, von den harten, wettergegerbten Gesichtern lesen. Starken, starren Sinnes gehen sie ihrer Wege.

Einige werden auch von ihren Frauen begleitet, raubkatzenähnlichen, urwüchsigen Weibern, die goldene Sonnenschutzblenden vor den Augen tragen und beschämt zu Boden blicken, wenn sie unser ansichtig werden.

Bald bleibt das anstehende Gestein zu beiden Seiten des Weges zurück, die Hänge flachen sich aus, und auf dem Scheitelpunkte eines kleinen Steppenpasses erhebt sich noch einmal ein bunt gewirktes, fahnenumflattertes Obo.

Dann erst beginnen die öden, roten, flachwelligen Riesenhügel der Argaliberge, die „Mondlandschaft“ und die weiten Steppen, deren so überaus charakteristische, aufs höchste spezialisierte Fauna meine ganze Aufmerksamkeit gefangennimmt.

Auf einmal wird es mir klar:

Das sind die gleichen Lebensräume, die ich im östlichen Tibet erst nach vielmonatelangen Kämpfen und mühseligen Märschen von der chinesischen Grenze her langsam erobern konnte.

Hier dagegen, im zentralen Himalaja, folgen die verschiedenen Lebenszonen in südöstlicher Staffelung dicht auf dicht. Dieser unwahrscheinlich rasche Wechsel vertikal und horizontal aufeinanderfolgender Klimagürtel und Vegetationsstufen ist einerseits durch die als messerscharfe bioklimatische Scheidewand fungierende Hauptkette des Himalaja bedingt – andererseits macht sich das Fehlen der für Osttibet so charakteristischen großen meridionalen Stromfurchen des Yalung, Yangtsekiang, Mekong, Salween usw. bemerkbar, jenes großartigen Parallelismus der Flüsse, die sich dort tief in die Gebirgswelt eingefräst haben, als Heißluftkanäle fungieren, den Monsun bis nach Innertibet hineintragen und alles „in die Länge ziehen".

Allerdings lassen die einzelnen, nach Herkunft und geologischem Alter grundsätzlich verschiedenen Lebensgemeinschaften im Himalaja und in Südtibet keine so scharfe ökologische Gliederung wie in Osttibet zu, da wegen des engeren Raumes eine Anzahl der charakteristischsten Biotope in Wegfall geraten oder doch nur angedeutet sind.

Mit dem schlagartig einsetzenden massenhaften Auftreten von Maushasen, Steppenfüchsen, Kolkraben, Würgfalken und Schneefinken öffnet sich die große Ebene. Damit haben wir wieder das echte Tibet erreicht.

Die Tierwelt stellt hier eine, im Vergleich zu den nun endgültig hinter uns liegenden himalajanischen Waldgebieten, verhältnismäßig artenarme, aber um so individuenreichere, unendlich fein aufeinander abgestimmte Faunengesellschaft dar. Obwohl die charakteristischen Großsäuger, wie Tibetgazelle und Kiang, einstweilen noch fehlen, so geraten wir doch schon nach wenigen Minuten in ein beinahe an arktische Verhältnisse erinnerndes Tierparadies ohnegleichen.

Einem Perpetuum mobile vergleichbar, huschen Hunderte und Tausende der kleinen, etwa meerschweinchengroßen, wollhaarigen Maushäschen vor uns her, um wie eine fortlaufende Welle in ihren Erdlöchern zu verschwinden. Die ganze Steppe ist aufgewühlt und unterminiert von den zahllosen Bauten dieser fleißigen kleinen Nager, und beim Reiten läuft man dauernd Gefahr, einzubrechen oder mit dem Pferde koppheister zu gehen.

Die Steppenmaushasen leben in einer unzertrennlichen, auf gegenseitigen Nutzen begründeten Gemeinschaft mit zwei schmucken, quicklebendigen Schneefinkenarten, einer kleinen, rothalsigen und einer etwas selteneren größeren, grauweiß gefärbten Form. Dabei obliegt den Maushasen die Aufgabe, die Löcher zu graben und den Finken im deckungslosen Hochsteppengelände die unterirdischen Brut-, Schlaf- und Unterschlupfplätze zu schaffen, während die scharfäugigen Vögelchen den „Wachdienst" übernehmen und ihre Gastgeber mit hellen Stimmen vor dem Nahen der zahlreichen Feinde vortrefflich zu warnen verstehen. Man kann sich kaum ein idyllischeres Bild vorstellen, als die Finken und Maushasen vor den gemeinsamen Löchern sitzen, spielen und arbeiten zu sehen.

Da geht es hinein und heraus in dauerndem Wechsel von Nagern und Vögeln. Oft stehen die Finken dicht dabei und drehen und wenden putzig ihre Köpfchen, wenn die kleinen Säuger mit unermüdlichem Eifer kratzen und schaufeln, um wieder neue Bauten auszuheben.

Wenn aber ein beutelüsterner Steppenfuchs, ein Wiesel oder ein Steppenfalke unversehens herannaht, so erschallt plötzlich der schneidende Warnpfiff der Finken. Ein Kribbeln und Krabbeln beginnt, und ehe man sich versehen hat, sind alle umsitzenden Maushasen blitzartig in ihren Löchern untergetaucht. Kalt und leer ist dann die Steppe. Aber schon nach wenigen Minuten stecken die ersten wieder ganz vorsichtig und behutsam ihre kleinen Schnuppernäschen aus den Löchern hervor, als nächstes werden die großen schwarzen, ganz hoch im Kopfe liegenden Äuglein sichtbar . . . und ruckweise kommen die putzigen Wichtelmännchen der Steppe wieder Zentimeter für Zentimeter ans Tageslicht. Kaum ist der erste wieder draußen, da erscheint, wie auf geheime Verständigung, auch schon der zweite, der dritte, der vierte – und ehe man's fassen kann, wimmelt die ganze Steppe abermals von Dutzenden und Hunderten der anmutigen erdfarbenen Wollknäuel, deren Haar bei der emsigen Arbeit vom kalten Winde gescheitelt wird, so daß man die dunkle Unterwolle deutlich erkennen kann.

Im Verhältnis ebenso häufig wie die Maushasen und Schneefinken sind übrigens auch die sich von ihnen nährenden und ganz auf sie abgestellten Raubtiere, die großen plumpen Adlerbussarde, die schweren hellfarbigen Steppenfalken und die graurötlichen Steppenfüchse. Wenn man vom gleichen Standorte aus in wenigen Minuten Hunderte von Maushasen erblicken kann, dann auch Dutzende von Bussarden, Falken und Füchsen. Alle diese Räuber sind hinsichtlich ihrer Ernährung vollständig auf das Millionenheer der Maushasen

abgestellt, so daß ich sogar bezweifeln möchte, ob die plumpen Bussarde und die wuchtigen Falken in diesem Lebensraum überhaupt je Anstalten treffen, ein anderes Wild, soweit es sich nicht gerade um kranke Stücke handelt, zu schlagen. Das gleiche gilt von den Steppenfüchsen, die nach meinen Beobachtungen auf den Ochotonasteppen bei weitem häufiger sind als irgendwo anders. Allen genannten Raubtierarten ist übrigens eine sehr bezeichnende „Polartiereigenschaft" zu eigen: Die Tiere sind im allgemeinen dem Menschen gegenüber so vertraut, um nicht zu sagen zahm, daß man auch auf freier Steppe fast immer auf Schrotschußweite an sie herankommen kann, genau wie dies bei den allermeisten Vertretern der arktischen und antarktischen Tierwelt die Regel ist. Dies trifft übrigens ganz allgemein für die „eiszeitliche" Biocönose Hochtibets, jenes „Eisschrankes" im Herzen Asiens, zu.

Besonders augenfällig ist diese Eigenschaft aber gerade beim Steppenfuchs, weil in der unmittelbar benachbarten Hochalpenzone, die wir gerade verließen, auch der scheue „moderne nacheiszeitliche" Rotfuchs vorkommt, der stets schon auf weite Entfernung die Flucht ergreift, während der eiszeitliche Steppenfuchs dem Menschen kaum ausweicht und sich mit meisterhaftem Geschick zu „drücken" versteht. Vielleicht handelt es sich dabei noch um psychische Residuen aus dem Eiszeitalter, da der Mensch noch unter der Bewußtseinsschwelle, also im „Paradies" lebte und noch nicht die selbst domestizierte Bestie mit dem unterbewußten Drang nach Vernichtung und Ausrottung war.

Mehrere Stunden halten wir uns filmend und photographierend inmitten einer dicht besiedelten Maushasenkolonie auf. Dann schwindet das Licht, schwergoldene Pastelltöne hüllen die weite Landschaft ein, und die länger werdenden Schatten der kahlen Steppenberge gemahnen zum Aufbruch. Die von Minute zu Minute wechselnden Stimmungen der Wolken und des Himmels sind mir an diesem ersten Abend auf hochtibetischer Steppe, da wir auf starken, unbändigen Pferden durch die große Einsamkeit reiten, wie eine Offenbarung. Bissig pfeift der kalte Wind, schlägt uns in die Gesichter, und die Mähnen der scharf ausgreifenden Pferde fliegen und flattern im aufwallenden und wieder verwehenden Staube. Massen von Schneefinken stieben um uns, Adlerbussarde streichen träge vorüber, und einige Kolkrabenpärchen sitzen, der Kälte ungeachtet, dicht am Wege, schnäbeln sich in zärtlicher Liebkosung und lassen ihre volltönenden Stimmen erschallen. Diese herrlichen schwarzen Vögel mit den wuchtigen Amboßschnäbeln und den markanten keilschwänzigen Flugbildern gehören zur wogenden See der tibe-

tischen Steppen ebenso wie die Möwen zum Meeresstrand. Neugierig schauen die Steppenfüchse zu uns herüber. Gemächlich trollen sie davon, stehen wieder nach wenigen Schritten und sichern mit erhobenen Köpfen hinter unserer fliegenden Kavalkade her.

Jetzt erst, im kalten Sturmesheulen, erlebe ich wieder den Zauber der restlosen Befreiung vom Alpdruck der Berge, der in den tiefen Tälern so schwer auf mir lastete. Es ist das Aufgehen in der Weite, die Lösung von allem Kleinlichen, das mich bedrückte, solange ich noch die Schranken der Talschründe um mich fühlte. Nun bin ich frei, grüße die Steppe, den Wind und die sich zu nächtlicher Attacke formierenden Wolkengeschwader, die im letzten Abendscheine verglühen. Mit langen, wehenden Cirrusschleiern steht die Eisburg des Tschomolhari als eherner Eckpfeiler zwischen Tibet und dem Himalaja. Wie ein leuchtender Komet stößt dieser göttliche Berg in die Unendlichkeit des Steppenhimmels. Staubhosen verdunkeln die Luft, düster und unheimlich werden die Stimmungen, lauter und tosender hallt der scharfe Eiswind, jagt Dreck und Staub in langen Fahnen und tosenden Wirbeln den rastlos vorwärtsstürmenden Pferden entgegen. Unsere Augen schmerzen und tränen, die Trommelfelle sausen, unendlich kleine Staubkörner prallen auf die Haut und verursachen Schmerzen. Tausende von Felsschneefinken, die noch zu später Stunde auf der Steppe Futter suchen, streichen ihren Schlafplätzen entgegen, wirken mit ihren transparenten Schwingen wie die ersten silbernen Sterne und werden von der nahenden Dämmerung verschluckt. Unsere Blicke nach vorn gerichtet, reiten wir weiter, bis in weiter Ferne eine schwarze dräuende Burg, die Dzong von Phari, in Sicht kommt.

Dicht am Steilhang des aus der Steppe jäh ansteigenden Tschomolhari gelegen, hoffen wir, unser Tagesziel in einer halben Stunde zu erreichen. Wir legen uns dem Sturmwind entgegen auf die Hälse der keuchenden Pferde und sausen im Galopp über den brettflachen, staubtrockenen Boden dahin. Dann aber läßt die Kraft der Pferde nach, und wir müssen erkennen, daß wir einer Täuschung zum Opfer gefallen sind. Dies Tibet ist nur sich selbst gleich, und alle gewohnten Maßstäbe versagen.

Noch eine ganze Stunde scharfen Rittes benötigen wir, bis das festungsartige Rasthaus von Phari, am südlichen Rande der Ortschaft, endlich vor uns liegt.

Zu Füßen der eisblauen Gletscherpyramide des Tschomolhari erscheint die weltentlegene Siedlung, die zugleich eine der höchsten der Erde ist, wie ein winziges Körnchen am Pole der Ewigkeit.

Windgebetsmühlen mit propellerähnlichen Luftschrauben drehen sich auf den flachen Dächern knatternd im Sturm, und als erster Gruß treiben uns ganze Schwaden pulverisierten Kotes entgegen.

Dann nehmen uns die quadratischen Mauern und niedrigen, ums rechteckige Hofgeviert gruppierten Gebäude des „Dak-Bungalows" auf, wo wir uns am schwelenden Yakdungfeuer häuslich niederlassen, ehe die Verhandlungen mit den Eingeborenen beginnen.

Die Kunde von unserem Eintreffen läuft natürlich wie ein Steppenfeuer durch den Ort, und die beiden Burghauptleute, die „Dzongpong", lassen mir durch eine Schar zerlumpter Diener schon in den ersten Stunden Gaben und Geschenke überbringen.

Der Besuch der ersten deutschen Expedition macht offensichtlich einen so starken Eindruck in Phari, daß man das verhältnismäßig „milde" Winterklima des Jahres sogleich mit unserer „Wallfahrt nach Lhasa" in Zusammenhang bringt. – Göttliche Ehre, mir kann's nur recht sein!

Obwohl ich schon geneigt bin, den Burghauptleuten sogleich meine Aufwartung zu machen, muß ich mich dem diktatorischen Beschluß meines Zeremonienmeisters Rabden Kazi fügen, der emphatisch bestimmt, daß in diesem Falle die Überbringung eines weißen Seidenschleiers genüge. Jedenfalls stünde es weit „unter meiner Würde", als großer Barasahib, der das Wetter bestimme, den Dzongpons einen Besuch abzustatten.

Jeder der beiden zur gegenseitigen Kontrolle von der Zentralregierung zu Lhasa eingesetzten Burghauptleute zu Phari steht übrigens in dem Ruf, gern einmal ein Auge zuzudrücken, wenn sich der Herr Kollege durch „gelinden Druck", wie man die landesübliche Erpressung nennt, über das von der Regierung zugebilligte Maß zu bereichern beliebt. Man sagt, daß sie die besten Posten aller Dzongpons Tibets innehätten. Jedenfalls würde es ihnen wohl nach Ablauf ihrer dreijährigen Amtszeit für den Rest ihres Lebens erspart bleiben, noch einen Finger zu rühren.

Krummrückig, speichelschlürfend und in speckige Lumpen aus rohen Wollstoffen gehüllt, warten die Abgesandten der Burghauptleute auf meine Weisungen und Wünsche hinsichtlich der neu zusammenzustellenden Karawane.

Die Gesichter dieser Männer von Phari sind zersprungen von Frost und Kälte. Über und über mit einer schwarzen Patina von Ruß und Dreck bedeckt, strecken sie mir in devotem Gruß die Zunge heraus und grinsen mich hohläugig an. Das einzige Saubere an diesen Menschen scheinen nur die blitzenden Reihen der Zähne, das

Weiß der Augen und die glatten, dunkel umrandeten Hornflächen auf der Oberseite ihrer Fingernägel zu sein.

Und erst die schwarzen, tierischen, unglaublich verwahrlosten Frauen der Pharitibeter! Abstoßenden Zwerginnen ähnlicher als menschlichen Wesen, sind sie das Ekelerregendste an Weiblichkeit, was ich je zu Gesicht bekommen habe: entweihte Weiber ohne Scham und Scharm, ein wahrer Abschaum der Menschheit! Es graust einem bei jeder Begegnung mit diesen personifizierten Hexen, die unsere Unterkunft zu Dutzenden umlagern. Mit dicken Wollknäueln, aus denen sie immerfort grauschwarze Wollsträhnen ziehen und ihre Spindeln ohne Unterlaß surren lassen, erinnern sie mich an Nornen, die abseits von Zeit und Raum häßliche Schicksale spinnen.

Wie unvorteilhaft unterscheiden sich diese Menschen doch von den sauberen und gepflegten Tromopas, wie sehr auch von den starken, unabhängig stolzen Osttibetern, wie ich sie auf meinen früheren Reisen kennengelernt habe. Schon bei der ersten Berührung spürt man in diesen lhasatibetischen Provinzen deutlich, daß die Menschen ärmer sind und serviler, und daß die niederen Volksschichten in einem starken Abhängigkeitsverhältnis zur herrschenden Adelsschicht stehen.

Während es in Ost- und Zentraltibet immer mit Schwierigkeiten verbunden war, eingeborene Kulis zum Lastentragen anzuheuern, drängt man sich entlang der großen südtibetischen Karawanenstraßen geradezu danach, derartig niedrigen Beschäftigungen allein des Gelderwerbes wegen nachzugehen.

Auch die sozialen Unterschiede zwischen arm und reich scheinen hier größer zu sein, und die Regierungsgewalt ist spürbarer als im östlichen oder nordöstlichen Tibet, wo der freie Mann noch etwas gilt und selbst die Lamas unter Umständen auf ihren Platz verwiesen werden, wenn sich ihre Handlungsweisen gegen das Allgemeinwohl richten.

Zugleich scheint die lhasatibetische Bevölkerung abergläubischer, demütiger und gottergebener zu sein als im Lande der achtzehn unabhängigen Stämme des östlichen Tibet, wo die Menschen auch geistig lebendiger erscheinen, freiheitlicher eingestellt sind und in ihrer leiblichen Konstitution zugleich zu den edelwüchsigen und schönsten Menschen des mongolischen Rassenkreises überhaupt gehören.

Hinzu kommt, daß die Frauen der verschiedenartigen Völkerschaften des östlichen Tibet ihre stammeseigenen, meist prächtig bearbeiteten, silberziselierten Schmuckstücke tragen, während in Phari und Südtibet derartige Ornamente meist nur von den höherstehenden Frauen angelegt zu werden pflegen. Lediglich Ohrringe aus Türkisen scheinen beiden Geschlechtern auch hier unentbehrlich und werden viel im linken Ohre getragen, weil der Glaube besagt, daß man als langohriger Esel wiedergeboren werde, wenn die linken Ohrläppchen nicht von den glücksbringenden, geistervertreibenden Türkissteinen verziert würden.

Alles, was hier über die Pharitibeter im Vergleich zu den kernigeren Ost- und Nordosttibetern ausgesagt wurde, trifft nach meinen persönlichen Erfahrungen im großen und ganzen auch für alle mir bekanntgewordenen südtibetischen Stämme zu; wenn gerechterweise auch zugegeben werden soll, daß die Unterschiede nicht überall so kraß in Erscheinung traten wie in dem auf 4000 Meter Höhe, an der Grenze der Existenzbedingungen gelegenen Phari.

Seiner dominierenden Position am Ausgange des Tschumbitales und der Beherrschung nach Bhutan hinüberführender Pässe wegen hatten die Chinesen die strategische Bedeutung Pharis schon frühzeitig erkannt, obwohl es auf Grund seiner unwirtlichen Lage und seines kalten Klimas auch zur Mandschuzeit niemals bleibender Wohn- und Amtssitz der chinesischen Beamten sein konnte. Dessen ungeachtet, entwickelte es sich doch schon im 18. Jahrhundert zu einem wichtigen Handels- und Karawanenstützpunkt.

Als man 1799 erstmalig das Eindringen der Engländer befürchtete, wurde die Dzong auf Betreiben der chinesischen Statthalter erneuert, vergrößert und verstärkt. Aber erst 104 Jahre später, im Winter 1903, als der Einfluß der Chinesen bereits im Schwinden begriffen und die Phariburg schon längst wieder in Verfall geraten war, kamen die Engländer wirklich und nahmen die Burg mit einer von Tschumbi vorstoßenden Vorausabteilung überraschend ein. Heute ist die alte, doppelwandige Festung, die auch von den Regierungsbeamten nicht mehr bewohnt wird, halb verfallen. Ihre abgeschrägten, nach oben konisch zulaufenden Mauern sind zerrissen und der kalte Wind pfeift durch Sprünge und Fugen. Da sich jedoch der Schutt der Jahrhunderte zwischen den beiden konzentrischen Mauern angehäuft hat, steht die ruinenhafte Burg in ihren Umrissen noch wie ehedem. Weithin ragt sie über die Steppe.

Nach meinen Erfahrungen geht der Verfall der tibetischen Burgen verhältnismäßig rasch vor sich, da bei der Aufführung der Bauwerke in der Regel kein festigendes Bindemittel wie Zement oder dergleichen Verwendung gefunden hat. Bedingt durch die extremen Umweltverhältnisse und die großen Temperaturunterschiede im Tagesverlauf wie auch im Zyklus des ganzen Jahres, bilden sich bald klaffende Risse, bis sich die Wälle nach außen neigen und schließlich in sich zusammenfallen. Die eigenartig konische Bauweise fast aller tibetischen Burgen und Paläste, deren Wälle und Wände an den Firsten stets enger zusammenstehen als an den Sockeln, mag ursprünglich als architektonisches Vorbeugungsmittel gedacht sein, um dem Nachaußenbiegen der Wände und damit dem vorzeitigen Verfall der Gebäude Einhalt zu gebieten.

Als die Chinesen die Festung renovierten, nannte man den ganzen Ort der allmächtigen Göttin Tschomolhari zu Ehren „Fort des erhabenen Berges". So behaupten alle, die in Phari leben und diesem Höllenpfuhl eine angenehme Seite abgewinnen möchten.

Die anderen aber sagen, „Phag-ri" hieße wörtlich der „Hügel des Schweines".

Obwohl es in Tibet auf über 4500 Meter Höhe keine solchen Borstentiere mehr gibt, so könnte es wohl keinen anderen Namen für diese katakombenhafte Siedlung auf Kot und Asche geben.

Abgesehen von Litang in Osttibet, das eine ähnliche trostlose und isolierte Steppenumgebung besitzt, kenne ich keine Ortschaft der Erde, die so erbarmungswürdig schmutzig ist wie diese. Von Lhasa zwar sagen die Chinesen immer, es sei eine „Stadt der Teufel, die von Exkrementen leben", für Phari, das ist sicher, würde diese Bezeichnung weit besser passen.

Es ist eine Siedlung, deren Fundamente, einem riesigen Misthaufen vergleichbar, aus Kot bestehen und trotz der Winterkälte geradezu unbeschreibliche Gerüche verbreiten. Die Ausdünstungen sind so pestilenzartig, so penetrant, daß man auf den Straßen dauernd ausspucken oder sich das Taschentuch vor die Nase halten muß, um nicht Gefahr zu laufen, in Ohnmacht zu fallen.

Phari besteht aus etwa zweihundertfünfzig bis dreihundert eng aneinandergepferchten, nur durch schmale Gäßchen verbundenen niedrigen, meist fensterlosen, denkbar verwahrlosten Häusern, die größtenteils aus lose aneinandergeschichteten Grassoden erbaut, mit Yakdung beworfen und mit Exkrementen verklebt sind. Viele Behausungen sind so stark von Ruß geschwärzt, daß man glauben möchte, glasierte Ziegelsteine vor sich zu haben.

Ehedem, so scheint mir, häuften sich hier die Zelte der Hirtennomaden, die den Boden ausschachteten und Schutzschirme für ihre Zelte erbauten, bis sich diese durch den sich anhäufenden Unflat erübrigten und nur noch kavernenähnliche Unterstände übrigblieben, über denen man dann Mauern errichtete. Die ersten Tibeter, die mit diesem Teufelswerk eines Städtebaues begannen, lebten wahrscheinlich in der Meinung, sie müßten die Häuser so tief und flach anlegen, um sie vor den kalten Hochlandsstürmen zu schützen.

Seit Generationen werfen die Bewohner von Phari ihren Abfall auf die Straßen. Und sie benutzen diesen Unrathaufen auch weiterhin. Ungestört sieht man Männer, Frauen und Kinder überall ihre Notdurft verrichten. So haben sich die Gassen und Wege zwischen den Häusern immer mehr gehoben. Die Unbeschreiblichkeiten sind teilweise so hoch aufgetürmt, daß sie die Dächer erreicht haben und man daher über den eigentlichen Portalen dahinwandelt.

Große Ballen körnerlosen, auf den Flachdächern gestapelten Strohs sind die einzigen hellen Punkte der ganzen Siedlung. Alles andere ist schwarz oder grau: die Häuser und die düster aufragende Burg, die Menschen, die Yaks und die aasfressenden Pariahunde, die sich in Gemeinschaft mit Dutzenden von dicken, glänzenden Kolkraben um den Besitz der ausgetrockneten Pferdekadaver streiten, die mitten auf den freien Plätzen umherliegen.

So erstickt Phari förmlich im eigenen Auswurf, und nur die Härte des Klimas scheint seine Bewohner notdürftig gegen Pocken, Pest und Cholera zu schützen. In Unrat geschlagene Treppen führen zu den Eingangstüren der stallähnlichen Behausungen hinab, wo sich Menschen und Tiere in trauriger Gemeinschaft gegen die Unbilden der Witterung zu schützen suchen.

Ich habe lange genug in Asien gelebt, um gegen Schmutz recht unempfindlich geworden zu sein. In Phari aber kostet es mich doch einige Überwindung, in eine der lichtlosen, entsetzlich riechenden Behausungen hinabzukriechen, die gleichzeitig als Wohnraum, Schlafraum, Küche und Stall dient. Fenster existieren nicht, der Boden besteht aus festgetretenen Kuhfladen, und die Wände glitzern von Ruß und Reif.

Phari ist so ein Höhlendorf im wahrsten Sinne des Wortes.

Aber woher sollten die Bewohner das Holz auch nehmen, wo die frostige Ebene rundum flach ist wie eine Tenne und stellenweise so vermoort, daß selbst die weidenden Schafe sommers über einbrechen und oft genug jämmerlich versaufen.

Mitten durch die Ortschaft fließt in traurigen Windungen nur ein abscheuliches Rinnsal, dessen stickiges und verschlammtes, von Kadaverüberresten und Yakdung durchsetztes Wasser mit bräunlichkotigem Eise bedeckt ist.

Trotz allem aber stellt die aus dem Nichts entstandene Umschlags- und Karawanensiedlung mit ihren schreienden Bettlern und betenden Lamas eine Art Zoll- und Börsenmetropole dar.

Zu jeder Stunde pfeift aus allen Gassen und Winkeln der kotbeladene Eiswind und läßt Staubhosen durch die holperigen Winkelgäßchen tanzen, wo neben Mehl und Tsamba selbst Apfelsinen mit schmierigen Händen feilgeboten werden und sich speckige Menschenhaufen um die Schmuckhändler mit ihrer billigen Trödelware scharen.

Auch werden indische Rupien der tibetischen Währung angeglichen, in stinkenden Hütten große Geschäfte abgeschlossen, Basare abgehalten, verschimmelte Teeklumpen gegen getrocknetes Fleisch und Textilien eingetauscht und Haushaltungsgegenstände aller Art verhökert . . ., gerade wie es sich für Orte dieser Prägung im hohen Asien gehört.

Indische Marwaris, die nirgends fehlen, wo es nach Profit riecht, haben sich in Phari neben echten Tibetern und bhutanesischen Kaufleuten angesiedelt und alles flucht und feilscht und handelt.

Auf der sogenannten Basarstraße liegt das graue Kleid des Winters. Fast den ganzen Tag über weht der schneidende Wind und treibt immer neue Wolken von Pulverkot empor, so daß man schier ersticken möchte. Schäbige, zerlumpte, von Staubkrusten überzogene Menschen wimmeln durcheinander.

Auf dem freien Platz vor der Dzong liegen lange Reihen zotteliger, eigenwilliger, in ihr Schicksal ergebener Yaks, und der Eiswind rauft die verfilzten Strähnen ihrer fast bis auf den Boden herabhängenden Pelze. Grimmig nehmen sich ihre bulligen, graumelierten Schnauzen gegen das tiefe Schwarzblau ihres übrigen Haarkleides aus. Wie Stacheln der Abwehr schauen aus blasenden Nüstern weißbereifte, drahtige Haare hervor. Wenn ich den schwarzen Ungetümen zu nahe trete und sie meine fremdartige Witterung verspüren, schrecken sie aus stoischer Ruhe empor, stellen die Hörner, schnauben, grunzen und blicken mich mit bösen, blutunterlaufenen Augen an. Dann aber, mit unnachahmlicher Würde und Gemessenheit, dem Nomadenfürsten gleich, der sich auf einem privilegierten Feuerplatze niederläßt, sinken die herrlichen Tiere wieder in sich zusammen, um wohlig wiederkäuend weiterzudösen.

Diese Yaks sind der Ausbund des Selbstvertrauens. Man muß sie lieben, denn sie gehören zu den seltenen Geschöpfen mit Zivilcourage, die, genau wie die großen schwarzen Mastiffrüden der Nomaden, ja wie die hünenhaften Steppentibeter selbst, den Charakter ihres wilden, sturmdurchtobten Landes widerspiegeln.

Es ist etwas höchst Merkwürdiges um diese auffälligen psychischen Konvergenzen zwischen Mensch und Tier, die dieses rauheste aller Hochländer hervorgebracht hat.

Der Yak oder Grunzochse ist in Wahrheit das ureigenste Tier der tibetischen Landschaft und des tibetischen Menschen. Vor Zeiten war sein wilder Stammvater, der riesenhafte Wildyak, über das

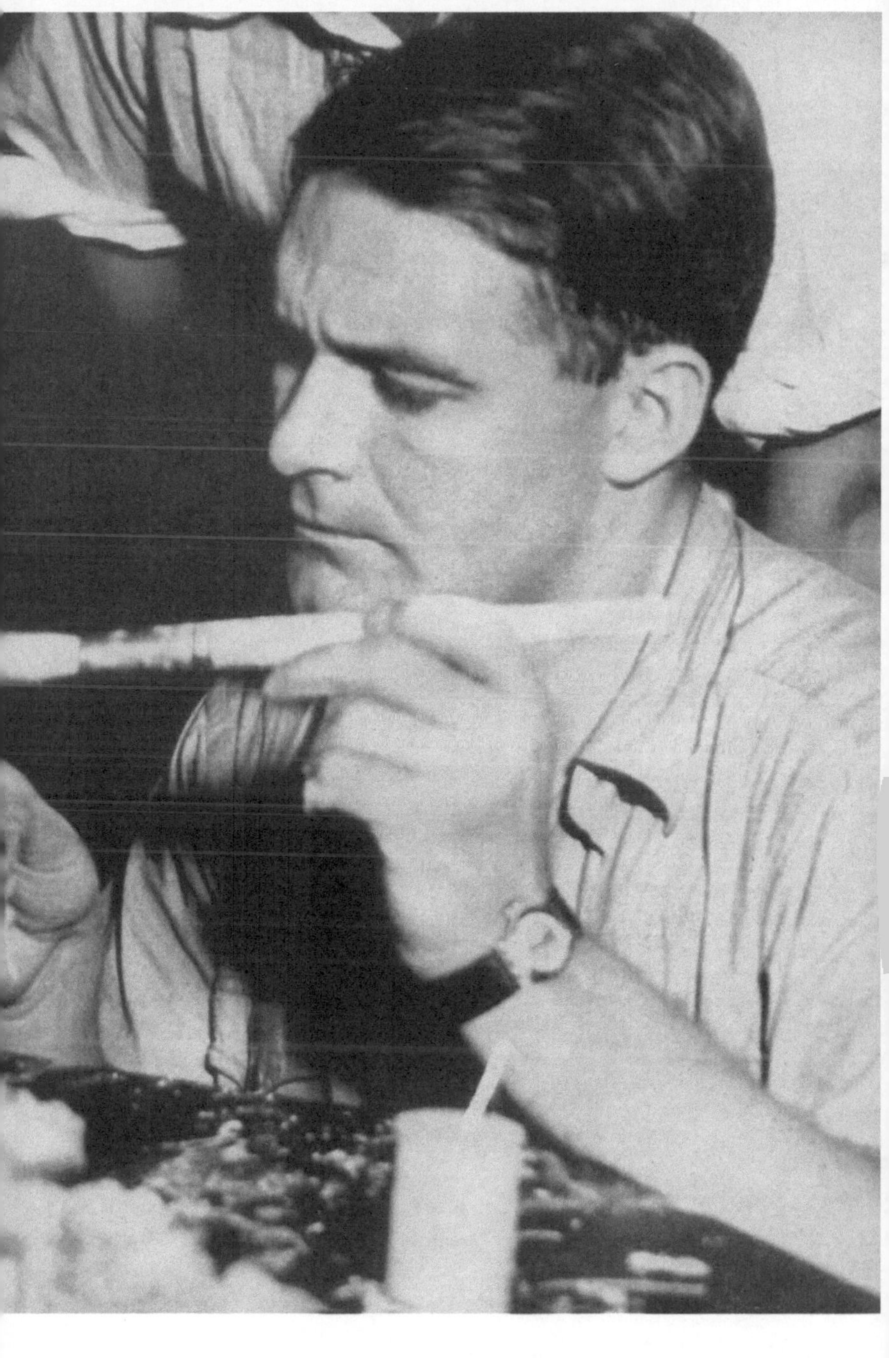

Der Verfasser beim Präparieren

„Die Götter haben gesiegt!" Paßübergang nach Tibet

ganze Hochland weit verbreitet. Auch in der Umgebung Pharis kam er wahrscheinlich vor. Denn einer der höchsten Pässe, der von den Zentralketten des Sikkimhimalajas nach Tibet hinüberführt, heißt Dong-kja-La, der „Paß des wilden Yakbullen", und seine wilde, ureinsame Umgebung entspricht ganz den Lieblingseinständen alter Wildyakstiere.

Erst mit der Domestizierung und der allmählichen Herauszüchtung des zahmen Nutztieres, das kleiner ist und zu allen nur erdenkbaren Farbvarianten neigt, griff der Mensch aktiv in die Domäne des Wildyaks ein. Er eroberte seine Weidegründe und drängte die übrigen Tiere in die große „Nordebene" der „Jangtang" zurück. Dort sind die Wildyaks in einem der großartigsten Rückzugsgebiete, das die Erdoberfläche kennt, auch heute noch zu Tausenden beheimatet. Lediglich im westlichen Tibet, wo sich Kuen lung, Kara korum und Transhimalaja an den Begrenzungsflächen Ladakhs, Spitis und Lahouls in gewaltiger Gebirgsverknotung scharen und die unwirtlichen Wüstensteppen bis an die Hauptachse des Himalajas herantreten, aber auch in den Gebieten des Manasarowarsees und den hochgelegenen Quellregionen des Indus und des Brahmaputra kommt der Wildyak noch in den peripher-himalajanischen Gebieten vor.

Weiter östlich aber, so in den an Nordsikkim grenzenden Steppengebieten um Kampa dzong und Phari, ist der Wildyak längst verschwunden.

Anscheinend wirkt das tief eingeschnittene, dicht besiedelte Brahmaputratal wie eine unüberwindliche Scheidewand, so daß zwischen Nord- und Südsteppen zur Jetztzeit keine biogeographische Verbindung mehr besteht. Daher ist der Wildyak heute nur noch nördlich des genannten Flußsystems vorhanden.

Der zahme Yak aber wurde im Laufe der Jahrhunderte zum wichtigsten Haustier der Tibeter. Er besitzt eine über das Ursprungsgebiet seines wilden Vorfahren weit hinausgehende Verbreitung. Als ureigenstes Charaktertier Hochasiens unterschreitet er die 2500-Meter-Grenze nur selten. In den Tälern des Himalajas bleibt er stets auf die alpine Vegetationsstufe beschränkt, doch hat er in nordöstlicher, nördlicher und westlicher Richtung, dem Wege des geringsten biologischen Widerstandes folgend, eine hohe Ausbreitungsdynamik bewiesen. Dabei deckt sich sein Verbreitungsgebiet in der Mongolei und Sibirien im wesentlichen mit demjenigen der lamaistischen Religion. Nur nach Westen geht es, den hohen Gebirgen Turkestans folgend, weit darüber hinaus.

Fast die gesamte materielle Kultur der tibetischen Nomaden- und Halbnomadenstämme gründet auf dem zahmen Yak.

Allgemein bekannt ist ja, daß der Yak und seine luxurierenden Halbblutbastarde in Tibet als Tragtiere unentbehrlich sind: außerdem werden sie in ihrer hornlosen Variante – gelegentlich – als Reittiere benutzt.

Die schwarzen Wohnzelte der tibetischen Nomaden werden ausschließlich aus Yakhaaren hergestellt. Die langen Quasten der Flanken, der Läufe und der buschigen Schweife eignen sich hierfür am besten, während die dichte Unterwolle zur Fertigung von Filzwaren und Stoffen dient.

Yakfleisch und Yakfett werden gegessen, die fette Milch getrunken oder zu Sauermilch, Käse und Butter verarbeitet.

Yakdärme werden zur Blutwurstbereitung benützt, und aus den Hörnern werden Trinkgefäße, Schnupfdosen, Branntweinflaschen und dergleichen gefertigt.

Die wenig geachteten Schmiede, Schlosser, Fleischer und berufsmäßigen Leichenzerschneider bauen sogar ihre „Häuser“ und die Umwallungsmauern ihrer Zelte fast ausschließlich aus Yakknochen und Yakhörnern.

Selbst die Sehnen der Yaks finden im tibetischen Haushalt mannigfaltige Verwendung, aber auch die chinesischen Händler kaufen sie gern auf, um kräftigende Medikamente daraus herzustellen.

Die Yakhäute spielen natürlich eine besonders wichtige Rolle. Nicht nur werden die mokassinartigen Stiefel daraus gefertigt, sondern auch Riemen, Zaumzeug, Gurte, Säcke, Beutel, Kofferumhüllungen und nicht zuletzt die Korakels oder Fellboote, mit denen man die reißenden Flüsse und Ströme überquert. Aber auch schwere Butterklumpen werden in Yakfelle wie auch in Yakmägen eingenäht. Sie halten sich dann, eine käsige Konsistenz und einen roquefortähnlichen Geschmack annehmend, unbeschadet für Jahre. In den großen sinotibetischen Umschlagsstationen für den Ziegeltee – jenes ausschließlich tibetische Nationalgetränk – konnte ich beobachten, wie jeweils zwölf übereinandergeschichtete Preßteeziegel in frische Yakhäute eingenäht und zu Zehntausenden auf riesigen Yakkarawanen verladen wurden, um die vielmonatelange Reise in die entferntesten Winkel des Hochlandes anzutreten.

Alles, aber auch alles, was der Yak liefert und produziert, findet in Tibet eine nützliche Verwendung. Auch der Dung, der im holzarmen Hochland das wichtigste Feuerungsmaterial überhaupt darstellt.

Zuweilen wird mit dem Yakdung ein regelrechter Kult getrieben!

Wie oft sah ich auf den sommerlichen Hochsteppen yakmistsammelnde Nomadenweiber, die in langen Reihen betend nebeneinander saßen und aus dem grünlichen Produkt in zärtlicher Pflege flache Kuchen formten, die sie unter vielfachem Klatschen und Wenden in der Sonne zum Trocknen auslegten. In den Ortschaften sind die Hausflanken oft über und über mit hübschen Yakfladenmustern bedeckt, und wenn man sich den Siedlungen nähert und der Wind gut steht, kann man das „anheimelnde" Odeur der schwelenden Yakmistfeuer riechen, längst bevor man der ersten Zelte oder Häuser ansichtig wird.

Im nordöstlichen Tibet hat mich der liebliche Geruch von schwelendem Yakdung einmal sogar vor dem Äußersten bewahrt. Bei grimmiger Kälte war ich inmitten einer trostlosen Schneewüste von der finsteren Nacht überrascht worden, irrte halb erfroren stundenlang umher und wollte mich schon dazu entschließen, mein Reittier zu erschießen, um es auszuweiden und in der Bauchhöhle die kälteste Zeit zu überdauern, als ich Yakdung roch, ein Nomadenlager fand ... und gerettet war.

Ohne diesen wichtigsten Stoff ist das menschliche Leben auf den Hochländern Tibets eben unmöglich. Aber ich habe auch Leute gesehen, die in Raserei gerieten und mit allem, dessen sie habhaft wurden, um sich warfen, weil ihnen der beizende Rauch des Yakmistfeuers den Verstand trübte.

Ich selbst liebe den Geruch des Yakdungs über alles, namentlich wenn ich in Europa bin.

Wie ich schon andeutete, mag Phari in frühester Zeit, als es in Tibet noch keinen Buddhismus und keinen Ackerbau gab, nichts als ein Winterdorf noch nicht seßhaft gewordener Urtibeter gewesen sein, die sich hier trafen und auf kleinstem Raum zusammenwohnten, um den Unbilden der kalten Jahreszeit gemeinsam zu trotzen, ehe sie sich mit beginnendem Frühjahr wieder in die Steppen verliefen. Später, als sich der Feldbau über ganz Südtibet ausbreitete, haben sich die Verhältnisse dann grundlegend geändert, wofür die vielen, heute brachliegenden Felder beredtes Zeugnis abgeben.

Wahrscheinlich aber wurde durch die letzten Hebungsphasen des Himalajas, von denen die Geologen behaupten, daß sie auch heute noch nicht zum Abschluß gekommen seien, klimatische Veränderungen ausgelöst, die das gesamte südtibetische Gebiet vom Nordrande des Himalajas bis zur westöstlich verlaufenden Hauptentwässerungsader des Brahmaputra in Mitleidenschaft gezogen haben. Die eisgepanzerten Gipfelketten des Himalajas fingen nun noch größere Massen der regenbringenden, sommerlichen Monsunwinde auf, wodurch der nacheiszeitliche Austrocknungsprozeß des hochtibetischen Landes noch mehr beschleunigt wurde. Besonders die peripher-himalajanischen Hochsteppengebiete, zu deren höchstgelegenen Arealen auch die Umgebung Pharis zählt, wurden hiervon betroffen. Die physikalische Verwitterung wurde durch die chemische ersetzt, die erodierende Kraft der Flüsse reichte nicht mehr aus, die Verwitterungsmassen meerwärts zu tragen, das Land ertrank im eigenen Schutt, die Seen trockneten aus, der Grundwasserspiegel senkte sich, die Versandung setzte ein, die Vegetationsdecke veränderte sich, und es ist daher auch anzunehmen, daß viele ehemals blühende Siedlungen zugrunde gingen.

Nicht der Einfall der Dsungarischen Tataren (1717), nicht Pockenepidemien oder gar die Einschleppung der Geschlechtskrankheiten durch chinesisches Militär scheinen mir daher die alleinigen Ursachen für den allenthalben nachweisbaren Rückgang der Besiedlungsdichte in Südtibet zu sein! Außerdem ist es eine bekannte Tatsache, daß biologisch starke und gesunde Volkskörper, zu denen wir auch den tibetischen getrost rechnen dürfen, sich meist verhältnismäßig rasch von durch apokalyptische Einflüsse verursachten Aderlässen zu erholen pflegen. Beispiele für eine durch Seuchen oder Kriegszüge verursachte völlige Ausrottung sind in der Geschichte der Völker verhältnismäßig selten. Dagegen besitzen wir, wie dies auch von Hedin in ostturkestanischen Gebieten wiederholt nachgewiesen werden konnte, eine Fülle von Beispielen dafür, daß große Kulturen in Asien durch quartäre Klimaveränderungen und deren Folgeerscheinungen im wahrhaften Wortsinne ausgelöscht wurden. Ich neige daher der Ansicht zu, daß das Vorhandensein der vielen Ruinenstätten und verlassenen Ortschaften in den peripher-himalajanischen Gebieten Südtibets in der Hauptsache auf klimatische Einflüsse zurückzuführen ist, wofür ich außerdem noch eine Reihe botanischer und zoologischer Beweise antreten könnte.

In Phari begegnen wir nun überdies dem seltsamen, völlig naturwidrig erscheinenden Brauch, daß der Fruchtansatz und das Ausreifen des Getreides von der Bevölkerung mit allen Mitteln verhindert wird. Es darf dort nichts reifen, weil die Göttin des Berges und die von ihr befehligten Ortsgottheiten sonst Unglück, Seuchen und Krankheiten senden würden. So sind die Äcker von Phari trotz ihrer spätsommerlich grünenden Getreidepracht zur Unfruchtbarkeit verdammt.

Im allgemeinen wechseln sich Senf, der erst im September zu Füßen des Tschomolhari in schimmernder Blüte steht, und Gerste in der Fruchtfolge Jahr für Jahr ab. Aber es wird kein Samenkörnchen geerntet, und das Muttergetreide muß alljährlich von weither herbeigeschafft werden.

Das gleiche gilt natürlich auch von den übrigen Nahrungsmitteln wie Reis, Weizen, Gerste, Buchweizen und Tsamba, die vom unteren Tschumbitale, von Bhutan und dem reichen, nördlich gelegenen Gyantse-Distrikt eingeführt werden. Eine Ausnahme bilden lediglich Milch, Butter, Trockenkäse und Fleisch.

Ich selbst nehme nun an, daß das Getreide in Phari früher ebenso reifte wie in allen anderen auf gleicher Meereshöhe gelegenen tibetischen Ortschaften. Warum sollte man es auch sonst erstmalig angebaut haben? Wahrscheinlich aber wurde es infolge der erwähnten Klimaveränderungen in Verbindung mit dem Absinken des Grundwasserspiegels und des einsetzenden Mangels an Irrigationsmöglichkeiten *in späterer Zeit* nicht mehr reif. Die wegen der großen Höhenlage von 4500 Meter auf kaum zweieinhalb- bis dreimonatige Dauer reduzierte Wachstumsperiode stellt sich aber der Herauszüchtung einer besonders widerstandsfähigen, an die Umweltverhältnisse angepaßten Getreidesorte (wie wir sie beispielsweise in der von uns gesammelten „Sechzig-Tagegerste" der zentraltibetischen Ackerbauzone vor uns haben) wahrscheinlich entgegen. Obwohl sie sich vegetativ weiterhin gut entwickelte, konnte die Pharigerste in der Kürze der zur Verfügung stehenden Vegetationszeit nicht mehr zur Ausreife kommen. Auf solche Weise ist es leicht zu erklären, daß das durch die Gewalten einer wilden, unzähmbaren Natur zum Aberglauben neigende Volk eine überirdische, eine göttliche Ursache für den fehlenden Fruchtansatz des Getreides suchte und fand: Die keusche Göttin des gewaltigen Schneeberges, zu dessen Füßen sich die Pharisteppen breiten, „wollte" eben nicht mehr, daß das Getreide sich fortpflanze, und aus Angst vor ihrer Rache sieht man es heute als schlechtes Omen an, wenn es auf den Feldern von Phari doch einmal zur Körnerentwicklung kommt. Die körnertragenden Ähren werden dann eingesammelt und der Göttin zu Ehren inmitten der Felder verbrannt.

Man mag einwenden, daß die Gerste im unwirtlichen Phari erst von dem Zeitpunkte, da der Indienhandel begann und große Maultierkarawanen versorgt werden mußten, lediglich zum Zwecke der Futtergewinnung – der sie heute noch ausnahmslos dient – angebaut wurde. Dem aber ist entgegenzuhalten, daß der Handel mit Indien noch gar nicht so alt ist und daß die ersten zu Ende des 18. Jahrhunderts von Indien nach Tibet entsandten Emissäre, Warren Hastings, Bogle und Turner nämlich, schon damals die gleichen landwirtschaftlichen Anomalien vorfanden, wie sie heute noch vorhanden sind.

Vorstellungen und Bräuche, die die Körnerentwicklung für ein großes Unglück erklären und sie mit allen Mitteln zu unterbinden versuchen, können auf solche Weise jedenfalls nicht beweiskräftig erklärt werden.

Trotz aller Widrigkeiten, die uns in Phari begegnen, begrüßen wir alle den durch den Tierwechsel erzwungenen Rasttag und sind froh, uns wieder einmal vornehmlich den wissenschaftlichen Arbeiten widmen zu können.

Trotz Sturm und Kälte sind wir meist den ganzen Tag über unterwegs.

Der Karawanenführer ist mit den technischen Fragen der Verproviantierung und des Karawanenwechsels vollauf beschäftigt, der Kameramann filmt das Leben und Treiben innerhalb der Siedlung, der Anthropologe geht seinen Messungen nach, und der Geophysiker kämpft in seinem Beobachtungszelt wie ein Berserker gegen die Gewalt der rasenden Elemente, die ihm die luftige Behausung trotz des steinbeschwerten Bodens zusammenzureißen drohen. Alle Windteufel scheinen sich gegen ihn und sein „Heiligtum" verschworen zu haben und immer wieder braust es mit kalter, staubumfegter Grausamkeit heran und fetzt ihm alles durcheinander.

Ganz in Leder gekleidet, mit verstaubtem, erdfarbenem Gesicht und flatterndem Mähnenbart sieht er wie ein gegen Sturmesfluten kämpfender Eismeerfischer aus. Wenn aber der Abend dann übers Hochland herniedersinkt und die heilige Göttin ihre leuchtende Diamantenkrone überm sternfunkelnden Nachtmeer erstrahlen läßt, setzt zeitweilig Ruhe ein. Dann herrscht ein geisterhaftes Treiben in dem kleinen Zelte hinter dem Rasthaus, bis die belauschten Sternbilder in kalten, nüchternen Zahlen ihren Niederschlag in den Kolumnen des Beobachtungsbuches gefunden haben. Erst wenn der Mitternachtssturm durch die Fensterluken heult und der wilde Jäger die klappernden Läden rüttelt und schüttelt, beschließt unser Kamerad sein hartes Tagewerk, um am kommenden Morgen vor Sonnenaufgang mit froststarren Fingern schon wieder an seinem Theodolithen zu stehen.

Wenn ich frühmorgens zu meinen einsamen Ornithologengängen ausrücke und über eisige Nebelkränze zum gewaltigen Haupte des Tschomolhari hinaufschaue, dann bin ich wieder ausgesöhnt mit allem Schmutz, der mich umgibt. Wahr ist's, von all den vielen Himmelsbergen, die ich in meinem Leben schauen durfte, stellt der frei aus der Steppe ragende Tschomolhari an Majestät und Schönheit alle anderen in den Schatten. Er ist der wahre König der Berge!

Von den kleinen, palisadenähnlichen Räucheröfchen, die überall an den vier Ecken der flachen Dächer angebracht sind, steigt blauer Rauch heiliger Juniperuszweige zu den Göttern empor. Gebetsfahnen, an Rutenbündeln befestigt, und bunte Lappenbäumchen flattern und knattern im kalten Hochlandwind.

Das ist die schönste Stunde in Phari.

Wenn sie opfern, unablässig ihre „Om mani padme hum" murmeln und ihre Gebetsmühlen drehen, leuchten selbst die rußglänzenden schwarzen Grimassen der Pharitibeter auf.

Manche von ihnen haben trotz der Kälte den Oberkörper entblößt, daß ihre von greller Sonnenhitze und eisigen Nächten braun gegerbte Haut sichtbar wird. Viele sind von schwarzen inkrustierten Pockennarben ganz zerfressen und schauen grauenhafter noch aus als die räudigen Köter, die schon wieder oder noch immer an den Pferdekadavern knabbern.

Um diese Zeit kommen auch die mächtigen, vierschrötigen Khampas, die osttibetischen Karawanentreiber, mit Gletscherbrillen aus schwarzen Yakhaar, aus den kellerartigen Wohnhöhlen hervor. Über den Abfall von Generationen klettern sie ans Licht des Tages und eilen, dicht in Schafspelze gehüllt, durch das gottverlassene, eiswinddurchfegte Hochlandnest zu ihren Tieren, um weiterzuziehen. Mit ihren langen, vorsintflutlichen Vorderladergewehren, die Gabeln der aus langen Orongohörnern bestehenden Zielstütze angeklappt, das Schloß und die Pulverpfanne mit leuchtend rotem Pullostoff umwickelt, am Laufende die flatternden Gebetsfahnen als Talisman und die breiten Schwerter unter dem Gürtel, machen sie sich bereit, zum Süden weiterzuziehen, dem Weizenlande, Sikkim, und Indien entgegen.

Lange blicke ich den wandernden Karawanen nach, bis sie von der Weite verschluckt werden.

Obwohl der Ort, einer kleinen in der Brandung liegenden Muschel vergleichbar, immer in Sichtweite bleibt, so erlebe ich doch all das Große, das der Ozean der Steppe einem kleinen Menschen zu bieten vermag, und komme mir wie ein Stäubchen im Winde vor. Mit ihren sich jagenden Stimmungen, dem ständig wechselnden Spiel von Licht und Schatten, vermitteln diese Wüstenflächen den Eindruck einer anderen Welt. Keine Landschaft auf Erden, so scheint's mir, vermag der Größe des tibetischen Raumes und der Kraft seiner stürmenden Elemente ein gleiches entgegenzusetzen. Da rasen die „Staubteufel" in langen Reihen, dämonischen Gewalten gleich, in wilden

Tänzen und Pirouetten über die Ebene dahin. Die leeren Räume aber gähnen wie am Tage der Schöpfung, und ihre gewölbten Flächen erwecken den Eindruck, als ob der Weltenraum hinter ihnen absinke und die Erde sich in dem eisigen, unerfaßlichen Kosmos hinabwälze. So umfängt mich ein unsagbarer Zauber in dieser tiefen Einsamkeit, wenn der bissige Gletscheratem von der „Göttin" herabfaucht, der Himmel sich von wehenden Sandmassen verdunkelt und ein Wirbel von feinen Geschossen in mein Gesicht geschleudert wird, während die Luft von Millionen winziger Kristalle flimmert. Dazwischen donnert's von den blauspiegelnden Gletschern des Götterberges durch die Öde, als ob Dämonen miteinander kämpften. Der weiße Wolkenschleier um das Haupt der Göttin aber weht wie ein Fanal über den weiten Gefilden von Schnee und Eis. Nur die windschiefen, wie ein schreiender Anachronismus wirkenden Telegraphenstangen, die die Engländer setzten und die sich in unnatürlich gerader Linie im Raum verlieren, rufen mich zeitweilig in die Gegenwart zurück.

Im Westen, über der Sikkimgrenze, liegen die leuchtenden Berge des Pauhunrimassives, und davor staffeln sich Welle hinter Welle die weit gedehnten Argaliberge, die in ihren braunen, roten und violetten Farbabstufungen geradezu unnatürlich gegen die schneeweiße, gletscherbewehrte Majestät des scharf umrissenen, schneehell gleißenden Gipfelriesen abstechen.

Wenn man lange zu den schimmernden Flächen hinaufschaut, scheinen die Schneewächten von innen heraus zu leuchten. Die Lüfte sind vom schwebenden Hauch der Eiskristalle durchglitzert und man vermeint, die gletschergepanzerten Gipfelhauben nur als Kulissen zu sehen, hinter denen sich eine andere, unendlich klare Welt aufzutun scheint: das Paradies der Lamas, die sich in klaren Nächten darin üben, den Begriff der Leere zu ergründen.

Einmal stoße ich auf wild dreinschauende Bhutanesen mit geschorenen Haaren, Knieröcken aus rotem Streifentuch und langen Schwertern. Sie kommen über den Tremo La, um ihre Waren auf dem Basar zu Phari feilzubieten. Es sind die gleichen Menschen, deren Gewohnheit es noch vor wenigen Jahrzehnten war, plötzlich von den Pässen herabzustürmen, um plündernd und mordend über die Phărileute herzufallen und sich mit ihrem Raubgut ebenso überraschend, wie sie kamen, wieder über die östlichen Pässe zurückzuziehen.

Hinter den Mooshügeln und Muldenhängen tauchen manchmal auch Herden von Yaks, Schafen und Ziegen auf. Die wetterfesten, kleinen Ziegen in ihren langen, fast bis zur Erde herabreichenden

Haarkleidern tragen oft lange, gebogene Haarlöckchen am Kopfe und schauen in ihrem dichten Pelzbehange dann wie kleine Teufelchen aus. Es sind die viel verkannten tibetischen Ziegen, von denen die berühmte „Kaschmirwolle“ stammt, aus der man so hübsche, seidenweiche Schals webt. Die im eigentlichen Kaschmir vorkommenden Ziegen sind dagegen viel größer, kurzhaariger, und besitzen nur ein schlichtes, straffes Haarkleid, das sich zur Wollgewinnung gar nicht eignet. Wahrscheinlich kam die Begriffsverwechselung dadurch zustande, daß die tibetische Wolle vor Eröffnung der britischen Handelskanäle im Tschumbitale hauptsächlich über Kaschmir ausgeführt oder dort verarbeitet wurde.

Hin und wieder nur begegnen mir auch rußgeschwärzte Tibeterinnen, die in ihren zu Schürzen gerafften Umhängen Yakdung sammeln und kleine Körbchen voll des kostbaren Stoffes auf den Rücken tragen.

Fernab der Karawanenstraße liegen am Rande der Ebene in windgeschützten Seitentälchen einige schwarze Nomadenzelte. Mit ihren langen, tentakelähnlichen Halteseilen wirken sie wie riesige Spinnen. Die sie ringartig umgebenden, torfähnlichen Rasenbatzen bieten guten Schutz gegen die Unbilden der Witterung. Oftmals, wenn die Stürme zu sehr rasen, suche ich bei den einfachen Hirtenmenschen Schutz, sitze am offenen Yakdungfeuer, lasse die Elemente rasen, futtere pfundweise fettes, getrocknetes Hammelfleisch und trinke ihren salzigen, gebutterten Tee.

Frohen Mutes ziehe ich dann wieder in die Kälte hinaus, um Schneefinken und Alpenlerchen, Steppenfalken und Adlerbussarde, Maushasen und Steppenfüchse mit schußbereiter Kamera zu verfolgen. Da faucht der Wind dann wieder durch die Kleider, und der Sand knirscht zwischen den Zähnen, aber selig bin ich doch inmitten dieser großen Weite.

AUF DEM GEWALTIGSTEN HOCHLAND DER ERDE

Von Phari nach Gyantse

Die letzte Nacht in Phari ist stürmisch wie keine zuvor. Rasend rütteln die Geister der Steppe an Türen und Läden, und es faucht und zischt durch alle Ritzen und Fugen, so daß man kleine Berge von Sandkörnern aus den Haaren schütteln kann. Glücklicherweise hat mir „Simba", unser Expeditionskätzchen, die ganze Nacht über als willkommenes Wärmekissen auf der bartgepolsterten Backe gelegen und nun streicht mir das anhängliche Tierchen schon in aller Herrgottsfrühe schnurrend übers Gesicht. Während wir teeartige Jauche, Trockenfleisch und „Istew" hinunterwürgen, rast der Sturm draußen noch immer mit unverminderter Heftigkeit, so daß der Geophysiker, der in dickem Lederzeug und unförmigen Polsterschuhen schon die halbe Nacht draußen in der bissigen Kälte stand und gerade seinen Morgentermin absolviert, von den wehenden Staubwolken beinahe umgestoßen wird.

Nachdem die Lasten verteilt und die Marschparolen ausgegeben sind, befestigen unsere Leute ihre zerschlissenen, wie Sturmhelme anmutenden Pelzmützen mittels ihrer langen, um die Köpfe geschlungenen Zöpfe, und dann geht's wieder hinein in den herrlichen Kampf gegen tosenden Sturmwind, der uns geradeswegs in die Gesichter schlägt. Geführt von dem mit bunten Yakschwänzen geschmückten Leittier ist die lange Karawanenschlange bald in eine einzige wirbelnde Staubfahne gehüllt und treibt wie von einer Tarnkappe bedeckt über den Ozean der Steppe dahin. Hoch über uns ist der Äther rein und klar. Nur von den schwebenden Schleiern eisiger Kristalle scheint er durchglitzert, während die Sonne von zauberhaft anmutenden milchigweißen Ringen kreisförmig umgeben ist.

Bald springen wieder rechts und links der Pferde ganze Wellen von Maushasen ihren sicheren Verstecken entgegen, aber je tiefer wir in den leeren, kalten Raum hineinstoßen, desto geringer wird die Zahl der Tiere. Wir galoppieren der Karawane voraus und genießen das prächtige Bild des hochstrebenden Tschomolhari. Die Steppe funkelt, der Wind bläst, aber die Kälte von –15° C spüren wir kaum. Zur Rechten bleibt die kleine Einsiedelei des Klosters Tschatsa liegen, wo schon Turner, einer der Sendboten

Warren Hastings, des ersten Generalgouverneurs British Indiens, auf seiner Reise zum Panchen-Lama abgestiegen war. Es geht dann durch einige ausgetrocknete Erosionsrinnen, bis wir vor einem vereisten Rinnsal stehen, an dessen Ufern sich die kleine Ortschaft „Tschugya", sehr trefflich der „gefrorene Bach" genannt, erstreckt.

Diese von Steinmauern und Wällen aus Grassoden umgebene Steppensiedlung besteht nur aus wenigen flachen Häusern und einem quadratischen, halb verfallenen Tschorten. Schon früheren Reisenden fiel es auf, daß „Tschugya" anscheinend von ebenso vielen Ratten (sprich Maushasen) bewohnt sei, wie von Menschen. Tatsächlich wimmelt es in der direkten Umgebung „Tschugyas" wieder von den kleinen wollhaarigen Nagern.

Als der Sturm endlich nachzulassen beginnt, geht es wohlberitten weiter in die strahlende, immer hügeliger und steiniger werdende Steppe hinein. Riesige Geröll- und Moränenhalden, deren Gletscher seit undenklichen Zeiten zurückgewichen sind, breiten sich wellenförmig aus und steigen kaum merklich zur leichten Paßerhöhung des Tang La auf.

Mitten in den wilden Steintrümmern begegnen wir einem großen Rimpotsché aus Lhasa, einem wahrhaftigen Märchenprinzen, der ein stattliches, ganz mit schimmerndem gelben, roten, blauen und grünen Brokat behangenes Maultier reitet, einen riesigen goldenen Helm auf dem Haupte trägt und von einem malerisch bunten, schwer bewaffneten Vasallenzuge begleitet wird. Als ich mich leicht verneige und meine Hand grüßend an die Mütze lege, hebt sich der mächtige, wie das Ebenbild des lachenden Buddhas dreinschauende goldene Lama leicht und beinahe grazil aus dem Sattel seines Prachtmulis, beehrt mich mit einer unsagbar würdigen Verbeugung und lächelt huldvoll herüber. Diese farbenlodernde Begegnung mit dem mittelalterlichen Würdenträger inmitten der trostlosen Bergwüste hat etwas Ergreifendes und Feierliches an sich.

Dann begegnen wir einem alten Steppenfuchs, der sich, ohne jedwede Scheu an den Tag zu legen, offensichtlich darin gefällt, mit uns Versteck zu spielen, bis es uns endlich gelingt, den alten Räuber auf den Filmstreifen zu bannen.

Immer unnahbarer und abweisender erhebt sich der gigantische Eispalast des Tschomolhari, und man muß den Kopf zurücklegen, um die ungeheure, nach Tausenden von Metern messende Gipfelhaube mit einem Blick zu umfassen. Ein zauberhaftes Bild! Es scheint, als ob das blaue Eis und die senkrecht abfallenden Wächten aus sich selbst heraus zu leuchten und zu strahlen begännen. Dazu schlägt der Sturmwind Tibets die Harfe.

Abwechselnd trabend und galoppierend brausen wir der flachen Paßhöhe entgegen, finden immer neue und immer bessere Einstellungen für unseren Film und stehen schließlich auf der kaum wahrnehmbaren Wasserscheide zwischen zwei der riesigsten Stromsysteme Asiens, demjenigen des Ganges und des Brahmaputra. So birgt der Tang La, der „leichte Paß", weder für Pferde noch Menschen irgendwelche Schwierigkeiten in sich, ja man könnte seinen Gipfelpunkt leicht übersehen, wenn das Obo nicht wäre und die alte, den Ortsgöttern gewidmete Steinmauer. Mit 4800 Meter erreicht der Tang La zwar beinahe die Höhe des Mont Blanc, aber die Linien seiner roten Hügel rollen nach Süden und Norden nur ganz sanft dahin. Am nördlichen Ausgang des Tschumbiterritoriums ist die Hauptgipfelkette des Himalajas in etwa 60 Kilometer Breite unterbrochen und läßt den hochtibetischen Landschaftscharakter weit nach Süden in die himalajanische Gebirgswelt vorstoßen. Man spürt es hier besser als irgendwo am Südrande Tibets, daß sich der höchste Himalaja in einzelnen, voneinander völlig getrennten Gebirgsstöcken über die im Mittel nur 4000 bis 5000 Meter hohen Durchschnittskämme emporgehoben hat.

Beim Weiterreiten wechseln wir aus den uralten Moränenwällen des oberen Tschumbitales im unmerklichen Übergang in das höchste tibetische Steppengebiet über. Ohne uns der Veränderung gänzlich bewußt geworden zu sein, rollt nun die weitgehende, flimmernde Hochlandsteppe in unabsehbaren Dünungen bis zu den kulissenhaft gestaffelten Riesenhügeln der Argaliberge dahin, die sich im weiten Bogen um Tuna spannen. Wir reiten und reiten, aber unsere Augen werden immer wieder von den Ausmaßen der schöpfungsnahen Landschaft betrogen. So erscheinen die beiden Gazellenböcke, die frei gegen den Horizont auf 500 Meter vorüberziehen, um die Hälfte näher zu sein, denn es dünkt uns auf einen halben Kilometer unmöglich, die feingebogenen Gehörne, die sehnigen auf- und abschnellenden Läufe klar zu erkennen. Einer ähnlichen Sinnestäuschung fallen wir beim Anblick der vom feinsten Lachsrot bis zum tiefsten Purpur hinüberspielenden nordwestlichen Hügelketten zum Opfer, die so greifbar nahe vor uns liegen, daß man meint, in zwei Stunden hinüberreiten zu können, während man in Wirklichkeit einen halben Tag dazu benötigen würde.

Oft stehen wir minutenlang und lauschen dem Wechsel der Stimmungen, die in rollenden Farbbändern über die „Mondlandschaft" schweben. Wir hoffen auf Kiangs, aber der Boden ist nur ganz schütter mit Polsterpflanzen und zwerghaftem Wermuth bedeckt. Von einer kleinen Anhöhe wird ostwärts über dumpfem Rot ein alter Restsee blau und stählern sichtbar. Nördlich der himalajanischen Eismauern liegt er von denudierten Rumpfketten umsäumt noch volle eineinhalb Tagesreisen entfernt mitten in einer großen Ebene.

Stunden um Stunden quälen wir uns ab, sehen die Sonne sich schon langsam dem Firmamente zuneigen und haben bald allen Maßstab verloren. Wenn uns die hohen Berge im Süden nicht als Richtweiser dienten, könnte man meinen, sich ständig im Kreise zu bewegen.

Aber die weißen Gletscher und Schneefirnen greifen in wilden, zackigen Bogen nach Osten aus und verlieren sich erst weit am Horizont. Auch der Tschomolhari ist nun nicht mehr der isolierte Block, nicht mehr die einsam dominierende Pyramide, wie er von Phari und noch vom Paß aus erschien. Von Norden gesehen bildet der Berg den westlichen und zugleich höchsten Eckpfeiler einer unvorstellbar großartigen Gipfelkette, die die Welt nach Süden abzuschließen scheint. Vor uns aber ist alles so glatt, flach und eingeebnet und nur von den längslaufenden Wellen der Strandlinien längst entschwundener Eiszeitseen durchbrochen, daß der Blick vom Pferderücken dem Gesichtsfelde des Fischers gleicht, der inmitten einer bewegten See im schwankenden Nachen auf- und niederschwingt. Der monotone Hufschlag und das ewige Sausen des kalten Windes sind die einzigen Begleiter in dieser herben, weltentrückten Einsamkeit.

Immer wieder suche ich die riesigen Ödhalden und die schachbrettartig zersägten Bänke der Schlamm- und Salzinkrustationen nach Fährten ab, aber ich erblicke außer Steinen, Kies und Sand nur spärliche, dürre Grashalme, die als einzige vegetabilische Lebenszeichen aus dem rissigen Boden hervorschauen. Maushasen und Schneefinken haben längst aufgehört, nur Alpenlerchen flattern hier und da noch vor den Hufen unserer Tiere empor und lassen sich ziellos vom Winde verwehen. Einmal surrt ein Lämmergeier mit bebenden Schwungfedern wie ein goldgehämmerter Drache dicht über unseren Köpfen hinweg, ein andermal vermeinen wir im Spiegelglanz der flirrenden Luft Gazellen zu entdecken, aber sonst ist alles tot und einsam um uns her. Doch als wir die Hoffnung schon fast aufgegeben haben, tauchen auf mehrere Kilometer Entfernung plötzlich helle Punkte auf, die größer werden, ihren Standort wechseln und sich in Reih und Glied formieren. Es sind Kiangs, die zu dieser grimmigen Jahreszeit auf dieser toten Steppe tatsächlich häufiger vorzukommen scheinen als Gazellen und Maushasen zusammen. Unverzüglich setzen wir zur Verfolgung an und noch ehe wir uns versehen haben, wimmelt die Ebene von herrlich trabenden und galoppierenden Steppenpferden, die nun von überall her auftauchen. Mit ihren stolzen Gängen bieten sie ein unvergleichlich imponierendes Bild. Sie locken uns tiefer in die weite Steppe hinaus, bis uns die ersten Schnappschüsse mit den Telelinsen gelingen. Dann setzen wir alles daran, um Tuna noch vor Einbruch der Dunkelheit zu erreichen. Während sich die himalajanische Hauptkette in letzter Rotglut widerspiegelt, türmt sich das anstehende Gestein vor uns wie ein Wall von phantastisch zerrissenen, langgezogenen Burgen, weltfern und abweisend. Nur der große Steppenfalke läßt über diesen verwitternden Halden seine helljauchzende Stimme erschallen, und der graue Wolf heult dort in taghellen Mondnächten sein trauriges Lied. Die Landschaft aber ist sonst tot, und man kann es sich nicht vorstellen, daß dort irgendwo Menschen leben sollen.

Mit dem Verschwinden der Sonne wird es schlagartig so kalt, daß wir die Zügel in den klammsteifen Fingern kaum mehr zu halten vermögen. Alles um uns ist vom aufkommenden Nachtwind in wirbelnde Staubfahnen gehüllt, die dicht über dem Boden dahintreiben. Die Berge im Norden hüllen sich nun vollends in dämmernden Purpur, und nur die höchsten Spitzen strahlen noch in goldenen Tönen. Mit schmerzverzerrten Gesichtern kämpfen wir gegen den heulenden Sturm, bis unser Bestimmungsort aus fegendem Sand und Halbdämmer dicht vor uns auftaucht. Es ist, als ob wir von stürmischer See in einen sicheren Hafen liefen.

Tuna ist ein Nichts in der großen Landschaft und seine Häuser sind so winzig und unbedeutend, daß man leicht auf wenige hundert Meter vorüberreiten könnte, ohne sie zu bemerken. Die exponierte Lage, die gewaltige Meereshöhe von 4600 Meter und der dauernde Wind machen Tuna noch unerträglicher als Phari es war. Ohne Zweifel handelt es sich um die höchstgelegene Ackerbausiedlung, die ich auf meinen Expeditionen bisher kennengelernt habe. Auch die Häuser von Tuna gleichen den fuchsbauähnlichen Wohnhöhlen von Phari. Wenn man in die stinkenden Gemächer hinabsteigt, ertönen kleine Glöckchen, die nicht nur dem Zwecke dienen, die bösen Geister fernzuhalten, sondern auch Kinder und Jungvieh warnen, damit sie nicht getreten werden. Wie in allen weltentlegenen Siedlungen des höchsten tibetischen Steppenlandes sind die Leute auch hier schwarz von Dreck, und ihre schwarzbraunen, wettergegerbten Gesichter sehen aus, als ob sie von Sandgebläsen modelliert seien.

Bis tief in die Nacht hinein sitzen wir am offenen Yakdungfeuer und tragen unsere Tagebücher nach, während der Erdmagnetiker, des Sturmes und der Kälte ungeachtet, seine heimlichen Messungen durchführt. Als sich der Sturm gegen Mitternacht gelegt hat, trete ich noch einmal ins Freie hinaus und sehe die Sterne in beinahe übernatürlichem Glanz über der eisriesenbekränzten Hochsteppe strahlen. Geisterhafte Stille herrscht in der weiten Runde, nur von fernher heult ein Wolf.

Am kommenden Morgen sind wir schon vor Tagesgrauen auf den Beinen, um die neue Karawane, die uns nach Dotchen bringen soll, zusammenzustellen. Es ist nicht immer leicht, dem Landesbrauch zu entsprechen und tagtäglich neue Karawanentiere aus den dünn besiedelten Gebieten anzuheuern. So sind wir wohl oder übel gezwungen, uns mit kleinen Eselchen, Ochsen und jämmerlichen struppigen Kühen zu begnügen. Diese abgehärmten Tiere leben während der Winterszeit fast ausschließlich von Wurzeln, die sie sich selbst aus dem kärglichen Boden scharren, Stroh und Exkrementen. Glücklicherweise sind auf dieser größten Handelsstraße Tibets die Stationen genau festgelegt, so daß man, sobald die Tiere einmal sachgemäß bepackt sind, die Karawane ruhig der Obhut ortskundiger Führer überlassen und doch sicher sein kann, daß sie ihren Bestimmungsort noch vor Einbruch der Dunkelheit erreicht. Verglichen mit meinen früheren Expeditionen stellt uns die Transportfrage auf dieser Reise im lhasatibetischen Gebiet vor keine nennenswerten Schwierigkeiten, und auch die Räubergefahr ist in diesen „zivilisierten" Gegenden Südtibets kaum vorhanden.

Noch sitzen die dicken, aufgeplusterten Felstauben auf den flachen Dächern und sehnen sich frierend nach den ersten Strahlen der Sonne, als unsere malerische Kavalkade in den schimmernden Wintermorgen hineinzieht, um direkten Kurs nach Osten zu steuern. Unabsehbare Flächen kiesigen Sandes rollen unter den Hufen unserer flinken Tiere dahin. In tiefem Blau spannt sich der Himmel, und die südlichen Eisriesen erglühen in Purpur. Vereinzelt sitzen kleine, putzige Maushäschen vor dem Eingang ihrer Höhlen und wärmen ihre runden Wuschelköpfe an den flach einfallenden ersten Strahlen der Sonne. Wenn auf den ersten Blick auch wieder alles tot und ausgestorben erschien, so beobachten wir doch zahlreiche Schneefinken, Häherlinge und Ohrenlerchen, sehen Steppenfalken wie geflügelte Torpedos vorübersausen, Adlerbussarde kreisen, und freuen uns an den wuchtigen Schwingenschlägen sich jagender Kolkrabenpärchen.

Tagträumend schweben wir gleichsam über das mächtige Plateau dahin und genießen die ersten Morgenstunden des freien Steppenrittes, da sich kein Lüftchen regt und wir uns schier verwachsen fühlen mit unseren kleinen, bärpelzigen Hochlandpferdchen.

Ganz weit in der Ferne stehen ein paar Kiangs, die jedoch im flimmernden Licht der Steppe nur wie eine Vision erscheinen und wieder verschwinden, noch ehe wir sie mit Sicherheit angesprochen haben. Aber plötzlich leuchten inmitten der toten Wüstensteppe vor uns die silbernen Leiber von Gazellen auf. Unerhört prächtig heben sich die alten, starken Böcke mit ihren geschweiften Gehörnen und weißen Spiegeln gegen das helle Rostrot der Wüste ab. Während der Filmoperateur in Deckung geht, beginne ich sogleich die schnellfüßigen Tiere in kilometerweitem Bogen zu umschlagen und mich zur Hatz vorzubereiten. Als ich Galopp springe, versuchen die Gazellen erst links auszubrechen, dann rechts, aber immer komme ich ihnen zuvor, bringe sie in geschickten Schwenks von ihrer Richtung ab, und so gelingt mir das unmöglich Scheinende, indem ich auf 100, dann 50 und auf 30 Meter an das über die brettflache Steppe davonpreschende Rudel herankomme. Im entscheidenden Augenblick, da der Filmapparat in Aktion treten soll, liege ich sogar fast parallel mit dem Rudel und sehe die großen, schwarzen, angsterfüllten und weit aufgerissenen Gazellenaugen, in denen sich das Licht der hohen Berge spiegelt, und höre, wie die um ihr Leben rasenden Tiere ganz hohe, feine Pfeiftöne ausstoßen, bis sie in fliegenden Fluchten Pferd und Reiter hinter sich lassen.

Wenig später tauchen in einer moorigen Vertiefung plötzlich Hunderte von schwarzen Punkten auf, die sich als zahllose Yaks, Schafe und Ziegen harter Hochlandnomaden entpuppen. Ein wenig enttäuscht nehmen wir, einen weiten Bogen schlagend, Kurs nach Osten. Bald sichten wir wieder ein starkes Rudel Gazellen, die sofort angegangen werden. Während ich an die Gazellenböcke heranreite und ganz rasch mit schußbereiter Telekamera aus dem Sattel gleite, beugt sich der dicht neben mir reitende Scherpa tief nach unten, um meinen quecksilbrigen Gaul am Zaumzeug zu fassen. Dabei verliert er das Gleichgewicht, geht koppheister und schlägt mit seinem schweren Rucksack hart auf den Boden. Nun wiederholt sich jenes alte Schauspiel, das den Steppenjäger, der die Gewalt über sein Pferd einmal verlor, immer wieder zur Raserei bringen kann. Der Gaul bäumt sich auf, stemmt die Hinterhand fest in den Boden und stürmt wie der leibhaftige Satan in die freie, weite Steppe hinaus, wo es keine Schranken und keine Mauern mehr gibt. In eine einzige Staubwolke gehüllt, schlägt er aus, bäumt sich, schnaubt wie ein Schlachtroß und entledigt sich aller Instrumente, einschließlich des Sattels und der Decken, die in weitem Bogen davonfliegen. Als kleiner, schwarzer Punkt entschwindet das Pferd unseren Augen und kann erst nach stundenlanger Hetzjagd in der Nähe Tunas wieder eingefangen werden.

Haus aus Rinchengang (Tschumbital)

humbitibeterin

Kantsch,
vom Zemugletscher aus

Gelber Alpenmohn

Aber wir genießen den Tag. Während es in der letztvergangenen Nacht noch so kalt war, daß ich mich frierend im Daunensack wälzte und keinen Schlaf fand, brennt die Sonne jetzt so heiß, daß die Idee, ein Freibad zu nehmen, auch heute, am 30. Dezember, auf 4800 Meter Höhe nicht einmal absurd wäre. Aber die gewaltigen Temperaturunterschiede von 30 bis 40 Grad im Tagesmittel üben einen lähmenden Einfluß aus. Ungewollte Müdigkeit legt sich auf unsere Glieder, so daß wir alle Willenskräfte zusammennehmen müssen, um unseren einsamen Marsch fortzusetzen. Um die Mittagszeit lassen wir uns völlig ermattet auf einem Dünenhang nieder, strecken die Glieder der sengenden Sonne entgegen und würgen ein paar kalte Fleischbrocken und etwas Schocacola in uns hinein. Dann sehen wir plötzlich, wie sich ein kleiner schwarzer Punkt von den fernen Nomadenlagern löst und schnurstracks auf uns zustrebt. Ein alter Nomadentibeter ist's, der, von einem mächtigen Mastiffrüden begleitet, entlaufene Tiere sucht und erstaunt ist, uns bärtige Gesellen fernab vom Karawanenwege anzutreffen. Durch Gesten und Zeichensprache laden wir ihn zu einer Freundschaftszigarette ein und sitzen in trauter Eintracht zusammen, bis sich der Himmel verdüstert und wir ostwärts weiterwandern, um den kalten, langen, winddurchfegten Rest des Tages auf wüstenhafter Steppe zu verbringen. Schon wird das schimmernde Eis des flachen, versandeten Sees als schmaler, blauer Streifen sichtbar. Er dient uns als willkommener Wegweiser, denn Dotchen, unser Tagesziel, muß irgendwo am nördlichen Rande der großen Eisfläche liegen. Immer eintöniger wird die Landschaft. Kälte, Wind und Trockenheit haben bewirkt, daß die Erdkrusten tellerartig nach oben aufgewölbt sind, wodurch eine höchst eigenartige, an das Relief eines fremden Planeten erinnernde Oberfläche zustande kommt. Nur ganz selten einmal gilt es, eine kleine Anhöhe oder eine kiesige Schotterbank zu überwinden, wo winzige dürre Grashälmchen oder einige graue Polsterpflanzen Zeugnis geben, daß das Leben um uns noch nicht ganz erloschen ist. Wir beugen unsere Oberkörper nach vorn, hören die ausgedörrten Schlammkrusten unter den Hufen unserer Tiere brechen und krachen und sehen ihr Netzwerk in Staub zerfallen und verwehen. Dann wieder jagen wir über rauhreifglitzernde Salzinkrustationen hinweg, werden minutenlang von Staubfahnen eingehüllt und kämpfen weiter gegen den Wind.

Tiefrot türmen sich die nördlichen Bergketten. Ihre Schattenrisse werden immer länger, aber im Süden geht das blaue Eisband des erstarrten Sees fast übergangslos in die gigantischen, steil aus der Ebene herauswachsenden Eispaläste des Bhutanhimalajas über. Nur an zwei Stellen drängen wirre, düsterschwere Wolkenfetzen wie leckende Zungen über die eisgepanzerten Scharten hinweg, fallen wie schwerer Rauch über die Hänge und bleiben dort als dunkle Lappen liegen. Dazu dröhnt und singt die starre, glasklare Winterkruste des einsamen Sees, daß es schaurig dumpf wie Tubenstöße aus verwunschenen Lamaklöstern über die eisgetürmten Ufer klingt. Der Eishimmel über dem Himalaja nimmt smaragdgrüne Färbung an, die Gletscher werden dunkelblau, und die hohen Schneewächten leuchten elfenbeinfarben. Die fauchenden Sandmassen aber lassen zwischen den wuchtenden Bergsockeln und dem ewigen Weiß der Hochkämme eine erdenthobene Leere entstehen.

Zahllose, von spiegelblanker Eisschicht überzogene Kanäle sperren den Weg, so daß die Hufe unserer Pferde keinen Halt mehr finden und wir hinschlagen, rutschen und fallen. Nach tänzelnd gefährlichen Eisübergängen endlich kommt Dotchen in Sicht. Ums stinkend schwelende Yakdungfeuer finden wir uns alle wieder zusammen, verzehren unsere karge Abendmahlzeit, bringen die wissenschaftlichen Beobachtungen des Tages zu Papier, verkriechen uns fröstelnd in die Schlafsäcke und hören die ganze Nacht die wilden Stürme an den Läden klappern.

Beim frühen Aufbruch am windstillen Morgen des letzten Tages im alten Jahr herrscht polare Kälte. Während der geophysische Meßtrupp in nordöstlicher Richtung quer über die hohen Berge zieht, beabsichtigen wir anderen, der Hauptkarawanenstraße zu folgen, um die ökologischen und anthropogeographischen Verhältnisse zu studieren.

Der Karawanenchef hat mit dem endgültigen Verladen der Lasten wie immer seine liebe Not, da sämtliche Tragtiere die nächtliche Reise von Kala schon hinter sich haben und viele von ihnen abgehetzt und müde erscheinen. Dotchen nämlich, ein ebenso verlorenes Hochlandnest wie Tuna, ist viel zu klein, um eine ausreichende, unseren Bedürfnissen entsprechende Anzahl von Tieren zu haben, und die Tunatibeter ihrerseits wagen es nicht, ihre Tiere noch für einen weiteren Tagesmarsch zur Verfügung zu stellen. Offene Kampfansage Kalas gegen Tuna würde die unausbleibliche Folge sein, da in diesem kärglichen Lande die Einwohner jedes kleinen Karawanenstützpunktes darauf angewiesen sind, am Transport zu verdienen. Alle Überredungskünste vermögen daher keine Umstimmung herbeizuführen. So sind wir wohl oder übel gezwungen, mit der aus winzigen Tierchen bestehenden Eselskarawane vorliebnehmen zu müssen. Die schweren, fast am Boden schleifenden Expeditionskoffer erscheinen dann auch voluminöser als ihre Träger. Aber die kleinen staubgrauen Gesellen machen ihrem Ruf, die genügsamsten und zähesten aller Einhufer zu sein, alle Ehre, und es scheint, als ob sie ihre langen Ohren als willkommene Segel benutzen. So rasch und glatt geht es im flinken Trippelschritt voran, und Kala wird ohne Zwischenfall in Rekordzeit erreicht.

Während der ersten, bitterkalten Morgenstunden führt uns der Weg zwischen See und Bergeshang am nördlichen Ufer entlang, bis wir, einem engen, steinigen Durchbruchstale folgend, scharf nach Norden abbiegen. Überall, wo das Heer der kleinen Maushasen den Boden aufgelockert und der Wind den Abtransport der bloßliegenden Erdkrumen besorgt hat, finden wir Tonscherben und eisenartige Verschlackungen, die sich noch häufen, je tiefer wir in das geschützte Tälchen eindringen. Zahlreiche Ruinen und verlassene Feldbreiten, die einen sehr eigenartigen, heute nicht mehr gebräuchlichen Baustil aufweisen, deuten trotz der unaussprechlichen Öde darauf hin, daß wir uns einem alten Siedlungsgebiete nähern. Im allgemeinen scheint der Siedlungsrückgang mit der allmählichen Austrocknung der tibetischen Räume im Zusammenhang zu stehen. Diese Vermutung wird durch die Tatsache bestärkt, daß eine Anzahl von Ruinen mehrere hundert Meter hoch in den Bergen liegen, wo heute kein Tropfen Wasser mehr rinnt. Dort aber, wo das in Richtung Kala abfließende Wasser des Dotchensees die denudierten Gebirgsketten in einem jungen Erosionstal durchbrochen hat, treten als nach Süden vorgeschobene Ausläufer der großen südtibetischen Ackerbauzone neben modernen lamaistischen Einsiedeleien, die weiß und wichtig in der Landschaft stehen, auch die ersten Anbauflächen auf. Bedingt durch die windgeschützte Lage im schluchtartig engen, wärmespeichernden Felsental haben wir es hier mit einer regelrechten Kultur-Oase zu tun, wo Senf und Raps, Gerste und Peluschken auf künstlich bewässerten Feldern reifen. Inmitten der vegetationslosen Schutthänge mutet dieser Streifen luxurierender Vegetation wie eine gänzlich veränderte Welt an.

Tschalu, der Hauptort des Durchbruchstales, wo wir uns einige Stunden aufhalten und Hunderte von Tüten sämtlicher vorkommenden Kultursämereien sammeln, ist ganz von hohen Steinwällen umsäumt und macht mit seinen wehrhaften Mauern, den geschnitzten Portalen, den schmalen, steinigen, oft treppenartig verlaufenden Gäßchen einen fast bürgerlichen Eindruck. Als ich einen der steilen Hänge erklimme und gen Süden blicke, sehe ich feenhaft verschwommen den einsam schweigenden Dotchensee im Strudel der sandsturmgebrochenen Lichtstrahlen zum ersten Male vor mir liegen. Darüber erheben sich bläulich irisierend die Wälle des sich scharf und zackig gegen den blauen Himmel abhebenden Gletschereises. Wieder wallen die abendlichen Wolkenungeheuer von Süden herauf und fließen über Scharten und Risse nach Tibet hinein, wieder wechseln die Farben, rollen die Wolken in Schlachtformationen daher und entfalten ihre Streitfahnen zum Angriff. Nach wenigen Minuten ist aus der Stille des Tschalutales eine graue, dämonengepeitschte Ödnis geworden. Der Sturm heult in den Schroffen, braust über die Halden, jagt die Staubfahnen in harten Stößen daher, schlägt mit Urgewalt gegen die Häuser, peitscht das Wasser hoch auf und singt sein jaulendes Sterbelied im einsamen Tal. Alles, was vor kurzem in hellen Farben erstrahlte, ist nun von düstergrauen, jäh in den Himmel greifenden Wirbeln umtanzt. Alle die flinken Vögel, die Schneefinken, die Karmingimpel und Braunellen sind wie weggeblasen, in Ritzen, Löchern und Spalten verschwunden, und auch die großen Wasservögel sieht man nicht mehr, nur den Ruf einer Rostgans höre ich noch einmal wehmütig durch Sturmesbrausen erklingen.

Des Aufruhrs nicht achtend, jagen wir gen Norden, bis das Tal sich wieder weitet, mächtige Lößbänke erscheinen und im Sturmlicht des Abends plötzlich Ruinen und dann die Häuser Kalas vor uns liegen. Auf den gelbgrauen Gemäuern, hinter denen eine große, flache Ebene sichtbar wird, biegen sich die knatternden Gebetsfahnen im kalten Wind, und auf der flachen Unterkunft weht schon die Fahne unserer Expedition. Bald sitzen wir in freudiger Erwartung am wärmenden Feuer, sprechen Erlebnisse und Ergebnisse des Tages durch, machen unsere Notizen und schielen ab und zu zur Küche hinüber, wo sich Lezor in geheimnisvoller Weise zu schaffen macht. Simba, unser kleines Kätzchen, streicht uns schnurrend um den Bart, springt von Schulter zu Schulter und scheint sich der kommenden Leckerbissen ebenso zu freuen wie wir selbst. Als wir uns schließlich am reichgedeckten Tisch niederlassen, setzen wir alle eine feierliche Miene auf und ergeben uns schweigend den herrlichen Leckereien, die unser Karawanenchef für diesen Tag übrigbehalten hat. Es wird Bilanz gezogen, ein Rückblick über das vergangene Jahr gegeben, und unsere Gedanken fliegen zu unseren Lieben in die Heimat zurück.

Die Silvesternacht ist lang und feucht. Nur der Geophysiker, der in einer früheren Inkarnation wahrscheinlich ein Eisbär war, hält's in der Wärme nicht aus. Ganz in Leder gekleidet, stiehlt er sich behutsam zu seinem heimlich errichteten Meßzelt. Sachte, von klammen Fingern getrieben, durch feines Schraubwerk bewegt, richtet sich das Fernrohr zum Firmamente empor, reißt einen der ewigen Sterne aus der Gemeinschaft der anderen heraus, zwingt ihn ins Objektiv und holt ihn zur Erde herab. Verstohlen blitzt dann eine kleine, abgedunkelte Taschenlampe auf und beleuchtet die fein unterteilte Skala und ein Bleistift kritzelt. Als die Sonne dann zum erstenmal im neuen Jahr die fernen Eisriesen vergoldet, sind Zelt und Instrumente jener nächtlichen Fronarbeit im Dienste der Wissenschaft schon längst verschwunden, und kein Tibeter ahnt auch nur, daß wir uns wieder an ihren Göttern versündigt haben. Aber die Geister der Steppe scheinen's doch gemerkt zu haben, denn der Neujahrstag wird fürchterlich. Von der ersten sonnenwarmen Stunde abgesehen, rast eisiger Sturm vom frühen Morgen bis tief in die Nacht hinein, daß man sich draußen kaum auf den Beinen halten kann und der Sand durch alle Ritzen und Fugen dringt.

Am Morgen des zweiten Januar werden wir durch die Ankunft der Mulipost, die die größeren Ortschaften des südtibetischen Ackerbaugebietes, quer über das wilde Hochland hinweg, mit Sikkim und Indien verbindet, freudig überrascht. Es ist ein großes Ereignis für die gottverlassene Siedlung am Rande der Welt. Nur ausgesuchte Tiere sind den Strapazen dieses höchsten Postverkehrs der Erde gewachsen. Während ich in Osttibet wiederholt beobachten konnte, daß den erschöpften Reit- und Lasttieren geschmolzene Butter mit Schöpfkellen eingetrichtert wurde, haben sich die Tiere hier an eine noch widernatürlichere Kraftnahrung gewöhnen müssen: an warmes Herzblut nämlich, das mit etwas Tsambamehl überstreut wird. Rasch wird ein Schaf herbeigeschafft, auf den Rücken geworfen und auf recht barbarische Art und Weise ins Jenseits befördert. Dabei führt der Schlächter in der Zwerchfellgegend einen raschen Schnitt aus, stößt seinen Arm in die Brusthöhle des strampelnden Opfers und schöpft das Blut mit nackten Händen in eine bereitstehende Schale, die mit Tsamba „garniert" wird. Obwohl das tote Schaf daneben liegt, lassen sich die hungrigen Pferde und Maultiere ruhig heranführen und schlürfen mit Wonne den roten Lebenssaft.

Der eigentliche Tier- und Lastenwechsel geht für tibetische Verhältnisse mit erstaunlicher Schnelligkeit vor sich. Ankommen, absitzen, zeremonieller Pistolenwechsel, Patronentausch und Umladen der Lasten auf neue, schon bereitgehaltene Tiere sind im Nu bewerkstelligt. Dann schwingt sich der ablösende Postreiter auf sein frisches Tier, und schon trabt die Kolonne weiter nach Tibet hinein.

Während unsere Reitpferde gesattelt werden und der kalte Frühwind den wilden, struppigen Gesellen durch die langwallenden Mähnen streicht, entschließe ich mich zu einer kleinen Exkursion zum nahen Kalasee, einem jener typischen, von konzentrischen Nakarmooren umgebenen Schlickbecken, das vor Abschmelzen der eiszeitlichen Gletschermassen einen weitaus größeren Raum einnahm als heute. Um die Schlick- und Moorwanne spannt sich in östlicher Richtung die mächtige, aus zerplatztem Tonsand aufgeschüttete Kiesebene, die bei einer Breite von sechs bis acht Kilometern mehrere alte Uferlinien deutlich erkennen läßt. Im einfallenden Licht der ersten Sonnenstrahlen muten die wenigen Grasbüschel auf der weiten, uniformen Fläche wie kleine Korallenstöcke auf ausgedörrtem Meeresgrunde an. Geruhsam pilgere ich am Flußufer entlang und stelle zu meinem Erstaunen fest, daß der Wasserstand von gestern auf heute wohl um fünfzig Zentimeter gefallen ist. Das plötzliche Niederwasser des den Dotchen- und den Kalasee verbindenden Flusses kann ich mir nur durch die gewaltigen Trockenstürme des Vortages erklären. Neben einer Gesellschaft vertrauter Gänsesäger, an die ich mich bis auf fünfundzwanzig Meter heranpürschen und einige gute Teleaufnahmen machen kann, beobachte ich eine ganze Schar schwarzköpfiger Schneefinken, die sich, der Kälte von minus fünfzehn Grad Celsius ungeachtet, plätschernd und schwingenschlagend den Staub des Vortages aus dem Gefieder waschen. Nach kaltem Bade sitzen die Tierchen wie aufgeplusterte Federbälle auf dem sonnenspiegelnden Randeis, vibrieren mit den Schwingen und fliegen fröhlich lockend davon.

Heute habe ich ein Pferdchen ganz nach meinem Geschmack, ein richtiger Wirbelwind: schnell, feurig und zur Kianghatz wie geschaffen. Bald traben wir zwischen den mannshohen, die Felder säumenden Steinmauern hindurch und empfinden trotz eisiger Luft die Strahlungshitze so stark, daß wir uns der Oberkleider entledigen. Flinke, huschende Braunellen, die sich die wärmespendenden Steinmauern als Winterquartiere ausgesucht haben und große, rundköpfige Karminfinken, die, melodisch pfeifend, auf den kahlen Feldern Nahrung suchen, geben uns noch eine Weile das Geleit. Dann gibt es nur mehr scheckköpfige Alpenlerchen, und schließlich ist das Vogelleben, das sich um die winterliche Ortschaft konzentriert hat, wie weggeblasen. Nur ganz oben im blauen Firmament ziehen noch ein paar hungrige Riesengeier die Karawanenstraße entlang. Wir haben die freie, windstille Steppe erreicht. Nördlich und nordöstlich erheben sich tiefpurpurrot in unaussprechlicher Einsamkeit jene mondlandschaftähnlichen Riesenhügel, die idealen Einstände der tibetischen Riesenschafe. Leblos und in schweigender Majestät liegt die weite Landschaft, nur die Luft flimmert leise über dem rasch erwärmten Boden. Mit dem Höhersteigen der Sonne treten im Osten wuchtige Konturen schneeweißer Bergriesen immer deutlicher hervor. Sie stehen im leuchtenden Gegensatz zu den dumpfen Argalibergen mit ihrem baumartig zersägten Relief, den unzähligen Tälchen, Rissen, Spalten und Runsen, die den kahlen, weiten Hängen ein landkartenähnliches Gepräge verleihen.

In Richtung auf die nordöstlichen Argaliberge reiten wir in Reihe und suchen das weite Gelände vor uns mit den Gläsern ab. Als wenn es so sein müßte, mache ich schon nach den ersten Minuten in weiter Ferne helle Punkte aus. Ein Sprung aus dem Sattel, das zwanzigfache Fernglas auf seine Holmen aufgelegt, und ich erkenne deutlich fünf herrliche Kiangs. Da das Gelände jeglicher, auch der winzigsten Deckung entbehrt, muß im entscheidenden Augenblick Schlag mit Gegenschlag blitzartig pariert werden. Kianghatz ist ein Schachspiel: Ein falscher Zug, und das ganze Feld ist verloren. Um auf Kameraschußweite heranzukommen, ist es mein Plan, die Tiere erst an unseren Anblick zu gewöhnen, ehe ich zum Angriff übergehen und sie schußgerecht vor die Kamera zaubern will. Nichts wäre hier falscher, als sofort eine Attacke zu reiten. Der Wind steht gut. Alle Vorteile sind auf unserer Seite. In weiten, wohlberechneten Zwischenräumen reiten wir dahin. Die Kiangs sollen, nachdem ihnen Zeit gelassen wurde, die einzelnen Abstände und die Chancen ihres Durchbruchs selbst erwägen. Da sie die Karawanenstraße zu meiden pflegen und sich gern in sicherer Entfernung von ihr halten, geht meine Berechnung dahin, daß sie den zweitgrößten Zwischenraum zum Durchbruch wählen und Kurs auf den Kameramann nehmen werden, vorausgesetzt, daß ich keinen Fehler mache und mein Pferd auch wirklich schnell genug ist.

Nachdem die Ausgangspositionen eingenommen sind, gehen wir Schritt für Schritt, oft minutenlange Pausen einlegend, voran. Ungeheuer imposant wirken die prächtigen, rotbraun und leuchtend weiß schimmernden Tiere gegen die hellgrau flimmernde Steppe, die kahlen Mondberge und die schneeweißen Gipfelketten im Osten. Nun beginnen sie zu sichern, formieren sich in Rudelordnung, werfen schnaubend die Nüstern in die Luft und stampfen den Boden mit den stahlharten Hufen, daß die Erde fliegt. Immer darauf bedacht, sie in Unruhe, aber nicht in Furcht zu versetzen, gelingt es uns tatsächlich, die Hengste mehrere Kilometer von ihrem Einstand fort in Richtung auf unser Tagesziel zu drücken. Schließlich erlauben sie uns sogar, auf mehrere hundert Meter heranzukommen und bieten Gelegenheit zu den ersten guten Teleaufnahmen. Nun, da sie sich an uns zu gewöhnen beginnen, werden sie übermütig und machen Anstalten, mit uns zu spielen. Das ist der kritische Augenblick, wo sie sich entschließen könnten, nach Gutdünken irgendwo durchzupreschen. In höchster Alarmbereitschaft, die Läufe zum

Stechtrab angewinkelt, defilieren sie in breiter Front an uns vorüber. Da gebe ich meinen Kameraden das verabredete Zeichen. Während die anderen wie angewurzelt stehenbleiben, reite ich selbst verhalten weiter und lenke die ganze Aufmerksamkeit der Tiere auf mich. Abermals machen sie Front und stehen wie zur Parade ausgerichtet. In Schlangenlinien reite ich weiter. Zehn scharfe Kiangaugen folgen jeder meiner Bewegungen. Sobald ich mich mit ihnen auf gleicher Höhe befinde, traben die Hengste plötzlich an, sie schwenken im Halbkreis, schlagen eine volle schöne Volte und stehen unschlüssig.

Da versammle ich mein Pferd!

Jetzt gilt's! Schach dem König!

Ich klemme die Beine fest, sehe, wie mein Pferdchen die Ohren anlegt, springe in Galopp, lege mich weit vor auf den Hals der Stute – und wie der Sturmwind rasen wir los – genau auf die sich zur Flucht wendenden Kiangs haltend. Das ist ein Ritt! Die Erde dröhnt, die Steine fliegen, und vorschriftsmäßig halten die Kiangs in gerader Richtung auf die Kamera zu. In Staub gehüllt, presche ich über die funkelnde Steppe, der Boden scheint zu schwingen, und nur fünfzig Meter hinter den in voller, wilder Flucht, in rasendem Galopp einherstürmenden Kiangs gehe ich durchs „Ziel". Auf diese Weise ist auch in einer unserer packendsten Filmszenen das Absurdum zu erklären, daß, während die Kianghengste in tollem Galopp über die Leinwand rasen, plötzlich ein Reiter hinter ihnen auftaucht und ebenso schnell wieder verschwindet.

Im Überschwang der Begeisterung springe ich vom Pferd und bemerke gar nicht, daß meine Stute weiterrast und im flirrenden Dunstkreis der weiten Hochlandsteppe verschwindet.

Soll sie sich austoben!

Wir sitzen in glückseliger Stimmung rauchend, plaudernd und schwärmend auf windstiller, sonnenüberstrahlter Steppe, bis unsere Getreuen nach Stunden mit meiner kleinen Ausreißerin wieder ankommen und wir an den Weitermarsch denken können.

Nachdem alle Kameras verpackt sind, reiten wir in genau östlicher Richtung über den harten, von Wind und Kälte aufgerissenen Boden des alten, längst entschwundenen Sees, der einstmals die weite Kalasteppe ausfüllte. Die kahlen, baum- und strauchlosen Flächen, die weiten, jeglicher Unebenheit entbehrenden Schlickkrusten und die kristallklare, im Sonnenglaste flirrende und tanzende Luft berauben uns völlig des Gefühls der Entfernung. Fast lautlos greifen die Pferde aus und halten die anfangs befohlene Richtung inne. Kein Luftchen regt sich und kein Tierlaut unterbricht die feierliche Stille, nur die Sonne brennt unbarmherzig wie im Hochsommer und verbreitet eine trügerische, unnatürliche Hitze, die sich fast lähmend auf unsere Glieder legt. Die Lichtintensität ist so groß, daß es uns vorkommt, als müßten wir Spinnweben vor den geblendeten Augen fortwischen.

Unversehens stoßen wir auf riesige Schaf- und Ziegenherden und sind froh, wieder Leben um uns zu haben. Während wir uns noch darüber wundern, daß diese maßlosen Weiten trotz ihrer scheinbaren Flachheit und Uniformität immer wieder neue Überraschungen zu bieten vermögen, greifen die ängstlich verdutzten Hirten zu ihren nie versagenden Steinschleudern, legen gerundete Kiesel in die Schlingen, schwingen sie über ihren Köpfen und lassen die Steine klatschend fliegen, um ihre Tiere zusammenzutreiben. Nachdem es uns durch freundliche Gesten gelungen ist, den mißtrauischen Tibetern klarzumachen, daß wir ihre wollknäueligen Schutzbefohlenen weder morden noch rauben, sondern nur filmen und photographieren wollen, gewinnen sie Vertrauen und lassen uns ruhig gewähren. Die weidenden, genügsamen Schafe und die wurzelscharrenden Ziegen auf der strahlenden, bergumsäumten Hochwüste muten an wie ein Bild stillen Erdenfriedens im weiten Ozean der Steppe.

Nach einigen Kilometern machen wir abermals helle, rote und weiße Punkte aus, die über dem erhitzten Boden auf und nieder tanzen. Aber es dauert trotz der verhältnismäßig geringen Entfernung lange, bis wir uns darüber im klaren sind, daß wir keiner Halluzination zum Opfer fielen, sondern wieder ein Rudel Kiangs vor uns haben. Dann plötzlich geschieht etwas Merkwürdiges: Aus heiterem Himmel bläst uns eine eiskalte Windböe ins Gesicht.

Feine, gazeartige Dünste ziehen über die Ebene, lassen den seidenblauen Himmel ersterben, verdichten sich zu dunklen Schleiern und Wolken, steigen am Fuße der Argaliberge empor und zaubern im aufwühlenden Farbspiel Stimmungen von unerhört packender Wucht. Schon grollt es dumpf in den Lüften. Die rosigen Firne der Schneeberge flackern, irrlichtern und erlöschen. Über ihnen hat der Himmel schieferfarbene, graurote und violette Tönungen angenommen, die in giftiges Grün übergehen. Unwillkürlich ziehen wir die Schultern ein und schnallen die Kleidung fester. Rückwärts, in Richtung auf Kala, erblicken wir baumartig erhobene Windhosen mit langen, aus dem Himmel herabhängenden Schläuchen. Nur im Nordosten, wo die Kiangs die Köpfe schnaubend in die Höhe geworfen haben, liegt die Steppe noch flimmernd und strahlend wie in rotes und grellgelbes Scheinwerferlicht getaucht, und die schrägen, aus schwarzbedecktem Himmel fallenden Strahlenbündel sehen geradezu gespenstisch aus.

Noch ehe wir uns zu einer Handlung entschließen können, jagen die Kiangs, sonnenbeschienen wie rote Streitrosse mit lang ausgestreckten Schweifen, dann aber wie graue Gespenster, auf kaum hundert Meter an uns vorüber in die freie Steppe hinaus, wo sie von der wirbelnden, rotierenden Gewalt im Nu verschluckt werden. Als sie noch einmal auftauchen, stehen sie mit tief zu Boden hängenden Köpfen gegen den Sturm.

Von flackernden Lichtern durchwühlt, geistern schwarze zerrissene Wolkenfetzen am Himmel. Das kreidig kalte, schwefelgelbe Licht wirkt immer unheimlicher, zumal Umrisse kaum noch zu erkennen sind und wir nun ganz im Düstern dahertappen.

Wie in Panik versetzte Herden vorzeitlicher Riesentiere tanzen die Staubteufel in tollem Reigen singend und girrend an uns vorüber. Die Gewalt des rasenden Elements greift in die zotteligen Mähnen unserer bärpelzigen Tiere, die schnauben, prusten und ihr Letztes hergeben. Polare Kälte umgibt uns. Unsere Kleider drohen zu zerreißen. Eine Pelzmütze verweht, aber jeder Aufschub, jedes Zögern könnte Verderben bringen. Es bleibt uns keine Wahl: wir müssen die Karawanenstraße erreichen. Konnte ich vor wenigen Minuten noch Schneezinnen in Entfernung von drei oder vier strammen Tagesritten wahrnehmen, so ist es mir jetzt tränenden Auges kaum möglich, die schmerzverzerrten Gesichter der dicht neben mir reitenden Kameraden zu erkennen. Ja, es gibt Augenblicke, wo es mir nicht einmal gelingt, die Hufe meines eigenen Pferdes in den treibenden Sandschwaden zu sehen. Als ich den anderen etwas zurufen will und aus Leibeskräften brülle, verstehen sie kein Wort. Auch Fluchen hilft nichts. Aber wir sitzen fest im Sattel und reiten, zwar ohne jegliche Orientierungsmöglichkeit, durch den Orkan, bis die Sturmgewalten ebenso schnell, wie sie kamen, wieder nachzulassen beginnen und die Karawanenstraße programmäßig erreicht wird. Kurze Zeit nach dem Abflauen der letzten Sandböe reißen die Wolken jäh auseinander. Flutendes Sonnenlicht fällt wieder auf die Steppe und umgibt uns mit der gleichen wohligen Wärme wie am frühen Vormittage, als wir hoffnungsfreudig zur Kianghatz ausritten. Am östlichen Rande der Kalaebene verlassen wir das peripher-himalajanische Gebiet und steigen in das nach Nordosten verstreichende Tal des Samadaflusses hinab, der hier ein wahres Durchbruchswunder vollbracht hat.

Eben noch die klare Unendlichkeit der welligen Hochsteppe und nun wieder die dräuende Enge der scharf und zackig emporwachsenden Talwände, die sich zu beiden Seiten in mächtigen Geröllbalustraden aufwerfen und einen grandiosen Aufschluß vermitteln. Auch der scharfe Steppenwind, der uns noch vor wenigen Minuten bissig in die Gesichter fuhr, ist plötzlich erstorben. Nur noch ein feines Säuseln hoch in den Lüften zeigt an, daß der Wind noch immer unvermindert über das tiefgefurchte Engtal hinwegstreicht.

Magische Ruhe umfängt uns. Wir steigen von den Pferden, strecken uns in der warmen abendlichen Sonne aus und beobachten staunend, wie ein erneuter Sandsturm hoch über uns hinwegspringt. Vom brausenden Elemente unberührt, liegen wir auf dem Rücken und sehen die wallenden Staubmassen wie jagende Rosse hoch über uns hinwegbrausen. So erleben wir zwei völlig verschiedene Landschaften in einem Atemzuge, genießen die goldene Abendlandschaft mit ihren pechschwarzen Schatten, die in ungeheuerlicher Länge zu Tale gleiten, bis die scheidende Sonne als leuchtender Glutball hinter den kahlen Bergen verschwindet. Was die Natur dem gewaltigsten Hochlande der Erde an Fülle und Üppigkeit der Vegetation versagt hat, das ersetzt sie fürwahr hundert- und tausendfältig durch ihre Spiele von Licht und Schatten und die unvergleichlich schönen, von den zartesten Pastellen bis zum aufwühlendsten Schrei hinüberspielenden Farben.

Tibets Allgewalt versinkt im fahlgrauen Dämmern: Zeit, daß wir uns aufmachen, um Samada zu erreichen.

Am darauffolgenden Tage geht's in Richtung auf Kangmar tiefer in die Gebirgswelt hinein. Überall treten gewaltige Kulissen vielfach zersägter Schutt- und Konglomeratterrassen auf, die dem Engtal einen wildromantischen Charakter verleihen. An manchen Stellen starren einzelstehende Erosionssäulen wie riesenhafte Finger in den Himmel. Andere, über denen mächtige Decksteine im labilen Gleichgewicht schweben, erwecken den Eindruck fossiler Riesenpilze.

Wie immer, geht mit dem Wechsel des Landschaftscharakters auch derjenige der Pflanzen- und Tierwelt parallel. An Stelle der Polsterpflanzen und dürftigen Gräser treten nun wieder zahlreiche Sträucher auf, und hoch über den Talungen werden neben großen zusammenhängenden Komplexen von latschenähnlichem Wacholder sogar die ersten Bäume sichtbar. Überhaupt hat es den Anschein, daß die Waldverbreitung in früherer Zeit weit ausgedehnter war als heute. Auch gibt es künstlich angelegte Weidenhaine, in deren kühlem Schatten an heißen Sommertagen die berühmten Picknickschmausereien stattfinden und auf deren Pflege die Tibeter daher so überaus große Sorgfalt verwenden. Auch tragen sie zur Belebung und Verschönerung des sonst so trostlos kahlen Landschaftsbildes bei. Verfallene Wachttürme, hochragende Mauern und verlassene Ödstätten zeugen hier von größerer Siedlungsdichte in früherer Zeit. Die Umgebung unserer nächsten Etappenstation, Kangmar, des „roten Hauses“, das wahrscheinlich wegen der roten Felsen seiner sterilen Umgebung so treffend benannt wurde, gleicht, mit Ausnahme der künstlich bewässerten Talaue, einer unabsehbaren Felsenwüste, die nur stellenweise von kleinen Flecken stechginsterartiger Leguminosen spärlich bestanden ist. Natürlich gibt's viele neue Vogelarten wie Alpenkrähen, Elstern, Rebhühner, Ammern, Berghänflinge und Zaunkönige, die sich jedoch nur in unmittelbarer Nähe der Ortschaften aufhalten. Rund um die Siedlungen sieht man an den gewaltig steilen Bergeshängen allenthalben merkwürdige Schleifspuren, wo die Eingeborenen in Ermangelung des kostbaren Yakdungs große Säcke von pfahlwurzeligen Polstergewächsen als Feuerungsmaterial zu Tal geschafft haben.

Allmählich nähern wir uns jener uralten historischen Landschaft, in der die eigenständige Kultur des Götterlandes einstmals von Jarlung, Podrang und Lhasa ihren Ausgang nahm.

Aus der Zone der tonschieferartigen Sedimente wechseln wir wieder in himalajanisch schroffe, steil auftretende Granitformationen über, die in mächtigen Säulen fast senkrecht zum Himmel emporragen. Hier stoßen wir auf eine warme Quelle mit den üblichen Tuffabscheidungen, Sinterbildungen und weißen mehlartigen Ausblühungen, die in unzähligen Kristallen wie Rauhreif den Boden bedecken. Diese märchenhaft wilde Landschaft trägt ebenso die Spuren eiszeitlichen Gletscherschliffes wie nacheiszeitlicher Erosionswirkungen, die dem ganzen Talsystem ihren unverkennbaren Stempel aufgedrückt haben. Aber auch heute noch üben die sommerlichen Regenfälle und heftigen Monsungewitter auf die fast vegetationslosen Hänge eine starke Erosionswirkung aus, wovon die baumartig verästelten Erosionsrunsen besonders Zeugnis geben. Bald nimmt uns eine wilde Schlucht auf, wo der Fluß für mehrere Kilometer klammartig zwischen himmelragenden Wänden hindurchjagt. In schäumenden Kaskaden fällt er über mächtige, von spiegelndem Eis überdeckte Granitbollwerke, die zu beiden Seiten domartig emporstreben und im halben Licht des Tages ein beklemmendes Gefühl auslösen. Kein Wunder, daß die „Rote Schlucht“ den abergläubischen Eingeborenen mehr gilt, als eine bloße Pforte ins klassische Tibet. Zwischen Blockhalden und abgestürzten Felstrümmern windet sich der versandete Karawanenpfad nur wenige Meter über den Stromschnellen in Zickzacklinie dahin, biegt um jähe Felsenecken, zwängt sich zwischen Klippen hindurch und vermittelt ein urgewaltiges Erlebnis. Rechts und links haben die frommen Pilger weiße glückbringende Quarzitsteine und Feldspatstücke zu Manihaufen getürmt. In kleinen Nischen, gegen die Unbilden der Witterung geschützt, sind lamaistische Gottheiten, Buddhas, Boddhisattwas und Heilige zum Schutze der Wegfahrer in bunten Farben an die Felsen gemalt und überall spannen sich lange Girlanden von glückverheißenden „Windpferden" von Felszacken zu Felszacken. Je dräuender die himmelragenden Felsdome den schmalen Weg überschatten, desto häufiger erscheinen die goldbunten Fresken der Beschützer des Buddhismus, die in Not und Pein angerufen werden. Aber das eigentliche religiöse Wahrzeichen der roten Schlucht empfängt uns erst an der unteren Pforte des gewaltigen Engtales, wo ein wunderbares, etwa vier bis fünf Meter hohes Relief des großen Amithabuddhas wie ein steingewordenes Gebet in statischer Ruhe Wache hält. Dann schweift der Blick über dornige Berberitzenbüsche hinweg in ein breites Ackertal, wo sich Sa Kang, unser Tagesziel, befindet.

Am Morgen des 5. Januar sind wir schon wieder unterwegs, um Gyantse zu erreichen. Immer mehr häufen sich nun die lamaistischen Zeichen: heraldische Tschorten, halb verfallene Gebetsmauern, hochgetürmte Manihaufen und prächtig gemalte Buddhabilder, die alle darauf hindeuten, daß wir mit dem Verlassen der wilden Schluchtlandschaften in das Gebiet der lamaistischen Hochkultur eingetreten sind. An Nanying Gompa, dem „Kloster des alten Ohres", einem fortähnlichen, in der Art der alten unreformierten Nimapaklöster erbauten, blau und weiß gestreiften Gebäudekomplex, in dessen altem Gemäuer Kolkraben, Felsentauben und rotschnäbelige Alpenkrähen ihre Zuflucht gefunden haben, geht es vorüber, und dann treten in der immer flacher werdenden Talung die ersten geschlossenen Sanddornkomplexe auf, die mich an die weiten Wannentäler Osttibets erinnern. In diesen Dickungen haben die buntesten Vögel der höchsten tibetischen Felsregionen ihre Winterquartiere bezogen, die sich während der kältesten Jahreszeit fast ausschließlich von den rötlich schimmernden Beeren der stachelbewehrten Sanddornsträucher ernähren. Es handelt sich um die tibetischen Riesenrotschwänzchen, die in der grauen Einöde mit ihrem schwarzweißroten Gefieder wie funkelnde Federbälle auf und nieder wippen. Wie bei zahlreichen anderen Vogelarten der höchsten tibetischen Region überwintern hauptsächlich die grellbunten Männchen in den kalten, unwirtlichen Hochtälern, während die unscheinbarer gefärbten Weibchen die tieferen und milderen Lagen des eigentlichen Brahmaputratales als Winterquartiere bevorzugen, bis sie im Frühling wieder in ihre hohen Brutgebiete hinaufziehen.

An Stelle eines regelrechten Vogelzuges haben wir es bei vielen hochtibetischen Charaktervogelarten mit einer jahreszeitlich bedingten Vertikalverschiebung zu tun, der ich seit langer Zeit besondere Aufmerksamkeit gewidmet habe. Selbst die größten Raubvogelarten bekunden während der winterlichen Jahreszeit auf den Hochsteppengebieten eine ausgesprochene Vorliebe für die Umgebung der vielbegangenen Karawanenstraßen, die sie nach gefallenen Tragtieren regelmäßig abpatroullieren. Die meisten von ihnen aber suchen ebenfalls tiefergelegene Gebiete auf, so daß nun auch Lämmer- und Himalajageier immer häufiger auftreten.

Wenige Kilometer vor Erreichen der großen Alluvialebene von Gyantse erhebt sich noch einmal eine gigantische Felsenpyramide mitten im Tal, die von einem verfallenen, aus vorbuddhistischer Zeit stammenden Kastell gekrönt wird.

Grimmig und düster wirkt die alte Festung und es scheint, als ob auch die von unzähligen Rissen und Runsen zerfurchten Berge rundum noch einmal ihre ganze Wucht und Masse zeigen wollten. Während die abgetragenen Schuttmassen bis dicht an den Karawanenpfad herantreten, türmen sich die rotschimmernden Felsen beiderseitig noch ein letztes Mal zu mächtigen Balustraden, dann aber weitet sich der Blick, und eine der fruchtbarsten Ackerbaulandschaften des Tibeter Landes dehnt sich in weiter Runde. Die Gyantseebene ist im Laufe der Jahrtausende in so starkem Maße von Schottermassen und Debris ausgefüllt worden, daß ihre scharfzackigen Randberge mit in den Aufschüttungsprozeß einbezogen wurden, wodurch es zur Bildung jener für den südtibetischen Landschaftscharakter so bezeichnenden Zeugenberge kam. Während die Hauptgebirgsmassive rundum an absoluter Höhe verloren, erlangten die Schuttmassen, die wegen der geringen Erosionskraft der Flüsse nicht mehr abtransportiert werden konnten, eine solche Mächtigkeit, daß sie die unteren Teile der Randketten überdeckten. So sind die Zeugenberge nichts anderes als isolierte Felseneilande, die ihre Häupter über das Meer von Bergschutt emporrecken, während ihre niedrigeren Verbindungsketten unter dem Bergschutt begraben wurden.

Obgleich die Reliefintensität und damit die relativen Höhenunterschiede in diesen abflußarmen Gebieten entsprechend gering sind, erreicht die Ebene eine so gewaltige Ausdehnung, daß man trotz der verhältnismäßig dichten Besiedlung den Eindruck einer menschenleeren Öde erhält.

Schon wieder laufen schlauchförmige Windhosen und lawinenartig sich fortwälzende Staubwolken über die Ebene dahin und jagen die wintertrockene Ackererde in kilometerbreiten graugelben Schwaden vor sich her. Aber je mehr sich unsere staubtränenden Augen an die große Weite gewöhnen, desto offensichtlicher wird die Täuschung, denn plötzlich kommen überall Ortschaften, Klöster, Weiler und Einzelhäuser in Sicht. Zwar erscheinen die Spuren der Menschen erst gegenstandslos und unwirklich, dann aber schmilzt der Raum unter den Hufen unserer Pferde zusammen, die Dinge erhalten Form und Prägung, und selbst die leuchtenden weißen Punkte, die sich in die kahlen Quelltälchen schmiegen, nehmen Gestalt an und werden zu lamaistischen Einsiedeleien. Auch riesige, zusammenhängende Sanddornkomplexe tauchen an den geröllbedeckten Ufern des Niangtschu auf, und die Pappelgruppen, die anfänglich nur wie niedriges Gehölz erschienen, werden zu großmächtigen Bäumen. Kurz, alles schrumpft mit einem Male wieder auf menschliche Dimensionen zusammen, und es erwächst uns die freudige Gewißheit, bald wieder in warmer, häuslicher Umgebung zu weilen. Immer dichter rücken wir an die geheimnisvolle Hauptstadt der alten tibetischen Niangprovinz heran, und dann erheben sich kühn auf ehernem Felsenklotze die sturmumfegten Mauern der Burg von Gyantse, der „Gyal-khang-tsé-mo", des „alles beherrschenden Gipfels". Ohne Zweifel ist die königliche Burg von Gyantse eine der schönsten im weiten Tibeterlande. Ihre überragende Lage soll Anlaß gegeben haben zu dem sinnigen Sprichwort, daß „Burgen nur auf den schönsten Bergen – Felder nur in den fruchtbarsten Ebenen" liegen sollen. Nach Abzug des Sturmes erstrahlen Burg und Dzong noch einmal in der goldenen Lichtglut der untergehenden Sonne, ehe die Schatten der Nacht schwarz und schwer herniederfallen.

Direkt zu Füßen des imponierenden Zeugenberges mit seiner, die weite Ebene heraldisch krönenden Dzong, breiten sich die Häuser der Stadt Gyantse und des amphitheatralisch erbauten Phalkhor-Choide-Klosters, als suchten sie Schutz vor den Unbilden der harten Natur wie die Küken unter den schirmenden Fittichen der Henne.

Nie werde ich die pastellenen Abende im winterlichen Gyantse vergessen, wenn die Pappelbäume wie rotes Gold erglänzen und ich mich inmitten des himmlischen Farbenzaubers der überirdischen Schönheit dieser Landschaft hingeben kann. Aber noch glücklicher bin ich, als wir Gyantse nach einigen Rast- und Sammeltagen wieder verlassen und mein Pferdchen in den silbrig blauen Dunst eines vollendet schönen Tages hineinspringt, Lhasa, dem größten Ziele, entgegen!

DURCH FELSWÜSTEN ZUM BRAHMAPUTRA

In weitem Bogen wölbt sich das tiefblaue Zelt des Himmels und kein Lüftchen regt sich. Warmer, herrlicher Sonnenschein flutet über die Ebene, und die Felder der Eingeborenen verlieren sich. Hurtig geht es über die ausgetrockneten Gräben hinweg, die ein der künstlichen Bewässerung dienendes weites Netz bilden. Schwärme von Feldlerchen stieben auf, und Tausende von Schneefinken taumeln mit transparenten Schwingen schmetterlingsartig durch die kristallene Luft. Nun kann ich wieder träumen und singen, jagen und traben wie mir's beliebt. Gibt's doch nichts Schöneres als auf stolzen, wilden Pferden durch endlose Räume zu traben und nur den leisen Wind zu hören, der dem Tiere durch die struppige Mähne weht und den baldigen Sandsturm kündet. Windgehobelte, tennenartig blanke, nur von tiefen Erosionsrissen quer durchbrochene Lößflächen treten auf, und die geschützteren Lagen sind von zwergenhaftem, ginsterähnlichem Dornengewirr bedeckt, in dem sich große Herden von Ziegen und Schafen ihre kärgliche Nahrung aus dem Boden scharren. Von der Karawanenstraße ist in diesem weiträumigen Gelände nur wenig zu sehen. Sie besteht nur aus wenigen parallel verlaufenden Rillen, die im Lauf der Jahre von den Karawanentieren ausgetreten wurden.

Allerorten wuchten die zuckerhutartigen Zeugenberge empor, deren schönster, die Dzong von Gyantse, im Dunstkreis der hohen, rötlichgelben Mondberge langsam entschwindet. Wo wir die Hauptebene verlassen, um östlich in das Tal von Gobschi einzubiegen, stoßen wir auf uralte Gemäuer und seltsame konisch zulaufende, aus ungebranntem Lehm erbaute Wachtürme, die wohl Verteidigungszwecken dienten. Noch deutlicher wird der wehrburgartige Charakter der seltsamen, sich immer mehr häufenden Ruinen im Gobschitale selbst, wo wir auf ein regelrechtes Kastell stoßen, das offensichtlich von zwei rechteckigen, von den Winden stark abgetragenen, heute nur noch in ihrem Fundamente sichtbaren Verteidigungsmauern umgeben war.

Nach eingehender Besichtigung des geheimnisvollen Ruinenfeldes geht's im gleichmäßigen Takt des Hufschlages am Steilabfall des

Südtibetischer Karawanentreiber

Büßerschnee am Karola

tief eingeschnittenen, etwa kilometerbreiten Flußbettes vorüber, und die Welt der Berge nimmt uns wieder auf. Nach der Ackerbauzone, deren Ausläufer bis zur Ortschaft Taring reichten, treten wir nun wieder in typisches „Ronggebiet“ ein, jenes wildzerrissene Land tiefster Taleinschnitte und mächtigster Erosionswirkung. Steinhart und in tausend Fetzen zersprengt ist der winterliche Boden, aber während des Sommers, wenn die Ausläufer des Monsuns bis in diese Breiten hinaufwehen, entstehen die tiefen Furchen, die abgründigen Runsen und gefährlichen Risse, deren vorweltlicher Charakter die ganze Morphologie beherrscht. Stellenweise hat sich der Fluß tief in seinen eigenen Schottermassen eingegraben und ein zweites Talbett gebildet, so daß uns zwei völlig verschiedene Biotope entgegentreten. Unten in der Talwanne wimmelt es in mit Clematis dicht verfilzten Sanddorndickungen von überwinternden Rotschwänzchen und Braunellen, während die hohen, kahlen Hänge und Terrassen, von vereinzelten Alpenlerchen abgesehen, wie ausgestorben erscheinen. Es liegt eine unendliche Ruhe und Abgeklärtheit über dieser riesigen Gebirgswelt, die, jenseits aller irdischen Begierden, einer höheren Ordnung gehorcht. Wohl nirgends kann man den kosmischen Wandel auf der Erde mit ihren gesetzmäßigen Veränderungen deutlicher beobachten als hier, und darin gründet wohl auch mein Verhältnis zu diesem Lande, das ich liebe, seit ich die Weiten seines Raumes zum ersten Male schauen und erleben durfte.

Im Abenddämmern reite ich in Gobschi ein, wo die Expedition in einem großen, eigens vom Dorfältesten für uns bestimmten Hause schon Quartier bezogen hat. Es wird ein stiller, beschaulicher Abend mit flackernden Kerzen und über Tagebüchern gebeugten Männern. Jeder ist bestrebt, das große Erlebnis des Tages festzuhalten, ehe die Müdigkeit ihn übermannt. Nur der Geophysiker steht in der eisigkalten Sternennacht, um seine heimlichen Messungen zu machen.

Schon hier macht sich der freundschaftliche Geist bemerkbar, mit dem man uns als erste deutsche Gäste in Lhasa zu empfangen gedenkt. Von nun an sind stets besondere Ehrenpolster für uns bereitgehalten, und über meinem eigenen Sitze schwebt, an feinen Fäden aufgehängt, in jedem Rastquartier sogar ein schimmernder Baldachin. So ist uns schon heute der gute Wille der tibetischen Regierung gewiß, denn in diesen zeremoniellen Äußerungen liegt hoher kultischer Sinn, den zu mißachten das Wesen tibetischer Gastfreundschaft und die Gunst der hohen Staatsbeamten völlig verkennen hieße.

Nach einem gesunden Schlaf in einem großen, total vereisten Raume, in dem mein Baldachin das einzig nennenswerte „Mobiliar“ darstellte, sind wir bei Tageserwachen wieder auf den Beinen. Bei grimmiger Kälte ziehe ich den anderen voraus in den sonnenklaren, herrlichen Morgen hinein. Der letzte Blick auf unsere Behausung offenbart ein Bild lebhafter Geschäftigkeit. Der Karawanenführer, fluchend, ist von einer Schar wild dreinschauender Tibeter umgeben, der Kameramann, ebenfalls fluchend, packt seine Filme und Kameras ein, der Anthropologe, philosophierend, zeigt sich in ganzer Länge auf dem Dach des Hauses und wandelt, Tagebuch in Händen, auf und ab, der Geophysiker, die unvermeidliche Pfeife im Mund, steht abseits im Schatten und schwingt sein Schleuderthermometer – und Simba, unser Kätzchen, pirscht auf Felsentauben. Hunderte und aber Hunderte dieser schmackhaften Vögel bedecken blau in blau die hohen Felsen, bis sie sich in weißen Reigen futtersuchend über die Felder ergießen.

Schon wenige hundert Meter von Gobschi entfernt wird das Tal wieder düster und öde, aber hoch droben leuchten schon die Felsenhänge im Licht der jungen Sonne. Viele rote Karminfinken tummeln sich am Fluß, der, in starre Eispanzer gekleidet, nur eine schmale Flutrinne freiläßt. Bald erscheint verwegen wie ein Adlerhorst auf gigantischer Steinklippe eine trutzige Burg: Das eigentliche „Gob Schi“ oder „die vier Türen“, zu deren Füßen sich der Weg in tiefer Felsenwirrnis teilt. Nyang- und Nyingrofluß vereinigen sich an dieser Stelle, und zwei wichtige Karawanenstraßen kreuzen sich hier. Das einsame, längst verlassene Fort aber beherrscht die „vier Türen“ vom mächtig gewachsenen Fels.

Als noch die alten Könige von Yarlung über das Schneeland geboten, hatte die Burg eine große Bedeutung, doch heute ist sie in chaotisch wilder Umgebung nur noch ein stolzer, wehrhafter Traum aus längst vergangenen Tagen.

In Gedanken versunken stehe ich lange. Zwei Mönche in wallenden, roten Roben wandeln talauf Khyung-Nag-Gompa, dem Kloster des „Schwarzen Adler“ entgegen. Der einsame Konvent war lange Zeit eine Hochburg der vorbuddhistischen Bönpos, und das Volk erzählt sich, daß dort heute noch die Kunst der schwarzen Magie betrieben werde.

Jäh reißt mich das Läuten von Pferdeglocken aus sinnenden Gedanken. Kaiser kommt und hält mein Pferd im Schlepptau. Hinter uns ersteigt die lange Karawane die steile Schlucht, und mit ihr kommt die harte Wirklichkeit zurück. Ein braves Pferdchen stürzt. Mit großen Augen bleibt es am Wegrand liegen. Die Karawanenschlange gerät ins Stocken. Es ist ein ergreifendes Bild, wie die vorüberkeuchenden Tiere ihre Köpfe wenden, als ob sie von ihrem Kameraden Abschied nehmen wollten. Dann geht es weiter, das wilde, herrliche, sonnenüberflutete Tal hinan. In Abständen treten beiderseits des Flusses kleinere und größere Schotterterrassen und Alluvialfächer mit todeinsamen, pappelumkränzten Weilern auf. Hier werden in windgeschützten Lagen noch Gerste, Weizen und Senf gebaut. Die meisten Häuser tragen geheimnisvoll anmutende blau-weiß-rote Längsstreifen, die gemeinhin als Wahrzeichen der alten, nichtreformierten Lamasekten gelten. Dann windet sich der Weg zwischen jäh ansteigenden, fast vegetationslosen Tonschieferhängen empor, die den Eindruck der Verlassenheit noch steigern.

Es ist der erste Tag ohne Sandsturm, so daß wir die wechselnden Stimmungen der immer alpiner werdenden Landschaft in vollen Zügen genießen können. Einige Kilometer vor Ralung, unserem heutigen Tagesziel, kommen wir an Tak-lung vorüber, dem „Tigertal", das wegen seiner phantastischen Schichtungen schwarzen Kalkes, die den gelbroten Sandstein quer durchziehen und das Bild eines steinernen Tigers vortäuschen, so benannt wurde.

Schließlich verflachen die Berge, nur riesenhafte „Zuckerhüte" konisch in den Himmel starrender Felsen wuchten empor. Dann öffnet sich das Tal auf die Ortschaft Ralung, und das firnglitzernde, wahrhaft majestätische Bergmassiv des Nödschen-Kang-san, des „Gletscher der Genien", eines matterhornähnlichen, von mildem Rosaglanz der untergehenden Sonne magisch überstrahlten Himmelsberges, tritt ins Bild. Farbdurchlodert, wild und unheimlich starrt die Welt der Berge.

In Ralung findet der Ackerbau wiederum sein Ende. Bäume und Sträucher hören auf. Nichts als moorige Steppe und zackiges Hochgebirge säumen das ureinsame Tal. Früher galt Ralung, das Stammkloster der alten Dukpasekte, deren Anhänger von hier aus ganz Bhutan für den Lamaismus gewannen, als einer der heiligsten Orte des Tibeterlandes. Das Kloster selbst, als dessen Schirmherr noch heute der König oder „Dharma-radscha" von Bhutan gilt, wird in Erinnerung an seine Missionssendung auch „Ralung-Thil" oder das „Fruchtbecken Ralungs" genannt, eben weil es, von höchsten Bergen umschirmt, den Blütenblättern eines Lotosherzens vergleichbar, der Ausgangspunkt der Bhutanreligion wurde. Ganz wie die heiligen Schriften es verlangen, liegt das Hauptportal des von vierzig Mönchen und ebensoviel Nonnen bewohnten Konventes genau nach Osten, damit das erste Licht des Morgens es berühre, und ein klein wenig vom Fluß entfernt, damit die „Tugend" nicht fortgeschwemmt werde.

An diesem Abend legen wir uns früh zur Ruhe nieder, denn der nächste Marschtag wird einer der schwersten der ganzen Reise werden. Nur der Geophysiker geht noch pflichtgemäß seinen Beobachtungen nach und stiehlt sich wieder in die bitterkalte, wolkenverhangene Nacht hinaus, denn auch die Ralungtibeter glauben fest, daß alle naturwissenschaftliche Betätigung unabsehbares Unglück, Tod und Seuchen über ihr Land bringen werde.

Die zu bewältigende Wegstrecke über den fast 5000 Meter hohen Karo La nach Nangatse beträgt annähernd fünfzig Kilometer. Die kleinen Eselchen unserer „Vorausabteilung", die erst nach Einbruch der Dunkelheit von Gobschi kamen, werden schon um Mitternacht gesattelt und befinden sich um zwei Uhr morgens auf dem eisigen Marsch. Dem zweiten, aus Pferden bestehenden Schub der Karawane geben wir eine Stunde „Vorgabe", während wir selbst mit dem Haupttroß auf den schnellsten Tieren folgen wollen. Nur so ist zu hoffen, daß wir Nangatse in einem Tagesritt erreichen werden.

Als ich gegen fünf Uhr mit gröhlender Stimme geweckt werde, liegt mir Simba als Wärmflasche mitten im Gesicht. Alles hat programmgemäß geklappt, und die Tiere des ersten Schubes haben zu dieser frühen Stunde wohl schon 12 bis 15 Kilometer hinter sich gebracht. Heute soll es, um die Geister etwas aufzumöbeln, den letzten, den allerletzten guten Bohnenkaffee zum Frühstück geben. In Eile werden Decken und Schlafsäcke zusammengepackt, und dann wartet alles gespannt auf den Genuß. Wir hocken um eine hölzerne Pritsche und frieren gottsjämmerlich. Einer hat zur Feier der Stunde noch eine Kerze entzündet.

Dann kommt der Kaffee, und aller Augen leuchten.

Wir setzen an ... und setzen ab. Verflucht! Das schmeckt nach Seife!

„Lezor, Lezor!" brüllt alles wie aus einem Munde.

Grienend erscheint Lezor im Türspalt.

„Sohn einer Hündin! Was hast du mit unserem guten Kaffee gemacht? Waaas?"

Lezor grient noch immer.

Klapp, schwapp – und schon sitzt unserem schmuddeligen Meisterkoch die braune, nach Toilettenseife riechende Brühe mitten im Gesicht.

„Ich nicht haben Schuld", wimmert Lezor mit weinerlicher Stimme und trocknet sich mit speckigem Schal die Spuren seiner Wäsche ab.

„No, Sahib, ich nicht haben Schuld, Rabden Kazi haben Schuld. Rabden Kazi mir nehmen Kaffeetopf und waschen sein Gesicht."

Oh, dieser Satanssohn!

„Rabden, du Pinsel, was hast du uns angetan! Dein dreckiges Gesicht gewaschen und uns den ganzen Tag verdorben!"

Rabden schaut drein wie ein begossener Pudel. Dann gießen wir die Brühe enttäuschten Herzens in die Bodenvertiefungen unterm Baldachin. Selbst unsere Hunde schnuppern nur daran, ziehen den Schwanz ein – und laufen davon.

Ingrimmig löffeln wir das yakdunggewürzte „Istew" hinunter und sitzen in wenigen Minuten in den Sätteln.

Zehn Stunden über ein halbes Hundert Kilometer – es gibt einen tollen Ritt. Dabei kommt die Sonne während des ganzen Tages nur wenige Augenblicke hervor und die Temperatur hält sich unter –10° C! In alle nur verfügbaren Pullover und Pelze gesteckt, reiten wir in die Dunkelheit hinein. Da die Zähne schmerzen, fällt kaum ein Wort und ich kann verstehen, warum die Tibeter neben der heißen auch an eine kalte Hölle glauben. Erst kommen steile Abhänge, dann folgt krachender Moorgrund und schwankendes Bültengelände, bis die tief ausgeschürften Trampelpfade des Karawanenpfades erreicht sind.

Als die ersten rosaroten Zeichen den östlichen Himmel zu tönen beginnen, gewahre ich rollendes Wüstengelände, das rechter Hand in dunstverschleierte Alpenmatten übergeht, während zur Linken wieder jene zuckerhutähnlichen Riesenhügel rotbrauner Argaliberge mit mächtigen Schotterhängen sichtbar werden.

Trotz angestrengten Suchens gelingt es mir nicht, ein Rudel der königlichen Tiere auszumachen, die sich während der Wintermonate in die tieferen Talgebiete zurückzuziehen pflegen. In diesen deckungslosen Flachgebieten werden die einzelstehenden Widder leicht Beute hungriger Wölfe, wodurch sich die häufigen Funde gebleichter Widderschädel in den weiten Talungen weit besser erklären lassen als durch den Glauben der Eingeborenen, die behaupten, daß die altersschwachen Widder eingingen, weil das enorme Wachstum ihrer riesigen Schneckengehörne keine Nahrungsaufnahme mehr zulasse.

Bald mache ich ein paar Gazellen aus, die als graue Silhouetten in der urwelthaften Landschaft stehen. Es folgt ein faul dahinschnürender Steppenfuchs und Hunderte von Maushasen, die einer Bugwelle vergleichbar, vor dem Karawanenschiff entfliehen. Große, hellgraue Steppenfalken schießen wie Torpedos über dem Boden dahin und dicke, behäbige Adlerbussarde halten ihr Frühstück in Form eines kleinen Maushasen in den Fängen. Einer ist so vertraut, daß ich bis auf 10 bis 15 Meter heranreiten kann, ehe er sich bequemt, seine Schwingen zu entfalten und trägen Flügelschlages in die Steppe zu gleiten, nur um gleich wieder aufzublocken und weiter zu kröpfen. Die beiden Arten, unterirdisch in den Ochotonabauten lebenden Schneefinken sind ebenfalls zur Stelle, so daß die in sich geschlossene Gemeinschaft äußerst vertrauter Vogel- und Säugetierarten Hochtibets wieder einmal vollständig ist.

Gerade werden weit voraus einige verstreute Nomadenzelte sichtbar und beginnen meine Neugierde zu locken, als der Weg scharf nördlich abbiegt und allmählich ansteigend in gerader Linie auf die ungeheuren Bergmassive zugeht. In diesem Augenblick erscheint als glutroter Feuerball die aufgehende Sonne hinter den dunstigen Nebeln und wirft wenige Minuten lang fahl güldenes Licht über die eisklirrende Steppe. Dann ist sie wieder verschwunden und bleibt es für den ganzen Tag.

Schnaubend und prustend zieht mein zottiges, ganz mit Reif bedecktes Tierchen hangauf und ich kann beobachten, wie ihm die Eiszapfen aus den behaarten Nüstern hervorwachsen. Schwindel überfällt mich, halb gelähmt hänge ich im Sattel und kämpfe gegen die Kälte an. Die Füße haben jetzt schon kein Gefühl mehr. Ich weiß nicht, ob sie noch in den Steigbügeln stecken und habe Angst, mich zu bewegen, weil meine vielen Hüllen dann verrutschen und ich nur noch kälter werden könnte. Man soll in solchen Situationen mit jeder Bewegung geizen. Lediglich die Hände wechseln sich ab, die Zügel zu halten. Dann aber summe ich ein altes Lied, bis mein Gesicht zur eisigen Maske wird und der Bart zu einem Eisklumpen gefriert, der bei der geringsten Bewegung schmerzt. Ich habe das Gefühl, daß der Paß weiter im Norden liegt, wo schneebedeckte Steppenberge das Gesichtsfeld rahmen. Daß es möglich sein könnte, das Gebirge an einer anderen Stelle zu durchqueren, halte ich für ausgeschlossen.

Plötzlich aber windet sich der Pfad nach Osten und führt auf kolossale, sich zu schwindelnder Höhe erhebende Granitmassive zu. Fast ohne Übergang gelangen wir in wenigen Minuten von verhältnismäßig flachen, der Steppe vorgelagerten Moränenhügeln in wildes Hochgebirge. Flora und Fauna ändern sich auf wenige hundert Meter Entfernung mit einem Schlage. Holzgewächse treten wieder auf, dichtes, niederes Gestrüpp bedeckt den Schluchttalboden, und an den vereisten Wegrändern finden sich außer Berberitzen und Weiden viele verdorrte Samenstände von Astern, Eisenhüten, Mohnen, Primeln, Enzianen und Läusekräutern. Im Gegensatz zu den dürftigen Steppenböden, die wir soeben verlassen haben, scheint dieses windgeschützte, wohl auch viel regenreichere Durchbruchstal während der Sommermonate eine geradezu luxurierende Vegetation zu besitzen. Je tiefer wir in die enge, wie eine Klamm wirkende Felsenschlucht vordringen, desto mehr verstärkt sich dieser Eindruck. Schließlich entdecke ich sogar richtige Wacholderbäume und wilde Rosenbüsche, die hier einsam auf höchstem Posten stehen. Bald gelangen wir in die eigentliche Hochalpenzone, wo nicht mehr die erodierende Kraft des Wassers, sondern die schürfende der Gletscher der Natur das Gepräge verlieh. Da bleiben auch die letzten Bäume und Sträucher zurück, und unsagbar öde, graukalte Felsenfluren reichen ohne Übergang bis in den Talgrund hinab. Der Bach ist nun zu einem den ganzen Talgrund ausfüllenden Eisstrom geworden. Seine mehrfach notwendige Überquerung ist mit mancherlei Schwierigkeiten verbunden, da die schwerbeladenen, unter ihrem zotteligen Reifbehang bärenartig aussehenden Tiere auf der gerundeten Eisoberfläche gleiten, fallen und alle einzeln, an Schweif und Halfter gestützt, hinübereskortiert werden müssen.

Selbstverständlich ist auch die Vogelfauna eine völlig andere geworden. An die Stelle der Alpenlerchen sind rotbrüstige Braunellen getreten. Die beiden Erdschneefinken sind durch zwei andere Arten, Charaktertieren des Hochgebirges, ersetzt. Statt der dummdreisten Sandflughühner ertönen von den schaurig öden Hängen die rauhen, weithinschallenden Stimmen der scheuen Haldenhühner. Die schwerfällig großen Steppenfalken werden von flinken, kleinen Turmfalken abgelöst, und auch die vertrauten Adlerbussarde blieben auf der Steppe zurück. An ihrer Stelle ziehen nun wieder mächtige Steinadler und goldene Lämmergeier mit hell surrenden Schwingen ihre ruhige Bahn. Während wir uns durchs langgezogene, ureinsame Gletschertal winden, gewinnen wir nur wenig Höhe, genießen aber zu beiden Seiten herrlich schöne Einblicke in die pyramidenartig anstrebenden Gipfelmassive. Dort, wo auch die Eingeborenen ihren Geistern und Göttern zu Ehren große Pyramiden weißer Quarzitsteine getürmt haben, legen wir die erste Rast ein und lassen die Pferde sich ausschnauben. Unsagbar zerrissene Büßerschneeformen, deren Zungen an manchen Stellen bis an die Talsohle heranreichen, so daß die wichtigste Karawanenstraße Tibets an dieser Stelle buchstäblich zwischen Gletschern verläuft, beherrschen nun das Bild. Diese bizarren, phantastischen, tausendfach ausgefransten und in unzählige Pyramiden zerschlissenen „Zackenfirne“ finden sich nur in tropischen Hochgebirgen mit hoher Aridität.

Reiten, nichts als reiten und dabei keine Aussicht auf ein wärmendes Feuer oder auch nur eine heiße Tasse Buttertees! Unsere hart geprüften Lasttiere müssen das Letzte hergeben. Längst habe ich die um zwei Uhr in der Nacht von Ralung aufgebrochene „Vorausabteilung“ überholt und liege nun an der Spitze der ganzen, sich über Kilometer erstreckenden Karawanenschlange, die einem Trauerzuge zu ähneln beginnt. Zu beiden Seiten der Straße liegen alte Schädel, bleichende Skelette und hartgefrorene Kadaver gefallener Esel, Pferde und Maultiere. Sie dienen uns als Warnung und Wegweiser zugleich.

Hoffentlich halten unsere Tiere durch! Das ist meine größte und einzige Sorge an diesem grauenhaften, frosterstarrten Tag. Ich selbst bin längst abgestiegen und führe mein Pferd über die Trümmerhalden hangan. Rechts im Talgrund breitet sich nun ein halbausgetrockneter, etwa zwei Kilometer langer, von Moränen aufgestauter Eissee mit zahlreichen kleinen Moorinseln. Von seinen Ufern bietet sich die beste Aussicht auf den Lha-dscha-gonak, den „schwarzköpfigen Gottesvogel“, wie die Eingeborenen das höchste, aus hartem himalajanischem Granit bestehende Pyramidenpik nennen. Höchstwahrscheinlich wurden diese himmelragenden Massive der Sechsbis Siebentausender, die ihre weißen Gipfelzacken in düstergrauen Himmel recken, zur gleichen Epoche emporgewölbt, wie der tertiäre Himalaja selbst. Aber diese Hebungen von den tropischen Kreidemeeren zum gewaltigsten Hochland der Erde scheinen dem menschlichen Geiste kaum faßbar. Und doch verlief hier während der langen Zeiträume des Erdmittelalters und des frühen Tertiärs, lange bevor Tibet und Himalaja emporgewölbt wurden, die Trennungslinie zwischen den asiatischen Urfestländern, dem nördlichen, immer weiter nach Süden vorstoßenden Angaralande und dem altindischen Kontinentalblock von Gondwana. Nach sanfter Steigung wird der Karo-La erreicht. Äußerlich kenntlich ist dieser Moränenpaß nur durch zwei gewaltige Steinpyramiden, Obos, deren bunte, girlandenartig gespannte Gebetsflaggen im eisigen Winde knattern und flattern. Der Karo-La ist gar kein Paß im eigentlichen Sinn, nur eine leichte Schwelle in der kalten Wüste, eine künstlich erscheinende Demarkationslinie im unendlichen Meer der tibetischen Berge. Und so fehlt auch jenes erhebende und befreiende Gefühl, das Paßübergänge sonst zu vermitteln pflegen. Diese Überschreitung löst nicht nur keinerlei Beglückung aus, sie deprimiert. Denn vor uns dehnt sich wieder grau in grau die gleiche froststarre Ödlandschaft, die keine Grenzen kennt. Selbst der Gletscher auf der gegenüberliegenden Talseite scheint von Staubniederschlägen getrübt zu sein. Dazu heult der Sturm. Kein freudiges „Lha-gya-lo“, kein „die Götter haben gesiegt“, nur ein hungerndes Rudel Blauschafe steht in den Felsen und sichert auf uns hernieder. Mit einem eisigen Windstoß, der ihm meine Witterung zuträgt, pfeift das Leitschaf gellend auf, und langsam eines hinter dem anderen verschwinden die Tiere über den grauen Halden. Als ich von einem zweiten Rudel, bei dem sich ein uralter, schwarzhalsiger Urwidder befindet, Teleaufnahmen machen will, werde ich mit der Kamera nicht fertig. Vor Kälte versagen die Finger den Dienst. Ein Gefühl trostloser Verlassenheit beschleicht mich.

Endlich tauchen aus dem kalten, grauen Dunst des unendlichen Tales, von Nangatse kommend, ein paar vermummte Reiter auf. Es sind die ersten Menschen, die uns heute begegnen. Man könnte sie nach der noch zurückzulegenden Wegstrecke fragen. Aber die halberfrorenen Kerle tragen Masken vor den Gesichtern. Sie geben keine Antwort und reiten wie Gespenster vorüber. Ein tolles Land. Man könnte in Verzweiflung geraten. Und die Karawane kommt und kommt nicht. Auch von den anderen Kameraden ist nichts zu sehen. Nur hoch oben heult der Wind in den Gletschern. So verkrieche ich mich zwischen den Obos, und plötzlich erwachen die kultischen Steine aus ihrer eisigen Erstarrung und beginnen zu erzählen von den Anfängen des Menschengeschlechts, von Zeiten, da sie schon den gleichen mystischen Zwecken dienten wie heute. Aber auch dunkle Geschichten von Räuberbanden erzählen sie mir, von Freibeutern und Strauchrittern, die sich hier verschanzten und ihrer Opfer harrten wie die großen, weißen Geier der toten Pferde. Wenn friedliche Handelskarawanen des Weges kamen und die vorgelagerte „Omatang", die von Gletscherbächen gespeiste „Milchebene" erreicht hatten, brachen sie aus ihren Hinterhalten hervor und fielen wie das Ungewitter über Menschen und Tiere her.

Zähneklappernd erwache ich aus meinem Traum. Meine Kameraden sind völlig durchgefroren herangekommen. Wir rauchen gemeinsam eine Zigarette und setzen dann den Marsch durch die Felsenwüste gemeinsam fort. Nun hämmert uns der Sturm geradweg in die empfindungslos gewordenen Gesichter. Staubfahnen ziehen in langen Reigen durch das Tal des „Karnongtschu", der irgendwo in weiter Ferne die Ebene von Nangatse durchströmt, um in den Jamdrok-See zu münden. Noch an drei verschiedenen Stellen stoßen wir auf Blauschafe, die der Hunger in die Talung trieb. Die Tiere sind so vertraut, daß man sie fast für zahme Schafe halten könnte, aber wenn wir unsere Pferde durchparieren, um uns für kurze Augenblicke an dem Bilde des Lebens zu erfreuen, klettern sie mit meisterhaftem Geschick in die hohen Felsen, die den Talgrund säumen. Die armen Tiere haben jetzt ihre härteste Zeit, und es scheint, als ob sie die Nähe der Karawanenstraße suchten, um vor ihren ärgsten Feinden, den Wölfen, sicher zu sein.

Immer breiter, steppenhafter wird das Tal. Die Bergeshänge zu beiden Seiten weichen zurück und das letzte Gefühl von Geborgenheit, das uns die Nähe der Felsen verlieh, schwindet. Wir sind ganz allein auf dem windrauschenden Ozean der winterlichen Hochsteppe. Reiten, reiten, reiten. Die Stunden verrinnen und das Leben verlischt. Selbst die Maushasen und Schneefinken haben sich vor den grimmigen Winden unter die Erde geflüchtet. Geisterhaft wirken die mächtigen Ruinen und Wachttürme an den fernen Talflanken; die langen Gebetssteinwälle, die Mendongs, die den Weg begleiten, sind kalt und stumm wie Gräber. Ein letztes Mal bricht der Fluß durch mächtige Konglomeratmassen hindurch, und dann kommt fernab vom Karawanenpfade ein kleiner Weiler in Sicht. Ob er bewohnt ist, wissen wir nicht. Zum Hinüberreiten ist es schon zu spät. Alle Knochen schmerzen, aber die Kälte spüre ich nun glücklicherweise nicht mehr, so abgestumpft ist die Haut. Nangatse kann nun nicht mehr weit sein.

Links am Berghang gähnen schwarze Löcher, „Räuberhöhlen", wo sich von Zeit zu Zeit Marodeure versteckt halten sollen. Als jedoch das „große Wasser" das Schneeland noch bedeckte, so will es die Überlieferung wissen, haben „wilde Menschen" hier gehaust, deren Werkzeuge aus Steinen bestanden.
Niemand weiß heute, welche Aufschlüsse über den Ursprung und das Werden des Menschengeschlechtes noch in Tibets Bergschutt ruhen. Aber vielleicht werden auch diese Rätsel einmal gelöst werden. Dann reite ich auf etwa 40 Meter an einem Gazellenbock vorüber, ohne daß er zu äsen innehält. Erst als ich auf ihn zuwende, reckt sich das hungernde Tier hoch auf, sichert, zeigt mir den weiß leuchtenden Spiegel und geht mit hochangewinkelten Vorderläufen in Stechtrab davon. Die Beobachtung ist von besonderem Wert, da diese scheuen Tiere meist schon auf drei-, vier- oder fünfhundert Meter die Flucht ergreifen.

Nun hole ich aus meinem Pferdchen noch einmal das Letzte heraus. In grauer Steppenferne wird ein silberheller Streifen sichtbar. Von Minute zu Minute nimmt er an Größe zu. Das ist der „See der oberen Weidegründe". Also weiter, Galopp, Galopp, daß Staub und Steine fliegen und ich mich trotz tränender Augen zum ersten Male warm zu fühlen beginne an diesem fürchterlichen Tage!

Aufheulend vor Freude gewahre ich plötzlich im Windschatten einer weit vorspringenden Bergnase auf nur noch zwei Kilometer Entfernung eine kühne, weißleuchtende, trutzige Dzong, die mit ihrem düsterroten Dachabsatz inmitten der urweltlichen Landschaft einen geradezu phantastischen Eindruck macht. Zu ihren Füßen aber liegt, vom verlandenden See durch große Sumpfflächen getrennt, die Ortschaft Nangatse.

Wenige Minuten darauf reite ich, von einem Dutzend mächtiger Kolkraben umschwärmt, zur ehernen Burg empor, wo mich der Dorfhäuptling unter hundert Verbeugungen in die prächtigen, schon lange vorbereiteten Räume geleitet. Kaum fähig, noch einen Gedanken zu fassen, lasse ich mich auf die weichen Polster nieder und nehme die Gastgeschenke in würdiger Haltung entgegen. Alle weiteren Förmlichkeiten werden auf den morgigen Tag verschoben. Dann lasse ich die zugigen Fensterritzen verstopfen, strecke mich, von drei Pfannen glühenden Schafmists umgeben, lang aus und schlafe augenblicklich ein. Steifgefroren kommen die Kameraden bei Anbruch der Dunkelheit herein, und auch die Karawane erreicht Nangatse ohne Verluste vor Mitternacht. Bei Tageserwachen weckt mich Kaiser, um zu melden, daß der ältere der beiden Burghauptleute schon lange im „Empfangsraum“ warte, um mir in goldenem Staatsgewande seine Aufwartung zu machen. Die Rührigkeit der tibetischen Behörden in allen Ehren, aber aus dem Schlafe gerissen zu werden, und zu solcher Stunde auf nüchternen Magen offizielle Besuche zu empfangen, geht selbst mir zu weit.

In der Zwischenzeit hat einer meiner Kameraden es übernommen, den hohen Staatsvertreter zu unterhalten. Aber als ich dann noch etwas schlaftrunken in die Halle trete, finde ich in dem ersten Dzongpon von Nangatse in der Tat einen äußerst liebenswürdigen Greis mit schönen Augen, scharfgeschnittenem Gesicht und üppigem Tartarenbart. Er scheint durch unseren Besuch in Nangatse sichtlich geehrt und überbietet sich an Höflichkeit. Seine aus Butterklumpen, Eiern und dem unvermeidlichen Seidenschleier bestehenden Geschenke erwidere ich in gleicher Form und Güte. Besonders freut sich der alte Herr über ein hübsches Döschen Schnupftabak, den die Lamas vorzugsweise nehmen, da ihnen das Rauchen aus religiösen Gründen untersagt ist. Obwohl ich zuerst eine finstere Miene aufgesetzt hatte, verstehen wir uns bald vortrefflich, und lachend verspreche ich ihm, seinen guten Rat zu befolgen und auf unserem Weitermarsch keine Tiere zu töten, da jedes genommene Leben die zu erwartende Wiedergeburt des neuen Dalai Lamas verhindern und dem tibetischen Staate zum Schaden gereichen könnte.

Als der Dzongpon sieht, daß mir ein Schüttelfrost nach dem anderen über den Rücken läuft, streichelt er mir liebevoll die Hände und entschuldigt gleichzeitig seinen jüngeren Kollegen vom weltlichen Stande, der auch etwas unpäßlich sei. Anschließend lädt uns der Burgherr zu einem Festessen in die Amtsräume ein, doch entschuldige ich mich und überlasse es dem Anthropologen, die Expedition zu vertreten. Ich selbst bin heilfroh, nach dem yakdunggewürzten „Istew“ zusammen mit Kaiser in die sonnenüberstrahlten Steppen zu entkommen.

Mitten durch die Ortschaft hindurch, am alten, chinesischen Stationsgebäude vorbei, führt mein Weg in die sonnenglitzernde Einsamkeit hinaus. Weit draußen begegnen wir einer Rotte schafpelzbekleideter Khampas, die, ihr Hab und Gut auf dem Rücken tragend, nur mit Speeren bewaffnet, zur heiligen Grabstätte Buddhas nach Indien pilgern. Vor Jahresfrist haben sie Amdo im äußersten Nordosten des Landes verlassen, um nach Stammesbrauch bettelnd und bei Gelegenheit raubend durch die Bergwüsten zu ziehen. Bereitwillig geben uns die wilden Gesellen Auskunft, aber als Kaiser einen am Ärmel zupft, greifen sie blitzschnell zu den Waffen und stechen unversehens auf ihn ein. Donnernd fahre ich dazwischen, und augenblicklich lassen die Gelegenheitsräuber ihre Speere wieder sinken. Ohne sich zu verabschieden, ganz ruhig, als ob nichts vorgefallen sei, ziehen sie ihres Weges fürbaß.

Wir registrieren die Vogelarten, fotografieren Gazellen und Blauschafe, untersuchen alte Strandlinien und begegnen zwei starken Wölfen, die wie große Schäferhunde mit tief herabhängenden Lunten dahertrotten. Schließlich kommen sie bis auf kaum 80 Meter heran, erhalten Wind und flüchten.

Nach dem Verschwinden der Wölfe klettern wir steile, dürrgrasbedeckte Hügelketten empor, bewundern die perlmuttschimmernde Pracht der hohen Schneeberge und schauen hinab in die große Ebene, wo der Steppensee in weiter Ferne blaut. Da die Sonne schon sinkt, die phantastischen Schatten der Berge aus den zersägten Erosionsschründen herausspringen und wie leckende Zungen in die Steppe hinauskriechen, um alle Farben auszulöschen, machen wir uns, die Körper gegen den schneidenden Winterwind gebeugt, auf den kalten Heimweg.

Angeblafft von zwei riesigen, schwarzen Mastiffrüden halten wir in einem einsamen Hause am Rand der Steppe Einkehr, klettern die steilen Stiegen hinauf und sind erstaunt über die liebenswürdige Aufnahme, die wir als Wildfremde bei den einfachen Menschen finden.

Bei Anbruch der Dämmerung sind wir wieder in der Burg und finden die Hauslamas, die wir schon am frühen Morgen bei ihren religiösen Übungen beobachten konnten, noch immer an der gleichen Stelle sitzen. Sie haben Teller mit rohem Fleisch und Tassen trüben

Buttertees vor sich stehen und lesen noch im gleichen, monotonen Rhythmus aus den heiligen Büchern, um Heil und Gesundheit für die Bewohner der Burg zu erflehen. Jeder von ihnen hat ein anderes Blatt des Kandjur vor sich liegen, und jeder liest im gleichen, dumpfen Tonfall vor sich hin. Hin und wieder nur wird ein Zauberglöckchen geläutet, um die bösen Geister zu vertreiben, aber dann nehmen die Priester ihre tiefen Baßlitaneien wieder auf, und das kleine Hündchen, das schon am Morgen im Schoß des einen lag, schaut noch immer aus den Falten des speckigen Lamagewandes hervor.

Halb angewidert und halb belustigt von dem merkwürdigen Treiben lasse ich mich in meinem kalten, seidenbespannten Raume nieder, um, einen großen Topf glühenden Schafmists zwischen den Beinen, an einem hübsch geschnitzten Tischchen Tagebuch zu schreiben. Der eisige Wind pfeift durch die papierverklebten Fensterluken, daß der Baldachin zu meinen Häupten im beizenden Qualm hin und her schwankt. Später, als es draußen kalt und still geworden ist, sitzen wir einträchtig in der Runde und einer singt ein Lied. So leben wir in zwei getrennten Welten, so verschieden wie die Gefühle, die sich einschleichen und mit denen wir doch fertig werden müssen. Aber die Hauptsache ist, daß wir Schritt für Schritt – Etappe nach Etappe — vorwärts kommen. Noch vor Mitternacht legen wir uns schlafen, denn morgen soll ein früher Aufbruch sein. Am darauffolgenden Morgen strahlt der Himmel in unwahrscheinlich tiefem Blau, kein Lüftchen regt sich an diesem stillen sonnendurchglühten Wintermorgen, und nicht ein Wölkchen ist am weiten Firmamente zu erkennen. Scharf gezeichnet liegt der riesige, nur in seinen Buchten eisbedeckte See, der den ganzen Tag lang unser Begleiter sein soll, in der großen, grauen Steppenebene, wo bald wieder Hunderte von huschenden Maushäschen ihre lustigen Spiele um uns treiben. Nicht weil Padma Sambhawa die blauen Wasser von Zeit zu Zeit aufpeitscht, damit die „Lus" oder Wassergeister unter dem Eise nicht ertrinken, und auch nicht wegen seines, im übrigen ganz minimalen Salzgehaltes ist die weite Fläche des Jamdrok-tso eisfrei, sondern wegen seiner Lage in der Hauptwindrichtung und der sich daraus ergebenden starken Wasserbewegungen. Der Jamdrok-tso ist nun nicht nur eines der größten und tiefsten, sondern in seiner Formgestaltung gewiß auch eines der merkwürdigsten Seengebilde. Lange Zeit hielt man ihn für einen geschlossenen Wasserring von mehr als 200 Kilometer Umfang, in dessen Mitte sich eine Gebirgsinsel befinden sollte. In Wirklichkeit aber handelt es sich nur um eine Halbinsel, die an der westlichen Seite des Sees durch zwei schmale Landzungen mit dem umgebenden Steppenlande verbunden ist. Die Eingeborenen vergleichen den See mit einem Skorpion, der sich mit seinen Greifzangen am Lande festgebissen hat. Die steil anstrebende „Fastinsel“ heißt Dolma-nang oder Donang – „der innere Felsen“. Sie besteht aus einem hohen, kahlen Bergmassiv, von dem radiäre Gebirgsketten in der Form riesiger Strahlenbündel nach außen verlaufen und am Seeufer jäh abbrechen. Stellenweise treten zwischen Bergeshängen und Wasserfläche flache Alluvialfächer auf, wo sich in schwermütiger Einsamkeit eine Reihe von Klöstern und Siedlungen befinden, deren Bewohner den Verkehr mit dem „Festlande“ nur durch Fellboote aufrechterhalten können. Wunderbar schmiegen sich die tiefblauen Wasser dieses märchenhaften Sees in die riesigen Falten der Berge, und die Tibeter sagen, er sei wie eine schöne Lotosblume, deren Kelch sich gerade den bewundernden Blicken des Beschauers öffne.

In den kleinen, mit Geröll gefüllten Seitentälchen nehme ich an verschiedenen Stellen bis zu etwa 40 Meter über dem heutigen Wasserspiegel liegende Standlinien und Uferterrassen wahr, die wiederum ein untrügliches Zeichen dafür sind, daß auch der Jamdroksee seit langer Zeit in den allgemeinen Austrocknungsprozeß einbegriffen ist.

Während im Westen und Südwesten die hohen Schneeketten der Bhutanausläufer in seidig weichem Glanze schimmern, trennt uns im Norden nur noch ein schmaler, aber äußerst steiler und vielfältig zertalter Gebirgsgürtel vom Tale des Tsang-po (Brahmaputra). Obgleich die kürzeste Entfernung zwischen See und Fluß nur etwa 12 bis 15 Kilometer beträgt, besteht zwischen den beiden Gewässern doch ein Höhenunterschied von 700 bis 800 Meter. Beide Gebiete unterscheiden sich daher nicht nur in ihrer morphologischen Gestaltung, sondern auch in ihrem biologischen Formenbestand grundlegend.

Das eigentliche Gebiet der „oberen Weidegründe“, wo die „Drogpas“ ihre Herden versammeln, liegt an der südlichen Begrenzungsfläche des großen Sees. Man sagt den stolzen Jamdroknomaden nach, daß sie sich etwas Besseres dünkten als die friedlichen Bauern der Täler. In der Tat repräsentieren ihre großen Viehbestände Werte, wie sie von der ackerbautreibenden Bevölkerung, die sich fast ausnahmslos aus Leibeigenen der großen Adelsfamilien zu Lhasa und Shigatse zusammensetzt, niemals erreicht werden können. Auch für die Pferdezucht eignen sich die „oberen Weiden“ des Jamdroksees in ganz besonderem Maße. Hier entsprechen Boden, Klima und Vegetationsbedeckung durchaus den Bedingungen, um widerstandsfähige, bedürfnislose Tiere mit eisenharten Hufen hervorzubringen. Sonst nämlich gibt es in den südtibetischen Trockengebieten nur erbärmlich kleine, struppige Kümmerlinge, die keinerlei Vergleich mit den schöngewachsenen, großen Paßgängern aus den nordosttibetischen Grassteppen aushalten. Auch heute begegnen wir wieder einer ganzen Reihe verwegen ausschauender Khampas, die mit Kind und Kegel zu den heiligen Stätten des Buddhismus nach Indien ziehen. Während die speerbewaffneten Männer schwerfällig zu Fuß daherstapfen, sitzen die Frauen mit ihren pausbäckigen Kindern zu Pferde. Diese stolzesten und für unsere Begriffe auch schönsten aller tibetischen Menschen mit ihren schmalen Gesichtern und kühn vorspringenden Adlernasen würdigen uns kaum eines Blickes. Lautlos kommen die wettergegerbten Gestalten auf dem felsigen Pfade daher, wort- und grußlos ziehen sie vorüber, ohne bei der Begegnung auch nur eine Spur von Neugier oder innerer Regung zu zeigen.

In Ufernähe finde ich wieder viele wie Rauhreif wirkende Ausblühungen effloreszierenden Salzes. Am Rande des stark vermoorten Seenbeckens treten inmitten des Bültengeländes auch eine ganze Reihe von warmen Quellen an die Oberfläche, wo sich prächtige Streifengänse, Stock- und Spießenten tummeln. Die sonst so scheuen Tiere lassen mich im völlig deckungslosen Gelände auf wenige Meter herankommen, als ob sie diese kleinen Fleckchen offenen Moorwassers, die ihnen in der eiserstarrten Landschaft als Nahrungsquelle dienen, verteidigen wollten.

Auch die Riesenlerche, eine Charakterart der höchsten tibetischen Nakamoore, finde ich hier zu meinem größten Erstaunen als Wintergast vor. Sonst gibt es nur die gewöhnlichen kleinen Vogelarten der Steppe, Häherlinge, Alpenlerchen und Schneefinken, die in einem geradezu erstaunlichen Individuenreichtum auftreten.

Für gewöhnlich führt der Pfad am teils felsigen, teils sandigen Strande vorbei und biegt nur an wenigen Stellen, wo die verlandeten Buchten des alten Seenbeckens stark vermoort sind, bergwärts aus. Größere Siedlungen gibt es keine, aber in den Seitentälchen, hoch über den heutigen Ufern, liegen überall mächtige, teils aus Lehm erbaute, teils massiv steinerne Ruinen mit konisch zulaufenden Wachtürmen. Sie sollen aus der Frühzeit des tibetischen Mutterrechtes stammen, als der Nangatsedistrikt noch von Frauen regiert wurde. Sie sind allesamt viel wehrhafter gebaut, als die modernen tibetischen Landhäuser, was darauf hindeutet, daß die Räubergefahr seit der Konsolidierung der gelben Staatskirche geringer geworden ist.

Gegen Mittag beginnt es in den vereisten Seenbuchten geisterhaft zu dampfen und zu grollen, und die ersten kleinen Wolkenfähnchen am blauen Himmel kündigen den kommenden Sturm an. Aber noch brennt die Sonne so heiß, daß die Eismassen platzen und springen. Unsere Tibeter beten still vor sich hin, weil die Laute „von den Wassergeistern stammen", die am Grunde des Sees ihr heimliches Wesen treiben.

Bald gelangen wir an einen geschützten, buchtenähnlichen Einschnitt, wo sich ein geradezu erstaunlicher Reichtum an überwinterndem Wassergeflügel offenbart. Tausende von Streifengänsen, Stockenten und Casarcas, Hunderte von Kolbenenten, Spießenten, Reiherenten und sogar einige Haubentaucher tummeln sich in nächster Nähe des stark vermoorten Ufers und nehmen meine ganze Aufmerksamkeit gefangen. Um die Arten festzustellen, reite ich über das trügerische Gelände rasch heran, bis mein Gaul bis an den Hals im Schlick versackt und nur mit großer Mühe gerettet werden kann.

Nach Überquerung einer alten molenartigen Steinbrücke geht es zwischen Wasser und aufragenden Felsenwänden steil nach oben, wo die Felsbalustraden wieder mit Buddhafresken, Gebetswällen und nischenartigen Schreinen zur Befriedigung der Berggötter geschmückt sind. Ein schaurig schöner Anblick! Links ganz bemalte Felspartien, dazwischen stachlige Berberitzen und mit bunten Gebetsfahnen geschmückte Wacholder, tief unten der schimmernde See, und in der Ferne die Eispaläste des Karo-La.

Schon kräuseln sich die Wellen und helle Schaumstreifen laufen in bogigen Reihen den vereisten Ufern entgegen. Das Ultramarin des Sees, das pastellene Ocker und Umbra der Berge, das glitzernde Weiß und das rasch verschwindende Azurblau des Himmels vereinigen sich noch ein letztes Mal in zauberhafter Harmonie. Wenige Minuten später trifft uns der erste Windstoß, und dann bricht das Ungewitter los. Die Wollklappen über die Ohren gezogen, mit im Nu vereisten Bärten genießen wir den rasenden Wechsel der Natur. Wie eherne Leuchter verglimmen die elfenbeinernen Schneegipfel in rosenroten Farbabstufungen, und das eben noch scharf hervortretende Relief der Berge wird von düstergoldenen Schatten umkleidet, die braun werden und grau, ehe sie vollends verlöschen. Über den rollenden See aber ziehen die Staubwolken in langen Fahnen, Himmel, Wasser und Erde in fahles Gespensterlicht tauchend. In wirbelnden Sprühschauern fahren die wilden Heerscharen über die Wellen. Immer toller wird der Wirbel. Unsere Gesichter werden von Eiskristallen, Sand und kleinen Steinchen bombardiert. Schwer nach Atem ringend, lehne ich über die Felsen und sehe gewaltige

Burg von Nangatse

Pilger aus
Nordost-Tibet

Wolken über dem Himalaja

Wasserfontänen, die Hunderte von Metern in die Höhe gerissen werden. Wie überirdische Zeichen fallen für Augenblicke silberne Lichtstreifen durchs Gewölk, bis wieder alles niedersinkt in heulenden, tobenden Sturm.

Fahlgrau vom Sand, der sich in Poren, Augen, Ohren, Nasen und Bärten festgesetzt hat, reiten wir nach Abflauen des Sturmes weiter und kommen wegen des starken Rückenwindes gut voran. Nachdem mein Pferd noch einen vorschriftsmäßigen Salto geschlagen hat, kommen kurz vor Pede große Schafherden in Sicht, die vom Gold der späten Sonne übergossen, geruhsam zur Tränke ziehen. Silberumkränzt stehen sie in langen Reihen, Tier an Tier, werfen schwarze Schatten auf die gleißende Flut und schlürfen in langen Zügen das belebende Naß. Schon künden rotschnäbelige Alpenkrähen das Nahen alter Gemäuer, und dann erhebt sich schwarz und wuchtig die Dzong von Pede.

Wieder ist uns die Kunde unseres Einzuges wie ein Steppenfeuer vorausgeeilt. Hunde bellen uns an, verrußte, mit der schwarzen Patina des Landes bedeckte Frauen verhüllen ihre Gesichter oder sie nehmen Reißaus, als ob sie irgendwelche Reize zu verbergen hätten. Die gesamte Einwohnerschaft der kleinen Ackerbauoase ist auf den Beinen. Die Ranghöchsten haben am Dorfeingang Aufstellung genommen, ergreifen unsere Pferde an den Zügeln, überreichen weiße Seidenschleier und geben uns, einem wahren Triumphzug vergleichbar, bis zum mauerumschlossenen Hofe der trefflich vorbereiteten Herberge das Ehrengeleit.

Von qualmenden Dungöfchen umgeben, verkriechen wir uns in die molligen Schlafsäcke, um Tagebuch zu schreiben, bis Lezor sein yakmistgewürztes Abendmahl und den leider auch in infamster Weise nach Kuhdünger schmeckenden Tee in rußiger Küche gebraut hat. Angewidert von soviel Unflat, ergreifen wir einen halben getrockneten Hammel, rösten ihn über dem kleinen Glutöfchen und ziehen das fetttriefende Fleisch durch Zähne und „Bartfäden".

Nur eine Unannehmlichkeit bleibt: Wo man hinschaut, ist alles mit einer feinen Sandschicht bedeckt, wo man hinlangt, steigen Staubwolken auf, und bei jedem Bissen knirscht einem der Sand zwischen den Zähnen. Aber wir sind zufrieden, denn die Esel für den nächsten Tagesmarsch stehen schon im Hofe bereit und üben sich die ganze Nacht hindurch im lieblichen Trompetenblasen. Zum Frühstück ergötzt uns der liebe Lezor schon seit einigen Tagen mit Eiern, regelrechten Hühnereiern, die es in diesen Teilen Tibets massenweis zu kaufen gibt. Sie sind kleiner als europäische und unterscheiden sich wenigstens zu dieser Jahreszeit vor allem dadurch, daß sie halb vertrocknet, sozusagen „kondensiert“ sind. Bei einigen scheint überhaupt nur noch der gelbe, lediglich von einer dünnen, leimartigen Eiweißhülle umgebene Dotter vorhanden zu sein. Die Luft in Tibet ist so trocken, daß die Flüssigkeit aus den Eiern einfach verdunstet. Aber wir lassen sie uns trotzdem schmecken und konsumieren von jetzt an zusammen mit unserer eingeborenen Mannschaft innerhalb eines halben Jahres rund 10 000 Stück! Das Marschprogramm des Tages ist wie folgt: Wir wollen über Tramalung, wo die Karawanentiere gewechselt werden sollen, den 4800 Meter hohen Kamba-La überschreiten, um bis ins Brahmaputratal vorzudringen. Den steifen Wind im Rücken, klettert mein Pferd über steile Felslehnen hangauf,. bis sich ein zauberhafter Rundblick auftut. Vom gewaltigen Felsendom schaue ich in die sonnenüberstrahlte Tiefe, wo die tiefschwarze Silhouette der Dzong von Pede, von strahlendem Morgenlicht umgeben, wie ein winziges Puppenhaus am Ufer des türkisfarbenen, in das sanfte Gelb der gewaltigen Berge eingebetteten Seenbandes liegt. Weich und innig erstrahlen in der Ferne die diamantenen Kronen der unendlich sich dehnenden Himmelsberge, und über allem wölbt sich der tiefblaue, tibetische Himmel, dessen weiße Wolken inselartige Schatten über die weite Landschaft werfen. Hehre Schneeriesen, samtweiche Riesenhügel, glitzerndes Eis und wie Silber gleißende Wellen: so umgibt mich eine Landschaft aus zartestem Velour, wie man sie sich schöner nirgends auf der Erde vorstellen kann. Hier und dort aufflackernde Staubwirbel, die aus dem Nichts entstehen, wie Irrlichter geistern und nach wirbelnden Tänzen im Glanze der Sonne wieder zerfließen, halten meine staunenden Augen gefangen. Als die ameisengleich vorüberziehende Karawane längst entschwunden ist, breche ich auf, führe mein strauchelndes Tier über steile Hänge nach unten und jage, von Hunderten nach allen Seiten auseinanderspritzenden Maushasen begleitet, in einem einzigen Galopp nach Tramalung, dessen amphitheatralisch terrassierte Felder sich in einem Seitentale malerisch staffeln.

Hier erwartet mich das zweite Frühstück: herrliche, fette Milch und Körbe mit frisch gesottenen Eiern. Dank glänzender Organisation sind alle Koffer auf die frischen Tiere verlastet, so daß ich mich sofort dem Sammeln der Kultursämereien widmen kann. Dabei fällt mir auf, daß in den Häusern fast nur Männer und alte Weiber anwesend sind, während man junge Frauen und Kinder gar nicht zu sehen bekommt. Erst später bringe ich in Erfahrung, daß vor unserem Einzug in Tramalung sich die Mütter mit ihren Sprößlingen in die hohen Berge geflüchtet hatten. Nach einstündigem

Aufenthalt besteigen wir frische Gäule und nehmen den letzten, den entscheidendsten Paß in Angriff. Hochauf türmt sich der kahle Gebirgswall und wird in harter Kletterarbeit auf serpentinenreichem Saumpfad überwunden. Die dünne Luft läßt die Flanken der Tiere flattern und beben. Mit tief gesenkten Köpfen tragen sie uns tapfer empor. Ein letztes Mal erstrahlen in schimmernd blauer Ferne die gletschergekrönten Karo-La-Massive, über die wir uns noch vor drei Tagen bei bitterer Kälte hinwegquälten, aber dann wird das Auge wieder ganz von den unvergleichlich blauen Wassern tief unter uns hinweggesogen. Wie ein sich krümmendes Ungeheuer aus grauer Vorzeit liegt der unheimlich stille See zwischen den öden Bergmassiven, die bis in die graue Unendlichkeit dahinzurollen scheinen.

Voll Andacht nehme ich Abschied vom See und seinen heiligen Fischen, die zum glückverheißenden Sinnbild ganz Tibets wurden. Noch ein letzter schweifender Blick, dann werde ich mit unwiderstehlicher Gewalt nach oben gerissen, wo sich zwei mächtige, mit bunten Gebetsfahnen geschmückte Steinpyramiden beiderseits des Weges türmen. Das ist der Paß, der Kamba-La. Unter den wehenden Opfergirlanden springe ich aus dem Sattel und stehe wieder gebannt vor dem nächsten Wunder, das die allmächtige Natur dort vor uns ausgebreitet hat. Einer der erhabensten Rundblicke ganz Tibets tut sich auf. Nach der statischen Eiszeitlandschaft des ruhigen, abflußlosen Seengebietes erlebe ich nun die großzügigste und gewaltigste Erosionsdynamik, wie sie nur von den mächtigsten Entwässerungsadern Südtibets geschaffen werden konnte.

Da liegt er, der Tsangpo (Brahmaputra), dieser ungeheure Fluß, dem allein der Lamastaat im Herzen Asiens seine bodenständige Kultur verdankt. Von der 4700 Meter hohen Paßscharte blicken wir in das 3600 Meter tiefe Tal hinab, wo der blaue Strom zwischen gelben Sandbänken in ruhiger Majestät seine Bahn zieht.

In einem einzigartigen Querschnitt erlebe ich hoch oben die Altformen denudierter Gebirgszüge, darunter die gähnenden Schründe mächtiger Konglomerat- und Schotterterrassen, tiefer noch die fruchtbaren Lößterrassen mit Baumgruppen und blühenden Ackerbausiedlungen, und ganz unten die deutlichen Spuren ständig fortschreitender Versandung mit riesigen Dünenwällen, die ihr gelbes Leichentuch über die Ackerkulturen werfen.

Im Norden aber, von hauchfeinen, violetten Dunstschleiern umhüllt, erblicke ich das vielfach gefaltete Relief des östlichen Hedingebirges, des Transhimalaja.

Der Kamba-La besitzt nicht nur allgemein physiogeographische Bedeutung, sondern er bildet auch eine wohl gekennzeichnete biologische Grenzlinie, die die Tier- und Pflanzenarten des tiefen, warmen Tsangpotales, also der südtibetischen Ackerbauzone, scharf von denjenigen des hochtibetischen Steppengebietes im Raume des Jamdrok-tso scheidet.

Überdies stellt der Paß die Grenze dar zwischen „Ü", der Lhasaprovinz im Nordosten, und „Tsang", der Schigatseprovinz im Südwesten. Obwohl die Grenze längst bedeutungslos geworden ist, da Schigatse seit 1923 ebenfalls der Oberhoheit Lhasas untersteht, so spielt sie ethnologisch doch noch immer eine große Rolle. So tragen die Frauen von Tramalung noch den hohen, bogenförmigen Schigatse-Kopfputz, während nördlich des Kamba-La schon überall der kleine Dreiecksputok Lhasas im Gebrauche steht.

Die Götterstadt selbst, Lhasa, das Zentrum der gesamten tibetischen Kultur- und Geisteswelt, liegt zwischen hohen Bergen eingebettet nur noch drei Tagesreisen entfernt.

Schwelgend in Hochgefühlen steigen wir ab, sehen, wie der abendliche Goldglanz in mattes Silber übergeht, und beobachten, wie sich die riesigen Bergschatten allmählich in die tiefen Schründe hineinfressen. Während der ersten Kilometer umgibt uns noch steppiges Gelände, dessen Fauna sich von derjenigen des Jamdrok-Gebietes kaum unterscheidet. Es wimmelt noch von Rothalsschneefinken und Maushasen, die zu Hunderten und aber Hunderten vor ihren Löchern sitzen und den letzten Abendglanz genießen. Wie zum Abschied heben sich die markanten Silhouetten dreier starker Gazellenböcke gegen den ockerfarbenen Abendhimmel ab. Dann aber geht es, steil und immer steiler, in eine gewaltig tiefe, wild zerrissene Erosionsschlucht hinab. Schwarz und düster scheinen die Berge hier, wie von riesigen Messern zersägt. In steilen Windungen treten wir in den gähnenden Rachen ein. Im übrigen erinnert mich der Schrund dieses Engtales stark an die Gerölldurchbrüche des oberen Yangtse-kiang bei Jekundo im nordöstlichen Tibet. Nur dort habe ich vor Jahren schon einmal solche bizarren Verwitterungsformen und geradezu unbeschreiblich wilde Schuttkegel gesehen. So fallen wir in wenigen hundert Metern halsbrecherischen Steilpfades förmlich von einer biologischen Zone in die andere und bemerken vor Aufregung und Entdeckerfreude kaum, daß die Lufttemperatur in wenigen Minuten von – 10 ° auf nur – 2 ° Celsius gestiegen ist. Erst treten Ammern auf, dann Streifenbraunellen, Lachdrosseln und Karminfinken, plötzlich dichte Hecken von Rosen, Clematis und Berberitzen, dann Sanddorn, Pappeln, Weiden, und schließlich führen uns kunstvolle Irrigationskanäle über ein Spaltenlabyrinth in die tieferen Lagen hinab.

Alles, die veränderte Erde, die warme Luft und die Fülle des Lebendigen, muten schon jetzt wie eine leise Vorahnung des kommenden Frühlings an. Wer hätte das erwartet? Vor einer Stunde hoch oben am Paß noch der eisige Winterwind und nun Aprikosenhaine und hochragende Pappeln, die die fruchtbaren Siedlungen säumen. Im staunenden Registrieren blicke ich zu den burgenartigen Häusern empor, wo der Hanf zum Trocknen hängt, und wieder hinab zum Tsangpo.

Am steilen Felsabfall stoßen wir unerwartet auf ein Zeltlager stolzer Ngoloks, Räubernomaden, aus dem nordöstlichen Tibet, die an geschützter Stelle ihre Feuer entfacht haben, um morgen in aller Frühe den Paß in Angriff zu nehmen. Köter springen uns zähnefletschend entgegen und versuchen, uns aus dem Sattel zu reißen. In den Zelteingängen aber erscheinen die hünenhaften, adlernasigen Gesellen und ihre schlanken, vollbrüstigen Weiber, die ihre kecken Ngolokhütchen auf den Köpfen tragen und weder Scheu noch Furcht zeigen.

Nach rund tausend Metern Abstieg bleibt die Schlucht zurück und das Haupttal weitet sich zu unseren Füßen. Da holen wir noch einmal das Letzte aus unseren Tieren heraus und preschen im gestreckten Galopp nach Kambabazi, wo uns wieder ein rührender Empfang zuteil wird.

Auf kurzem Inspektionsgang stelle ich fest, daß die Kolkraben hier tatsächlich schon mit der Balz (am 16. Januar) begonnen haben, belausche die großen tibetischen Elstern an ihren riesigen Domnestern und sehe an den Hauswänden große, lebensrunenähnliche Dreizacks angebracht, die hierzulande als Fruchtbarkeitszauber dienen.

Mit der Überschreitung des Tsangpo und dem Eintritt ins Lhasatal am 17. Januar beginnt die letzte große Etappe unserer „historischen" Forscherfahrt nach Tibets Hauptstadt.

Über fast steinlosen Schwemmboden und geröllgefüllte Runsen geht es am Ufer des Tsangpo dahin. Die samtbraunen Bergketten des Transhimalaja leuchten in warmen Farbtönen herüber und spiegeln sich in stillen Buchten. Trompetende Schwarzhalskraniche begleiten uns schwebend in den Lüften, als ob sie unsere Ankunft in der Stadt der Götter melden wollten.

In mehreren Kanälen läuft das tiefblaue Wasser zwischen flachen, weitgedehnten Sandbänken dahin, so daß sich das gesamte Flußbett auf eine Breite von fast zwei Kilometer erstreckt. Rings vom toten, tückischen Sande umgeben, sehe ich, wie es talauf zu säuseln beginnt und die Sonne von einem immer dichter werdenden Staubschleier umwoben wird. Ein unheimliches, giftigschwefelgelbes Licht fällt über die Landschaft, und der Transhimalaja ist längst hinter einem undurchdringlichen Schleier ziehender Sandfahnen hinweggetaucht. Zum letzten Male vor Lhasa überfällt uns der Sandsturm mit orkanartiger Heftigkeit. Völlig vermummt fliegen wir in rasendem Tempo durch Staub und Wolken dahin, um schließlich, mit dicken Sandkrusten bedeckt, die große Fähre zu erreichen.

In einer tiefen, vom vorspringenden Gefels geschützten Mulde steht die Karawane im dichten Haufen gedrängt. Nachdem die schweren, ungefügen Boote bis zum Bersten vollgeladen sind, stoßen die Fährleute ab und staken zuerst in der Gegenströmung flußauf bis zu einem hochragenden Felsen, wo die Fahrzeuge vom Hauptstrom erfaßt und in Richtung auf das gegenüberliegende Ufer teils gerudert und teils abgetrieben werden. Dreimal müssen die Kähne hinüber und herüber gelotst werden, und jedesmal wiederholt sich ein gleiches wildes Spiel, bis auch die letzten Lasten auf der Lhasaseite gelandet sind. Mit Ausnahme eines einzigen Bootes, das von einer heftigen Sandböe erfaßt und einige hundert Meter abgetrieben wurde, kommen Zwischenfälle nicht vor. Nur am Nordufer, wo die Boote wegen der Untiefen nicht anlegen können, müssen die vollbepackten Tiere allesamt von hoher Brüstung in tiefes Wasser springen. Weiter ziehen wir Chusul entgegen. Die winterlichen Stürme haben den Sand des Flußbettes in samtweichen Polstern über den Weg geschüttet, so daß man sein Pferd im vollsten Galopp um die steilen Felsenecken werfen und fast lautlos dahinjagen kann. Rundum strecken die tausendfach gerillten, hochaufgeworfenen Dünen, unbarmherzigen Polypenarmen vergleichbar, ihre Ausläufer in die Seitentäler hinein und bedecken ganze Bergeshänge viele Hunderte von Metern über dem Talboden bis zu den hohen Gipfeln hinauf. Man gewinnt den Eindruck, als ob das ganze Land von den ungeheuren Sandanwehungen langsam erstickt und erwürgt wird. Das allerletzte aus den Tieren herausholend, hetzen wir im schwindenden Tageslicht weiter, bis die mächtigen Granitsäulen zu unseren Häupten zurückweichen, das mehrere Kilometer breite Tal des Lhasaflusses sichtbar wird und als erstes Wahrzeichen Chusuls auf steiler Felsnadel eine kühne, alte Burg in den abendlichen Himmel hineinwächst.

Ein soeben aus Lhasa eingetroffener seidenschimmernder Kurier des Königs und Regenten läßt sich bei mir melden. Allerehrfürchtigst erkundigt er sich im Namen seines Gebieters über den Verlauf der „beschwerlichen" Reise und gibt mir zu wissen, daß in der heiligen Stadt schon große Empfangsvorbereitungen getroffen würden,

zumal man uns Tredi Lingkha, das schönste und größte Lusthaus der Regierung, zur Verfügung zu stellen gedenke.

In der Tat werden die Vorbereitungen, die die Tibeter treffen, je näher wir an Lhasa heranrücken, von Tag zu Tag beängstigender. Nach glänzendem Empfang, köstlicher Bewirtung und geradezu luxuriöser Übernachtung in einem prunkvoll eingerichteten Landhaus des ehemaligen Premierministers Tsarang Schapés marschieren wir am 18. Januar von Chusul durch das winterlich öde Kyitschutal nach Njetang, das als letzte Etappenstation nur noch 15 bis 20 Kilometer von Lhasa entfernt liegt, von wo der siegreiche Einzug in die Götterstadt erfolgen soll und uns das „Fest der weißen Schleier" erwartet.

N
W
O
S
SCHIGATSE
TAL
GYANTSE
KALA
DOTCNEM
GAYAMTSONA SEE
KAMPA DZONG
GAYOKANG
EST
CHOMOLHARI
THANGU
KANGCHENDZÖNGA
LACHEN
LACHUNG
PHARI
CHUNGTANG
TSCHUMBI-TERRITORIUM
AMO
TISTA
JATUNG
NATU LA
GANGTOK
DARJEELING
AMO
SILIGURI

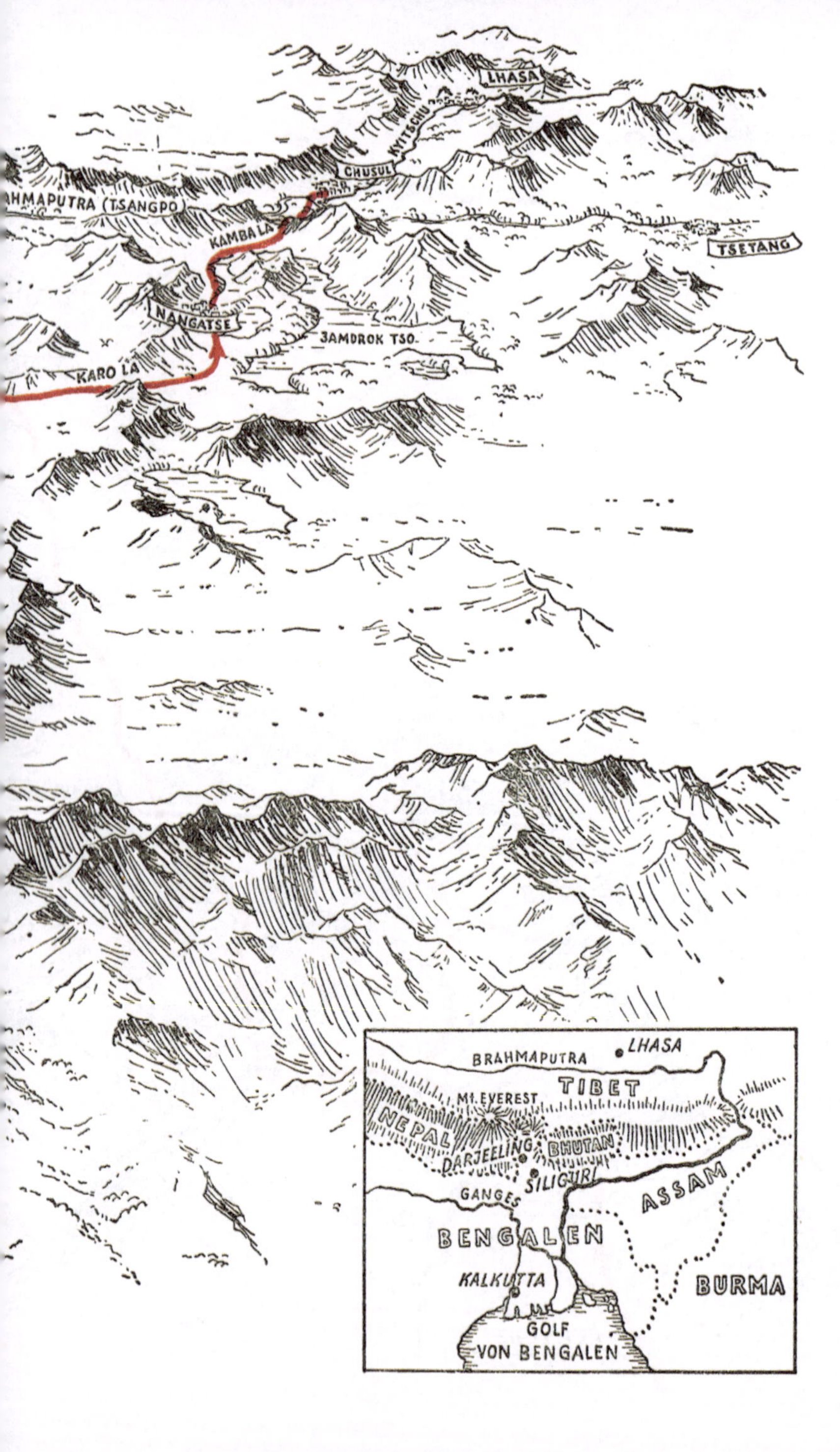
LHASA
KYITSCHU
CHUSUL
HMAPUTRA (TSANGPO)
KAMBA LA
TSETANG
NANGATSE
JAMDROK TSO
KARO LA
BRAHMAPUTRA
LHASA
TIBET
Mt. EVEREST
NEPAL
DARJEELING
BHUTAN
SILIGURI
ASSAM
GANGES
BENGALEN
KALKUTTA
BURMA
GOLF
VON BENGALEN